方圆

做人做事恰到好处

深谙方圆之道的人生智慧枕边书

李一凡◎编著

『方』是原则，是目标，是做人之本

『圆』是策略，是手段，是处世之道

中国城市出版社

·北京·

图书在版编目（CIP）数据

可方可圆：做人做事恰到好处 / 李一凡编著. --
北京：中国城市出版社，2012.9
ISBN 978-7-5074-2681-6

Ⅰ.①可… Ⅱ.①李… Ⅲ.①人生哲学—通俗读物
Ⅳ.①B821-49

中国版本图书馆 CIP 数据核字（2012）第 209343 号

责任编辑　张惠平
封面设计　方彩工作室
责任技术编辑　张建军
出版发行　中国城市出版社
地　　址　北京市西城区广安门南街甲 30 号（邮编　100053）
网　　址　www.citypress.cn
发行部电话　（010）63454857　63289949
发行部传真　（010）63421417　63400635
总编室电话　（010）68171928
总编室信箱　citypress@sina.com
经　　销　新华书店
印　　刷　北京洛平龙业印刷有限责任公司
字　　数　260 千字　　印张 19
开　　本　710×1000（毫米）1/16
版　　次　2012 年 10 月第 1 版
印　　次　2012 年 10 月第 1 次印刷
定　　价　30.00 元

前言
PREFACE

一

“可方可圆”是一句传统的口头禅。“方与圆”是做人做事的成功之道，给人启迪，引人深思。

什么是方？什么是圆？

动是方，静是圆。

刚是方，柔是圆。

原则是方，机变是圆。

方是什么？圆是什么？

方是以不变应万变，圆是以万变应不变。

方是做人的脊梁，圆是做事的锦囊。

方是平天下的思想气度，圆是适应社会的行为准则。

二

做人如何方，如何圆？做事如何方，如何圆？

做人要圆内容方，不忘大原则。

做事要方内容圆，不钻牛角尖。

做人心量要圆，做事性格要方。

律己要方，待人要圆。

识人要方，用人要圆。

做人做事方圆有度，该方则方，该圆则圆，千变万化，才可圆润通达。如果拘泥规矩，必将作茧自缚。

上焉者取方，方正之气，气贯于胸；

下焉者取圆，圆滑处世，无刚不立；

智慧者方圆并取，方为智，圆为融。

取方者永远像箭杆一样笔直，是正直的人；

取圆者永远像水一样无定形，是聪明的人；

方圆并取者，有也不多无也不少，是智慧的人。

三

千载文化积淀中最能代表“方圆”哲学的莫过于古代铜钱。铸造外圆内方的前辈早已悟出“方圆”哲学中的大理与禅机。外圆可减少阻力，便于流通提携；内方可一线贯通，秩序井然。

“取象于钱，外圆内方”，做人做事的道理尽在其中。做人有方的准则在手，就会方寸不乱，千变万化不离其宗；做事有圆的技巧在胸，就会浑圆玲珑，世事人情一通百通。

外圆内方，可谓人生的最高境界。做人有方，就能堂堂正正；做事有圆，就能得心应手。

有圆无方则不立，有方无圆则滞涩，可方可圆则无往不利。

四

方与圆，不同的几何图形；

方与圆，不同的人生态度；

方与圆，不同的生存智慧。

做人做事无非方、圆结合。何时何事可方，何时何事可圆，如何做到智欲圆而行欲方、方圆无碍，有待我们到书中求证，到生活中求解。

且以此篇开卷，敬奉读者诸君，并望不吝赐教。

导读

方与圆的智慧

方、圆是中国文化中常见的一对概念，其含义因讨论的对象不同以及论述的层次、角度不同而有所区别。一般的说，“圆”有动态、整体、圆满、灵活性等含义，“方”则相对地具有静态、部分、规则、原则性等含义。

从动、静的角度讲，圆为动、方为静。古人认为，天圆地方，天动地静，并由此引申出圆动方静的含义。《易经》研究中讨论64卦，有“方图”和“圆图”，方图和圆图结合起来，就可以用来分析和解决时间和空间上的各种问题。

从整体与部分的角度讲，圆为整体，为事物的全部可能性、多样性；方为个体，为事物的某一方面，某一局部。所有的“方”结合起来，才构成了一个“圆”。

从体和用的角度讲，圆为事物的体，即本质，是抽象的、混一的；方为事物的用，即现象和应用，是具体的，分化的。

从灵活与原则的角度讲，圆为灵活性，为随机应变，为具体问题具体分析；方为原则性，为坚守一定之规，为以不变应万变。

智圆行方

古人说："智欲圆而行欲方"，意思是说做人做事的智慧要圆融无碍。不仅要看到事物静止的、不变的一面，还要看到事物运动的、发展的一面；不仅要看到各个不同事物的个性和局部的状况，还要看到事物的整体和共性；不仅要看到事物的具体现象和应用，还要看到事物的本质；不仅能够坚守原则，以不变应万变，而且要有高度的灵活性，具体分析此时、此地、此人的具体情况，以求得最佳的解决方式。这是从"智圆"的角度来讲圆是做事的锦囊。

从行为上讲，人做事的智慧虽然应圆融无碍，但在具体的作为上却不能模棱两可。做人必须遵守一定的法度和规则，行得端，立得正，堂堂正正地立足于社会之中。所以说，做人"行欲方"，方是做人的脊梁。

可方可圆

人生就像大海，处处有风浪，时时有阻力。生活中，船头之所以造成尖形或圆形，就是为了乘风破浪，更快地驶向彼岸。面对阻力，我们是与之正面较量，拼个你死我活呢？还是积极地排除万难，去夺取最后的胜利？

生活告诫我们：处处摩擦、事事计较者，哪怕壮志凌云，即使聪明绝顶，也往往落得壮志未酬泪满襟的后果。为了绚丽的人生，我们往往需要许多明智的妥协。

许多正直而又明智的知识分子，为了维护人格的独立，他们不是锋芒毕露，义无反顾，而是有张有弛，掌握分寸，逐渐形成了"外圆内方"的性格。蔡尚思1935年写作《中国社会科学革命史》时，欧阳予倩就告诫这位青年文学家："秉笔的态度自然要严正，不过万不宜有火气……可否寓批评于叙述中呢?”他建议书名宜改为《中国社会思想史》。最后，欧阳前辈感叹地说:“蔡先生，我佩服你的努力，可思想界的悲哀，谁也逃不掉呵。”这些知识分子在当时就是这样在事关大是大非、人格问题的原则立场上毫不含糊，旗帜鲜明，在方式方法和局部问题上委婉圆融，有所妥协。

然而，只圆不方，是一个八面玲珑、滚来滚去的圆，那就沦为圆滑了。方，是人格的自立，自我价值的体现，是对人类文明的孜孜以求，是对美好理想的坚定追求。

“取象于钱，外圆内方”是近代职业教育家、中国民主同盟领袖黄炎培为自己书写的处世立身的座右铭。他在1946年调解国共冲突时，未尝不委曲求全，“不偏不倚”，从未与蒋介石拉下脸，而当蒋以“教育部长”一职许愿企图将他诱入伪“国大”泥淖时，黄却不为所动，回绝道:“我不能自毁人格!”维护了政治气节。

由关羽想到的

三国时代的名将关羽，过五关斩六将，单刀赴会，水淹七军，是何等英雄气概。可是他致命的弱点就是刚愎自用，固执偏激。当他受刘备重托留守荆州时，孙权派人为儿子向关羽之女求婚，关羽大怒，出口伤人，以自己的个人好恶和偏激情绪对待关系全局的大事，不计后果，导致了吴蜀联盟的破裂，最后落个败走麦城、被俘身死的下场。假如关羽少一点偏激，不意气用事，那么，吴蜀联盟关系大约不会破坏，荆州的归属可能也是另外一种局面。

偏激的人看问题总是带有色眼镜，以偏概全，固执己见，钻牛角尖，不懂方圆，对人家善意的规劝和平等商讨一概不听不理。偏激的人怨天尤人，牢骚太盛，成天抱怨生不逢时，怀才不遇，只问别人给他提供了什么，不问他为别人贡献了什么。偏激的人缺少朋友，人们交朋友喜欢“同声相应，意气相投”，喜欢结交饱学而又谦和的人，总是认为自己比对方高明，开口就梗着脖子和人家抬杠，明明无理也要搅三分，谁愿和这样的人打交道?

所以偏激的人大多人缘差。性格和情绪上的偏激是一种心理疾病。它的产生源于知识上的极端贫乏，见识上的孤陋寡闻，社交上的自我封闭等。对此，只有对症下药，丰富知识，增长阅历，多参加有益的社交活动，同时掌握正确的思想观点和思想方法，才能有效地克服这种“一叶障目，不见泰山”的极端心理。

一个人有主见，有头脑，不随人俯仰，不与世沉浮，无疑值得称道。但是，这还要以精通方圆之道为前提。无论是做人还是处世，都应方外有圆，圆中有方，方圆结合。死守一隅，坐井观天，坚持自己的偏见哲理至死不悟，这是做人与处世的大忌，如果不纠正这种“关羽遗风”，就有可能会使自己误入人生的“麦城”而转不出身来。

行中庸之道

在民谚中，有“人人都有一本难念的经”、“天下没有十全十美的事”两句话。这两句话看似简单通俗，其实是中国人对人生矛盾及其原因的高度概括。为什么人人都有一本难念的经？就因为天下没有十全十美的事。

生活充满了五花八门的矛盾，这是人所共知的事实。俗话说得好：“苦恼祸灾时时来，谁家挂得免战牌？”我们想要知道的是，在这些五花八门的生活矛盾面前，有没有一种调和矛盾的准则。答案是有的，它就是“中庸”。做人中庸，做事也中庸，这是方与圆的最高艺术，是做人做事的最高境界。在既不想去征服对方，又不能被对方征服的情况下，调和主客体之间的矛盾，除了用持中的艺术外，别无选择。

中，是至善的表现；庸，是道体的功用。将中庸用于宇宙本体，它就是天地的中正，和天地互相平衡；将和用于人生功用，它就是内心的中正，和内心互相平衡。我们可以通过一则故事来认识“中庸”的影响。

元朝蒙古族入主中原后，贤相耶律楚材有一句常挂在嘴边的名言，即“兴一利不如除一害，生一事不如省一事”。耶律楚材政绩卓越，他任过元太祖成吉思汗、太宗窝阔台的宰相。为使元的专制政治适应于中国的统治，维护各民族的生命财产，加强民族融和等，他确实费过苦心。从他上面的这句话，就可想见他当时的治国之术的高明。在当时特殊的历史背景下，中央集权统治下的各种矛盾非常尖锐，可谓危机四伏。为了加强统治，就必须采取怀柔政策，行中庸之道。一方面加强民族团结，一方面休养生息，尽量以经济建设带动政治的展开。因此为求得政治统治的平衡，耶律楚材将自己的治国方针浓缩为上面的那句话，这是非常贤明的做法。中国人甘心情愿地受平衡感的支配，在工作上生活上，都极力避免走极端，总希望四平八稳，这种希望有它独特的可贵之处。

兴一利不如除一害，生一事不如省一事，体现出中国人的中庸心态。虽然我们的祖先创造了“三十年河东，三十年河西”及“东方不亮西方亮”等充满睿智、哲理性的通俗民谚，但自有文字记载，中国人就追求持续的、永恒的平衡。中国人不怕失落，不怕一时一地的损失。曾几何时，我们的国土遭受过列强铁骑的践踏，我们的肉体遭受过坚船利炮的折磨，但是我们在与侵略者的搏击中练就了坚强的民族意志和坚忍不拔的民族性格，使我们巍巍如长城而屹立不倒。这是一种“失而复得”的平衡。我们深知“落后就要挨打”的残酷生存法则，因而“天行健，君子以自强不息”也就落实到了每个中国人的行为之中。吸引与排斥、正流与异化、割裂与归流、改良与保守、激进与稳健、功利与平淡、盲目与清醒、堕落与升华、停滞与跳跃，等等，都将在这种“行动”中走向中庸。

我们的肩上承载得很多很多，重量使我们的脚步迈向沉稳，不容易失去平衡。再加上我们本身的潜能是无限的，因而，我们的生活不只是现在中庸，在未来更要中庸。

目录
CONTENTS

目录 CONTENTS

>>> 第一章 <<<

方圆社交 ——待人要圆，律己要方

《华严经》中有句话用现代语解释为："在你生活的途中，只有真正值得你尊敬和信赖，并且你能忠诚地按照他给你指的路去走，那么你生活的道路就会宽敞得多。"其中告诫人们的是一种人与人之间的相互尊重和信赖。尊重和信赖是人际关系的调节器，是社会安定的稳定剂。

明代的学者洪应明说过：对待别人要宽厚，当别人犯错误时，像他没犯过错一样原谅他，这样才能使他心平气和地走向正路；要求自己则要严格，应在自己无过时，设法找出自己的过错，如此才能使自己的品学精进。

还有人说，人有两只眼睛，一只眼睛用来观察别人，一只眼睛应该用来审察自己。无论是观察别人，还是审察自己，都必须持守一个"宽以待人，严于律己"的原则。须知见人之过易，见己之过难，所以，审察、忏悔自己是圣人的为人法则，是明智者立命的方略。所以说，待人要圆，律己要方。

第一节　方圆之人，广结广交

办一个人情账户

人是有感情的动物，在人际交往与人际关系中必须重视情感投资，不断增进感情。这样，你就可以聚积信任度，与他人保持和加强亲密互惠的关系。人情就好像银行的账户一样，你存进得越多，存得越久，收获的利息就越多。只要你在人情的账户上有储蓄，在你遇到困难、需要找人办事的时候，自然就会有人来帮助你。你送朋友一个人情，朋友便欠了你一个人情，他一定会想办法回报你的，这是人之常情。

钱钟书先生一生日子过得比较平和，但在上海写《围城》的时候，也窘迫过一阵。辞退保姆后，由夫人杨绛操持家务，所谓“卷袖围裙为口忙”。那时，学术稿没人买，钱钟书写小说的动机里就多少掺进了挣钱养家的成分，他一天500字的精工细作，却又绝对不是商业性的写作速度。就在钱钟书家的生活难以为继时，黄佐临导演了钱钟书夫人杨绛的四幕喜剧《称心如意》和五幕喜剧《弄假成真》，并及时支付了稿酬，才使钱家渡过了难关。

时隔多年，黄佐临之女黄蜀芹导演之所以独得钱钟书亲见，开拍电视连续剧《围城》，是因为她怀揣她老爸黄佐临一封亲笔信的缘故。钱钟书是个别人为他做事他一辈子都记着的人，黄佐临40年前的义助，钱钟书40年后还不忘回报。

俗话说“在家靠父母，出门靠朋友”，多一个朋友多一条路。要想人爱己，必须先爱人。每个人都应时刻存有乐善好施、成人之美的心思，才能为自己多储存这些人情的“债权”，就如同一个人为防急用，须养成“储蓄”的习惯一样。

中国人最讲究量入为出，为了应付某种急需，一般人即使省吃俭用也要在银行里存一笔钱。因为有了这样一笔储蓄，心里就踏实，就可以在关键的时候拿出来抵挡一阵。同样的道理，要想找人办事，你就应该在人情账户上先进行储蓄，有了这种人情储蓄，找人办事的时候，就容易多了。

如果你的人情账户上没有什么储蓄，到需要用人情的时候，自然也就无情可用了。因此，在人情账户上千万不能出现负数，一旦出现了负数，人情债欠得太多，找到别人办事的时候，人家也就会有想法，一次两次无偿帮助你，还可能觉得情有可原，但久而久之，别人也就会不乐意了。只有平时主动帮助别人，把人情做足，充实你的人情账户，你的人情账户上的储蓄才会越来越多，越来越够用。现实社会里，很多人都有一本或数本的银行存折，如果你年初存5 000元，到了年底，你会发现存折上不止是5 000元，因为还有利息！人际关系也是如此，关键在于平时对人情的储蓄，那种“平时不烧香，临时抱佛脚”的做法是万万不可取的。

有一位出版商，他平时很注重人际关系的建立，不论是大人物还是小人物，他都不吝花费地和他们建立良好的关系。有一位与他素未谋面的作家因为急需一笔钱，去向他借钱，他二话不说就掏出2万元。他广泛建立人际关系的结果是，到处都有人帮助他，他也因而得到了很多好书稿，自然就财源滚滚。

这个出版商就是用在银行存钱的方式来充实自己的人情账户的。充实自己的人情账户，“先存再提”说来有些“现实”，有“利用”、“收买”的味道，但若从另一个角度来看，和别人建立良好的人际关系本来就有这样的好处，不能光用“现实”的眼光来看。而这些人际关系，必成为你一生中最珍贵的资产，在必要的时候，会对你产生莫大的效用。

方圆智慧

你在感情的账户上储蓄越多，就会赢得更多的信任。当你遇到困难，需要帮助的时候，就可以利用这种信任。你即便犯有什么过错，也容易得到别人的谅解；即便没把话说清楚，有点小脾气，对方也能理解。

结交各式各样的朋友

古言道：“万两黄金容易得，知音一个也难求”，“能得一知己，死而无憾”。鲁迅先生也发出感慨：“人生得一知己足矣。”都是说明知己朋友难觅。这样是不是因此就要少交朋友了呢？或者一味强调交友的审慎，就认为这个也不可靠，那个也信不过呢？当然不是，人既然生活在大千世界之中，处在各种社会关系之中，交友是必然的，不但要有生死与共、患难不移的朋友，也要和有这样那样的缺点错误甚至是反对自己的人交朋友。

广泛交友，同心同德，和平共处，是恢复人类本性的具体象征。而谈到兄弟般的友谊，则是男性交往中最亲密的形式。它经受了严峻的考验之后，便有着坚实的基础。它具有亲密的父子之情和友爱的同胞之谊。任何一方都可以己之长，对另一方进行不客气的指导和批评，也由衷地为对方的进步和成功而欢欣鼓舞。当一方感觉不适，举止失当，或感情脆弱时，可马上从另一方得到同情、忠告和鼓励，并因此立刻会冷静下来，仿佛注入了新养料和血液。无论在物质上，还是在精神上，知己朋友都能够同甘共苦。朋友之间不存在任何形式的竞争，一个人的成功，就是两个人的胜利。

当今为人者既要广泛交友，又要审慎选择。如何做到这一点呢？正如鲁迅先生曾经说的：“我还有不少几十年的老朋友，要点就在彼此略小节而取其大。”略小节，取其大，就是不斤斤计较小节，而是从大处着眼。看人首先看大节，不是盯住对方的缺点错误不放，而是用发展的、变化的观点看人。如果不能略其小，取其大，就不能与人为善，也就不能全面地客观地评价一个人。就可能一叶障目，不识泰山，就可能把朋友推开，就可能得不到真正的友谊。

毛主席胸怀博大，善于结交各种各样的朋友。青少年时期，一张《二十八划生征友启事》，使他和蔡和森、陈潭秋等人组织了新民学会，结交了一大批有志之友。投身革命后，有朱德、周恩来等一批亲密战友在他身边。同时，毛泽东还与李淑一、章士钊、柳亚子等许多平民百姓、民主党派人士交朋友，结下了深厚的情谊。通过朋友，他掌握了社会各阶层各党派的情况，为发展统一战线，制定党的方针政策，提供了重要依据。可见“兼听则明，偏听则暗”，结交各式各样的朋友，对于取长补短，开阔视野，活跃思维，都是有益的。

方圆智慧

朋友间不应以金钱财物为重，而要以道义相交，志趣相通为重。朋友间还应抛弃庸俗的恶习，不要把友谊沉浸在利己主义的杯水中。让友谊的春风荡除那些阴霾污浊之气，将清新自然吹进每个人的心田。

和不得势的人交往

一个人没落失势时，陷入众人漠视的状态，原来交往密切的人都离他而去，如果你此时伸出援助之手，与之交往，他就会心存感激，铭记一辈子。人类的习惯之一，乃是朝优秀出色的人身边靠拢，能与事业有成的人缔结关系，便可以巧妙地利用对方那股气势，这是理所当然的一种心理。然而在这种情况下交朋友，通常无法培育出可靠的人际关系。万事顺利、春风得意的人，在人人都想与其结识的情况下，一方面他顾不过来，另一方面也无法与巴结他的人成为真正的朋友。

反之，如果与那些暂时不得势的人交往，并成为好朋友，那就完全不同了，就像买股票一样，买了最有价值的原始股。

你的朋友当中，有没有怀才不遇、暂时不得势的人，如果有的话，不要疏远和冷落他，应该伸出热情之手，给予帮助和关心。一旦他日后否极泰来、时运亨通，他第一个记起来的就是你，到那时你若有事找他，他肯定也会伸出热情之手。

帮助不得势的人，对失势的人说一句暖心的话，就像对一个将倒的人轻轻扶一把，可以让他得到宽慰和支持。对一个身陷困境的穷人，几十元钱的帮助可能会使他干出一番事业，闯出自己富有的天下。

从人生的角度来看，人们不可能一帆风顺，挫折、背运是难免的。当人们落难的时候，正是对周围的人们，特别是对朋友的考验。远离而去的人可能从此成为路人，同情、帮助他渡过难关的人，可能被他铭记一辈子。所谓莫逆之交、患难朋友，往往就是在困难时期产生的，这时形成的友谊是最令人珍视的。

有一位领导失了势，昔日的一些朋友和下属都离他而去，他的心情很苦闷，一度丧失了生活的信心，动了自杀的念头。这时，他的一个下属，不怕受连累，主动来见他，给他带来礼物，并开导他轻生思想要不得，同他一起分析局势。下属的鼓励使他认识到前途是光明的。

从一定意义上说，对待落魄、失势者的态度不仅是对一个人交际品质的考验，而且也是建立良好人际关系的契机。因为人在悲惨的境遇中时，往往会暴露人性的根本，显得脆弱、无助，在这个时候你向他抛出的橄榄枝，就好像溺水者等待的救命稻草一样，在这种情况下建立起来的人际关系是稳固牢靠的。在选举中，成功者与失败者就是得势与失势最明显的例子。在获胜者的办公室里，素昧平生的人也会纷纷涌去，落选者的办公室则无人问津。仔细一瞧，有时甚至连选举期原本支持失败候选人的人，也转而投靠到获胜者的一方。

方圆智慧

发挥自己的能力，看准人才，掌握命运。

建设高素质关系网

人际关系网就是与每个人有联系的社交网络。“书到用时方恨少”，人际网也一样。对每个人来说，人际网的建立都要花时间和精力的。而且，建立人际网之初，未必能发现它对自己有多大帮助，可一旦建立起来，你就会懂得，人际网的力量是无穷的。

1. 人际关系网的核心

人际交往不要只是就事论事，人在一起总会有话可谈，而多谈话、多认识些人总是好的。

建立人际网需要出色的人际交流能力。有些人在人际交流中的影响力是与生俱来的，他们在参加酒会或庆典的时候，只要很短的时间就能和所有人交上朋友。但也有些人并不具备这样的天赋，他们在社交活动中比较内向，宁愿一个人躲在角落里也不愿主动与人交谈。但无论每个人的天性如何，只要勤于思考和联系，都能建立起满足自己需要的人际网。

稳定的人际关系的核心必须由10个左右你所信赖的人组成。这首选的10人可以是你的朋友、家庭成员以及那些在事业上与你联系紧密的人。这些人构成你的影响力内圈，因为他们能为你创造一个发挥特长的空间，而且彼此都是朝一个方向努力。这里不存在钩心斗角，他们不会在背后说东道西，并且会从心底希望对方成功。你与他们的合作会很愉快。

当双方建立了稳固关系后，彼此形成一种强大的凝聚力。他们会激发对方的创造力，并不断从对方身上得到灵感。为什么要将影响力内圈人数限定为10人呢？因为这种牢不可破的关系需要你一个月至少维护一次，所以10

人就足以用你很多时间。

另外，你必须与至少15个人左右组成的后备力量保持一定的联系以作为你10人内圈的补充。假如内圈中有一位退休或移民国外，那15人组成的后备军就派上用场了。其实，只要你每月定期和他们取得联系，可以通过电话、传真、聚会、电子邮件或信件，这个团体的人数都会超过15人。

如何从细节上营建人际关系网呢？对方在试图与你建立关系时，总会打听你是做什么的。如果你的回答很一般，比如只是一句“我是某公司的一名经理”，你就失去了与对方继续交流的机会。你可以这样回答对方：“我在某公司负责一个小组的管理工作，主要为我们的网络开发软件。我喜欢骑马，爱好打网球，并且喜爱文学。”这种简单而不失个性的介绍不仅为你的回答增添了色彩，也为对方提供了不少可以继续的话题，说不定其中就有对方感兴趣的。当他这样表示：“哦，你打网球？我也喜欢”时，你们就建立起了一种最初的关系。

建造关系网络的前提，不是“别人能为我做什么”，而是“我能为别人做什么”。在回答对方的问题时，不妨补上一句，“我能为你做些什么”。

2. 与网中的人多联系

多联系是建立关系网络的另一重要条件。

要与关系网络中的每个人保持密切的联系，最好的方式就是创造性地运用你的日程表。记下那些对你的关系至关重要的日子，比如生日或周年庆祝等。在这些特别的日子里准时和他们通话，哪怕只是给他们寄张贺卡，他们也会高兴万分，因为他们知道你心中想着他们。

观察他们在组织中的变化也不容忽视。当你的关系网成员升迁或调到其他的组织去时，你应该衷心地祝贺他们。当他们处于人生的低谷时，打电话给他们。不论你关系网中谁遇到了麻烦，你都要立即打电话安慰他，并主动提供帮助。这是你支持对方的最好方式。同时，也把你个人的情况透露给对方。比如，去度假之前，打电话问问他们有什么需要。

还可以充分地利用你的商务旅行。如果你旅行的地点正好离你的某位关系成员挺近，你可以与他共进午餐或晚餐。

只要是你关系成员的邀请，不论是升职派对，还是他女儿的婚礼，你都要去露露面。

人际关系的往来必须是“经常性”的，接触愈频繁，彼此的交情就愈深厚。因此，绝不可忽略了所谓的“礼尚往来”。

如果有人在私下批评你：“这个家伙，只会在有事情的时候，才想到来找我。”那么，你的人际关系成绩就不及格了。尤其作为一个办事人员，更不可使意见交流的管道生锈，如此非但阻碍彼此的沟通，也会削弱交涉本身所产生的力量。

万一由于自己的疏忽而发生了这种情形，你要赶紧设法补救，最好的方法就是亲自登门造访。因为时间、地点和情况的有所不便，你可以直接以电话或书信，和对方取得联系，并向对方解释自己疏于联络的原因，以求得对方谅解。往后，最重要的就是要重拾交情，并继续维持下去。

为了不使好不容易才建立起来的人际关系毁于一旦，你就要不嫌麻烦地勤打电话、写信以及登门拜访。其实，这些对你来说，都是举手之劳，在维持彼此情感交流、信息通道的前提下，你又何乐而不为？

方圆智慧

你在学习、工作过程中最大的收获不只是你学了多少知识、赚了多少钱、积累了多少经验，更重要的是你认识了多少人、结识了多少朋友、积累了多少人脉资源。这种人脉资源不仅对你在公司时有用，即使你以后离开了，还会发生作用，成为你创业的重大资产。

♨ 建立良师俱乐部

一个人要想发展、成长，不只要接近一位朋友，而是应该组成个人的“良师俱乐部”。他们可以帮助你了解业界最新的动态，甚至可以分享大量有用信息。有了每一层阶梯的扶手，让你不至于一路走来，跌跌撞撞。一个良师就能改变你的一生。但大部分的人都是无意识地寻找良师。如果你能瞄准目标、精确出手，有计划成立个人的“良师俱乐部”，吸收良师的知识、人脉、视野，必然可以在残酷的竞争职场中脱颖而出。选择公司内最成功、最有能力的人当良师，就像站在巨人的肩膀上看世界，眼界会比同龄的人宽阔许多。现在竞争这么激烈，如果只会埋头苦干，站在自己的角度看事情，不能站在更高的角度看问题，那么你的发展也十分有限，不会达到一个很高的境界。

32 岁的富兰德林咨询公司总经理刘芳荣，自从 1996 年步入职场后，就开始建立他的良师俱乐部。由于 25 岁就只身到中国内地创业，刘芳荣更懂得友情的珍贵。他说：我随时都有 10～20 个长者组成我的良师俱乐部，在不同的阶段会有所增减。

他的第一个良师，就是如今知名的旺旺集团董事长蔡衍明。刚进旺旺食品时，刘芳荣只是蔡衍明的特别助理，他并没有因为蔡衍明是老板而保持距离，反而主动接近他心目中的良师。从早餐开始，会客、谈判、视察，甚至晚上的应酬，他都在旁边不停地记录、学习。每天十几个小时的工作，从生活细节到谈话技巧，刘芳荣都一一看在眼里，记在心里。两年内，他跟着蔡衍明见到几百位内地政商名流。刘芳荣后来自己创业时，这些人都成为他的重要人脉和信息来源。刘芳荣的“良师俱乐部”除了上司，也包括公司以外的专业人士。不同的良师，让刘芳荣扩大了视野，增长了见识。蔡衍明教会他的是生意场上谈判的技巧，但是跟着前海基会秘书长焦仁和，他学到的是不同的人际互动技巧，甚至包括服装礼仪。甚至有一次，焦仁和实在无法忍受刘芳荣总是穿黑西装配白袜子，便直言不讳地纠正他穿着的品位："穿西装时，应该配同色系的袜子！"刘芳荣学到了一种更精致、更优雅的人际关系。

中经合创投资公司总经理丁学文的第一个工作，是一位美商管理顾问公司的职员。当时公司的总经理查尔斯脾气暴躁，时常骂人，但是专业技术很强。当别人都躲着老板时，丁学文却把他当老师，不懂就直接跑去问他，甚至争取成为他的特别助理。当了总经理的徒弟，薪水没增加，工作量反而倍增。当别人休假时，他却必须加班，甚至睡在公司里。丁学文辛苦得来的收获就是，可以跟着老板到第一线，学习面对大客户的方法。跟在总经理旁看事情，视野马上变得不一样。选对良师，让他快速地跳跃成长。

方圆智慧

如果你没有家世背景，你一直都在埋头苦干，你应该把握第三次投胎的机会——建立一个良师俱乐部，向里面的每一个朋友学习。从巨人的肩上重新出发，迈好为人的每一步路。

第二节　贵人相助，方圆有度

♨ 贵人助你过江东

有一位成功的企业家在博客中这样写道：

搭乘头等舱的乘客大都是政界人物、企业总裁、社会名流。在他们身上可能会存在许多潜在商机。也许你乘坐一次头等舱，就可改变你的人生。

为何要搭乘头等舱呢？是为了更舒适？享受更多的服务？还是为了比其他乘客早20秒起飞，早20秒着地呢？或是为了更安全起见？统统不是，我不是享受主义者，更不是贪生怕死之徒。我要强调的是，为了搭建自己更高层次、更高品质、更高价值的人脉网。

这样的例子并不少见，我自己及朋友都有过在短短几个小时的飞行中就谈成几笔生意的事情；常有机会结下难得的友谊，这在经济舱内的旅行团体中是很难碰到的。我说友谊，不是指趋炎附势。坐头等舱的人都希望了解同舱里的其他乘客为什么愿意多付20%到30%的费用来换取喝香槟的机会。特别是在长途的国际旅行中，你真的可以结识一些飞行伴侣，从而建立珍贵的友谊。

人生的品质是决定于你所处的环境以及你所交往的人群。你要与比你优秀的人在一起，这样做的好处有：

第一，使你有一个见贤思齐的想法，你知道要在这个团队中与人相处得很愉快，你就会给自己加压，努力学习、成长。

第二，可以找到学习的对象，可以向比你优秀的人士学习，使你少走弯路。

第三，可以使其在你的事业成就上给你提供很多帮助。人生至少要找一位贵人相助。

你有强烈的上进心，想要成功，你有非常好的成功意愿，你也有超强的行动力。结果，也许你也成功了。但回想一下，在你追求成功的道路上，有没有人帮助过你。你的回答可能是有，也可能是没有。但我敢肯定，你的成功离不开贵人的相助，只是你没有感觉到罢了。感激是人类最薄弱的环节，所有帮助过你的人你可能都忘了，唯独没有忘记你自己。

或者经过辛苦的努力，几年之后你成功了，但你想不想成功来得更轻松一点、成功来得更快一点？如果想，请马上找至少一位贵人来相助。

美国前总统克林顿在17岁的时候立志想当音乐家，可是，在白宫遇见了当时的美国总统肯尼迪之后，他改变了志向——决定放弃当音乐家的梦想，立志当一个政治家，并从此改变了他的人生和事业方向。肯尼迪在他的人生事业中发挥了非常大的作用：如果没有肯尼迪，也许就没有前总统克林顿，充其量会多了一个著名的音乐家。肯尼迪就是克林顿的贵人。

世界成功学权威安东尼·罗宾，他的演讲费目前是世界上最高的，他事业成功的原因也是因为碰到了生命中的贵人——吉米·罗恩。吉米·罗恩帮他走上了研究成功学、帮助他人成功的道路。可以想象，当年如果没有吉米·罗恩的引导、帮助，他可能还是坐在穷困潦倒的家中。

贵人是你生命中的开路先锋，是你事业上的导师。找一个贵人相助，比你做的任何决定都来得重要。因为，借由他们的成功经验、成功模式，能使你在非常短的时间内，产生非常大的效应。他们也把他们失败时所做错的事情告诉你，让你知道，哪些是你不该做、不能犯的错误。他会让你省下非常多的时间，走对方向，做对事情。

方圆智慧

一个人在工作生活中有贵人相助是件很幸福的事，在你刚刚踏上工作岗位时，有热情的亲戚朋友们给你指点迷津；当你生活中遇到了种种不如意时，有可以交心的铁哥们陪你开心解闷儿；当你埋头苦干试图打出一片属于自己的天地时，有慧眼识珠的领导推荐提拔你……你更容易获得成功。

获得贵人的常识

在古代，所谓贵人就是指有权有势或有钱有名的人。他们既然不同于常人，自然也拥有常人所不及的力量，可办成一般人办不成的事。在攀向事业高峰的过程中，贵人相助往往是不可缺少的关键环节。有了贵人，不仅能缩短走向成功的时间，还能加大你的筹码。如果你自知能力缺乏，毅力有限，那就更需要“贵人”相助。想贵人为自己办事，当然必须动一番脑筋，下一番工夫。

对于一般人来说，贵人很难遇到，然而一旦遇上，就要紧紧地抓住。

李鸿章早年屡试不第，“书剑飘零旧酒徒”，为此他一度郁闷失意，然而1858年他却受到了命运之神的眷顾，从一个潦倒的失意客一跃而成为湘系首脑曾国藩的幕宾，从此他的宦海生涯翻开了新的一页。李鸿章拜访曾国藩，牵线搭桥的是其兄李瀚章，李瀚章是曾国藩的心腹，当时随曾国藩在安徽围剿太平军。有了这层关系，曾国藩把李鸿章留在幕府，“初掌书记，继司批稿奏稿”。李鸿章素有才气，善于掌管行文，批阅公文，起草书牍、奏折甚为得体，深受曾国藩的赏识。

有一次曾国藩想要弹劾安徽巡抚翁同书，因为他在处理江北练首苗沛霖事件中决定不当，后来定远失守时又弃城逃跑，未尽封疆大吏守土之责。曾国藩愤而弹劾，指示一个幕僚拟稿，总是拟不好，亲自拟稿也还是拟不妥当，觉得无法说服皇帝。因为翁同书的父亲翁心存是皇帝的老师，弟弟是状元翁同苏，翁氏一家在皇帝面前正是“圣眷”正隆的时候，而且翁门弟子布满朝野。怎样措辞才能让皇帝下决心破除情面、依法严办，又能使朝中大臣无法利用皇帝对翁氏的好感来说情呢？曾国藩为此大费踌躇。

最后，这个稿子由李鸿章来拟。奏稿写完后，不但文意极其周密，而且有一段刚正的警句，说：“臣职分在，例应纠参，不敢因翁同书之门第鼎盛，瞻顾迁就。”这一写，不但皇帝无法徇情，朝中大臣也无法袒护了。曾国藩不禁击节赞赏，就此入奏，后来朝廷将翁同书革职，发配新疆。通过这件事，曾国藩更觉李鸿章此才可用。

话又说回来，如果一个人一无所长，是很难得到贵人赏识的。即使侥幸获得高位，也肯定有一堆人等着看笑话。贵人也会比较谨慎，选择一个“扶不起的阿斗”，那不明摆着往自己脸上抹黑吗？“相马相出一个癞蛤蟆”，那可是天大的讽刺。“伯乐相马”，同时“良禽择木而栖”，所以双方最好各取所需，以诚相待，投桃报李。

方圆智慧

千里马没有伯乐赏识永远只能是一匹普通的马。一个人光有才能还不行，还需要有人提供发挥才能的平台。因此，结交贵人，借梯登高，是想要成功的人必须学会的一门学问。

♨ 改变人生抓“贵人”

阿基米德说：“给我一个支点，我可以撬起整个地球。”对于一个渴望成功的人来说，贵人就是生命的支点，是迈向成功人生的伯乐，贵人给予的一次扶助、一次机会、一句话甚至一个眼神，有时都不是我们用聪明、努力或金钱可以换来的。在成功的路上，如果没有贵人相助，我们将走得很艰辛。

在无数小人物心中，也许对求大人物相助多半是想想而已，因为大人物实在难求呀。但也有小人物中的另类，凭着聪明智慧，办成了大事。

老江创业多年，然而命运似乎总是在跟他开玩笑，辛苦奔波却收获甚微。一次，他所在的城市要进行基础设施建设改造，他感到这是个机会，可是同一个城市里符合要求的公司多达十几家，怎样才能获得这个机会呢？他绞尽脑汁，针对专门管理此工程的负责人，想出了一个好点子。

该负责人有个习惯，每逢周末都要到郊区的鱼塘钓鱼。于是老江探明地点，也带上渔具，跑到该鱼塘。他先在旁边看着负责人垂钓，每当负责人钓上鱼的时候，老江都表现得很羡慕。负责人自然就觉得很得意，看见老江带着渔具却没钓鱼，便好奇地询问。老江装作不会钓鱼，借机请教。负责人一下觉得遇到知音，便告诉老江一些钓鱼的窍门。两人越聊越投机，不知不觉就谈到了各自的职业，老江一副很委屈的样子，说着自己的行业竞争的激烈，向负责人大吐苦水。等到负责人表露身份的时候，老江也就顺理成章地提出了要求。

老江的公司顺利地拿到了工程招标，从此以后老江的事业上了一个新台阶，人生也进入了一个新的平台！

在一些关键的问题上，找一棵“大树”是多么重要。为自己寻求一些大人物作为背景，依靠其权势或者影响力，使自己尽快得到提拔，英雄有用武之地，确实很值得研究。

方圆智慧

生命中的“贵人”，可能是身居高位的人，可能是令掌权者崇敬的人。这些人的经验、专长、知识、技能等在他熟悉的圈子里“有名气”，说话管用。让贵人扶上一把，助上一臂之力，我们会少走许多弯路。

第三节　协调方圆，合作双赢

与人合作，其乐无穷

“一个篱笆三个桩，一个好汉三个帮”，这是人们从古至今的生活中得出的宝贵经验。要想成就一番大事业，必须靠大家的共同努力。在现在这个竞争激烈的环境中，只靠一个人打拼天下是不现实的，我们必须要有与人团结合作的精神，才能够发挥集中的优势，在事业上取得成功。

智者深谙其中道理，他们广结人缘，与人有效合作，借助他人的力量，很容易使自己在事业上获得成功。

俗话说：“七分努力，三分机遇。”我们一直相信“爱拼才会赢”，但偏偏愚者累死累活地干了一辈子，也不得出人头地，他们之中不乏精湛的技术、很强的个人能力，但是，却由于只靠自己单打独斗，不善于与他人合作，没有别人，特别是没有“贵人”的帮助，而陷入孤立之中，很快便会被竞争的大潮所淹没。

一日，老虎和猴子一块儿聊天。

老虎对猴子说：“听说人类是猴子变的，但我劝你们千万别变成人。”

“为什么？”猴子诧异地问，“人的衣食住行，样样比我们强。”

“真是笑话，”老虎大吼了一声，“人们哪一样比得上我？先说吃吧，他们吃生的怕拉肚子，吃肉又嫌油腻，吃少了营养不良，吃多了又怕发胖。”

“对！对！人类的‘食’真的不如你。”猴子很服气地恭维道，“那么穿衣服呢？”

“那是因为他们天生光溜溜的，不穿衣服一定会挨冻。”老虎笑着说。

“太有道理了，”猴子忍不住鼓起掌来，“但是人类有自己的房子啊！”

“他们的水泥洞，几十家用一个大门，有什么好的。”老虎接着说，“举个例子吧，只听说大楼失火，一次可烧死几十人，总没见过森林失火，老虎被烧死在洞里吧？”

“还是你们老虎高明，”猴子说，“但是，没见过你们老虎开汽车呀？”

“那是因为人类体质差，跑不快又走不远，所以才开车的。而且，机器出故障不能开，油用完了不能开，上山更不能开。”

“对，对。”猴子一连说了几十个“对”。但就在这个时候，远远突然传来砰砰的枪声。

“糟了，人来了，我得跑了。”老虎一溜烟儿跑进了森林深处。

“喂！”猴子大声喊道，“你不是说人类不如你吗？”

“但是，他们懂得相互帮助，团结合作啊。”老虎的声音从远处隐约传来。

人类的优势在于合作，如果不懂得合作，或放弃与他人合作的机会，一个人的力量便成为无本之木，无源之水。老虎可谓高大威猛，但是它独来独往，离群索居，所以很害怕人的合作力量。

智者不把自己与大众隔离，而是努力地融于大众之中，与大家团结合作。

常言道：孤掌难鸣、独木不成林。一个进入社会生活的人，必须寻求他人的帮助，借他人之力，促成自己。一个没有多少能耐的人必须这样，一个有能耐的人也必须这样。就算我们浑身都是钢，也打不了几个铆钉。

汉高祖刘邦，是一个善借他人之力者。刘邦出身卑微，学无所长，文不能著书立说，武不能挥刀舞枪，但他天生豪爽，善于用人，胆识无双。早年穷困之时，他身无分文，却敢出入酒馆、独座上宾；押送囚徒时，居然敢私违王法，纵囚逃散；以后斩白蛇起义，云集四方豪杰，无论哪种背景的人，最后都为他所有，如韩信、彭越、英布等，这些威震天下的英雄悍将，原先都是他的死敌项羽手下的人。至于刘邦身边的谋臣武将，如萧何、曹参、樊哙、张良等，都是他早期的朋友，他们在楚汉争战中，劳苦功高，最终帮助刘邦建立了西汉王朝。可以说刘邦借力他们成就了自己的帝王之业。

方圆智慧

人们常说的优势互补，应当适用于人际关系网的构造。本来，你有这方面的优势，在另一方面可能存在不足。打个简单的比方，你会著书立说，但你未必在衣食住行的各个方面样样精通，那么，你不精通的领域，或者你根本不懂得的领域，就需要有在那些方面精通的人的帮助。所谓优势互补，说的就是这个道理：你用你的优势，去弥补他人的劣势；以此换取他人以自己的优势来弥补你的不足。

不要迷信单打独斗

透过“三国争霸”的历史，曹操失道寡助，刘备得道多助，我们完全可以窥出这样一条人生哲理：天时不如地利，地利不如人和。强者，就算“天时”、“地利”占尽，没有“人和”仍然可能功亏一篑；弱者，哪怕只具“人和”，仍然有一争的机会。

这对我们当下的现实生活具有极大的指导意义。你可能拥有“天时”，你运气很好，机会总是光顾你；你可能占据地利，你做的行业是当下最流行最火爆的行业；但是我要说的是这些都不如“人和”，唯有“人和”是成事的最得力助手。当你拥有了无数的得心应手的朋友，即便你一开始貌不惊人、一文不值，你仍然可以鲤鱼跳龙门、麻雀上梧成凤凰。

有一句话说“朋友多了路好走”，这便是“人和”的积极意义在现实生活中的真实写照。

纵观芸芸众生，总会有那么一些人自以为实力强盛，便以为凭借个人的能力，完全可以搞定一切。殊不知这种心态是最不可取的，这根本就是不自量力，因为做生意不是单打独斗，任何事都不可能仅仅靠自己就能做成。

社会化大分工的时代，本来就蕴含了合作才能共赢的本意。人是社会的动物，唯有融入社会，依靠社会的力量才能做得成事情。作为商人也必须依靠众多的朋友才能做得成生意，从而赢利，成为富翁。

千万不要轻信“单打独斗”的力量，这种心态只会害人害己。一个人之于商场只如滴水之于大海，实在微不足道。一个人终其一生，顶多在一两个领域颇有建树，大多数领域对他来说都是未知，都是零，要想做成更多的事，做成更大的事，只有依靠群体，依靠众多人的合力才能实现。

那些成功的人从来不认为自己的成功是“单打独斗”出来的，比尔·盖茨曾说：我之所以成功是因为有更多的成功人士在为我工作。牛顿也承认其之所以看得比别人远，是因为他站在巨人的肩膀上。

一个人越成功，其背后一定有一个团队在支持他，关注娱乐圈的人都知道，每一个当红明星背后都有一个实力雄厚的大公司支持。电影明星离不开制作群，也离不开摄影组和众多演员的合作。歌星也不是张张嘴就声名鹊起了，他得有作词、作曲的人，得有人为他出唱片，有人为他炒作为他宣传，这样他才会成为社会关注的焦点。

当下是一个合作的时代，没有合作，成功无从谈起。

海尔也是凭借团结的力量才走到今天的。海尔的每一单生意，没有合作都无法进行。比如有一次，某德国的经销商要求海尔务必在两天之内将货物送到，否则他们就取消订单。海尔人当然知道这两天意味着什么。这意味着在德国经销商打来电话的当天，他们就必须将货物装船。这简直是无法实现的。

然而，此刻海尔迸发出了强大的力量，他们分工合作、齐头并进，联系船期的联系船期、调货的调货、报关的报关，全部都投入到这场“战斗”中。当天下午五点半，当德国经销商收到了海尔发货的消息后非常震惊，继而由衷地表示感激。

正是这种合作的强大力量，最大限度地调动起员工的积极性。海尔在奉献出最好的产品和服务的同时，也赢得最大的荣誉和效益。

一个成功的人或是一家成功的公司，必然是将合作实施得天衣无缝的单位，海尔公司便是最好的说明。成功者尚且如此，作为普通人的我们更应该将合作“进行到底”，这样才能增加成功的几率。

或许有人对此不屑一顾，认为自己不需要合作。他们的理由是自己的生活圈子简单，并不像某些大老板和领导那样忙碌，所以不需要复杂的人脉与多方面的合作。这样的想法无疑是错误的，因为在目前的社会环境下，合作已经无处不在，它甚至渗透到了每天的日常生活中。

告别单打独斗，积极培养与人合作的能力，努力创造双赢的机会，成功才不会拒你于千里之外。

方圆智慧

只有合作，每一个人才能将自己的才华最大化地施展。谁不善于与他人进行有效的合作，谁就会被经济大潮的巨浪所打翻。故智者的合作方式，使他能永立潮头，作时代的弄潮儿，而愚者的单打独斗的方式，只能使他做潮水中的虾兵蟹将，永远也不能成为翻江蛟龙。

♨ 合作能弥补个人的缺陷

什么是合作？合作是所有组合式努力的开始。一群人为了达到某一特定的目标，而把他们联合在一起。众人拾柴火焰高，是合作思考的基础。

草地上，一群水牛正在吃草。忽然，有群野狼向牛群袭来，几只幼小的牛掉头就想逃跑。这时，一头老牛叫住了它们，问道："你们几个跑步的速度比狼快吗?"

小牛说："我们的数量这么少，野狼那么多，打起来我们不是它们的对手。"

老牛说："不要害怕，咱们的犄角是最好的利器。只要大家齐心协力，一定能够战胜狼群。"

老牛把所有的牛叫到一起，教它们尖角朝外站成一个圆圈，说："好了，我们的阵势摆好了，现在可以战斗。不过，我希望大家充满信心，不要以为我们人数量少就不是群狼的对手。勇敢些，不要害怕！无论狼群从哪个方向进攻，我们都用犄角对付它们。"

狼群上来了。它们凶猛地扑向水牛，可万万没有想到，一开始就碰到了牛角上，不得不往后退。狡猾的狼群从两面进攻，也同样被齐心的牛群击退。最后，无可奈何的狼群分成几伙从四面八方同时进攻牛群，结果仍然是一个个都碰到牛角上，它们只得带着伤逃跑了。

为数不多但沉着勇敢的牛群，依靠相互合作，终于克服了缺陷，战胜了凶恶的野狼。

这是一则寓言故事，但它折射了一个简单的道理：团结就是力量，优秀的团队无往不胜！

成群的大雁以V字形飞行，就比一只雁单独飞行要省力，也就能飞得更远。思考时与人相互合作，也会产生类似的效果。只要你以一种开放的心态做好准备，只要你能包容他人，你就有可能在与他人的协作中实现仅凭自己的力量所无法实现的理想。

方圆智慧

有一句名言："帮助别人往上爬的人，会爬得最高。"如果你帮助另一孩子上了果树，你也会因此得到你想尝到的果实，而且你越是善于帮助别人，你能尝到的果实就越多。

在合作中获得双赢

个人的力量总是有限的，与人联合则可以壮大自己。

在成功的路上，大凡明智的人都懂得联合起来改变自己的命运，历史上六国联合抗秦，都得到了互保，而联合一旦破裂，就都被强秦所灭。香港两大富豪李嘉诚和包玉刚的联合可谓成功经典，包玉刚帮助李嘉诚控股和记黄浦，李嘉诚帮助包玉刚登陆九龙仓。协作思考，1+1大于2，这样明显的道理，一旦被掌握和运用，就能产生巨大的推动力，让应用它的人获得成功。

汤姆逊是一位演员，刚刚在电视上崭露头角。他英俊潇洒，很有天赋，演技也很好，开始扮演小配角，现在已成为主要角色演员。从职业上看，他需要有人为他包装和宣传以扩大名声。因此他需要一个公共关系公司为他在各种报纸杂志上刊登照片和有关他的文章，以增加他的知名度。

不过，汤姆逊拿不出那么多钱来建立这样的公司。偶然一次机会，他遇上了爱莎。爱莎曾经在一家最大的公共关系公司工作了好多年，她不仅熟知业务，而且也有较好的人缘。几个月前，她自己开办了一家公关公司，并希望最终能够打入公共娱乐领域。到目前为止，一些比较出名的演员、歌星、夜总会的表演者都不愿同她合作，她的生意主要还是靠一些小买卖和零售商店。当汤姆逊把他的想法告诉爱莎后，爱莎一拍即合，与他联合干了起来。

他们的合作达到了最佳境界，汤姆逊成为了爱莎的代理人，爱莎便让一些较有影响的报纸和杂志把眼睛盯在他身上。而她则为他提供出头露面所需要的经费。这样一来，她自己也变得出名了，并很快为一些有名望的人提供了社交娱乐服务，他们付给她很高的报酬。而汤姆逊不仅不必为自己的知名度花大笔的钱，而且随着名声的增长，也使自己在业务活动中处于一种更有利的地位。

通过爱莎和汤姆逊的相互协作，我们可以看到这样一种格局：汤姆逊需要求助于爱莎，获得为自己做宣传的开支；爱莎为了在她的业务中吸引名人，需要汤姆逊做自己的代理人。你看，他们彼此合作，弥补了个人能力的缺陷，完成了一个人无法完成的事业。

合作是件快乐的事情，有些事情人们只有互相合作才能做成。不合作不仅他不能得，你也不能得。

方圆智慧

“两个人强过一个人，三个人又强过两个人”这句话是对的，找到与自己配合默契的伙伴，认识到你需要别人去帮助你前进和取得成功，把合作接受为一个成功的策略。合作具有无限的潜力，它是以寻求双方共赢为目标的。

协调好各方面的关系

在成功人眼中，合作就是一门精深的人脉学。因为合作归根到底就是需要与人打交道，这就要求在人际关系的处理上妥善得当，也就是说协作需要良好的人际关系，没有良好的人际关系就不会给合作提供有力支持。

有家出版社发行部新来了一位发行员，自从在图书订货会上受到客户们的特别关注后，举凡他的一举一动在出版社里都受到主任及同事的特别瞩目。而他的工作表现也的确卓尔不凡，棘手的事情由他经手后，就变得容易处理。

于是，他慢慢骄傲起来，待人也不如先前那般客客气气及热忱敬业了。同事对他抬高自我身价的态度感到不满，渐渐和他过不去。原先颇得人助的他，现在办起事来总觉得诸多不顺。难道少了众人的帮助，凭自己的才能无法将事情处理完美吗？

工作单位，无论是机关、企业，甚至事业单位，都是许多人为了某种目的而集合在一起，进行一定活动的团体。特别是企业机构，怎样处理如企业中的人际关系，就具有十分重要的意义。关于企业中人际关系的研究，以哈佛大学埃尔顿·曼约为首的研究者，在西部电气公司霍桑工厂进行实验之后，已经获得不少研究成果，并且提出了诸多理论。这些研究成果和理论引起了产业界和经营管理方面的重视。

与此同时，人际关系这个词也在各种不同的意义上被使用着，大体说来，有这样几种意义：单纯作为企业中重要的人为因素，而使用“人际关系”这个词；在管理干部和职工的心理接触这个意义上使用该词；在形成协同意义或信任感、忠诚心等良好风尚的意义上使用该词。如果将这几点导入办公室，实际的人际关系又是如何呢？

有位诗人说，没有人是一座孤岛。在办公室里也一样，如果大家都抵制、排斥一个人，那么这个人办起事来也会感到绊手绊脚，套着锁链跳舞。一个人即使能力再高强，也无法在人堆中单打独斗，工作如此，思考亦然。

以下是发展人际关系的经验之谈：

亲切有礼笑脸常开。不要板着面孔，不闻不问表现得不耐烦。

不忘原谅、宽待别人。遇到矛盾要多把自己和别人的心理位置加以调换，设身处地为别人着想。

原则性与灵活兼顾。与人相处难免有矛盾。只有对立，没有调和，很容易将事情搞糟。在对立发生时，必须学会内刚外柔，这样问题就好解决多了。

以信义为重。与人相处必须讲信义，我能以信义待人，别人也会以信义待我。

做人处事堂堂正正，切忌背后耍手段。否则，最终下场难免可悲。

与人为善，多道人之长。假如这是出自内心，就会增进别人的好感，放心地共事合作。我授恩于人，不图报答，也不向别人夸耀，别人会记住我的好处。

生活中不可能做到人人对我满意。豪爽者易受多疑者猜忌，勤奋者易受懒惰者反感。对无理的非议要心中有数，但不可无端猜疑别人。

不要过分显示自己。因为这同时就意味着贬低别人，难免令人生厌，致使自己孤立。

方圆智慧

与人合作切忌傲慢。受教于他人，要虚心听取；批评别人，不要居高临下；对不如自己的人，不要冷淡，这样便会得到别人的尊敬。

♨ 道不同不相为谋

没有谁愿意和自己合不来的人在一起合作。有时候，你会发现两个人经常因为意见分歧而发生争吵，甚至拳脚相向，最后不欢而散。

面对这种情况该怎么办呢？既然观念不同，就不妨各行其是，没必要非纠缠在一起，这就是“道不同不相为谋”的原则。

道不同不相为谋的具体含义是什么呢？就是由于看法、意见、目标等不一致，而不能在一起合作。这是我们为人处世必须思考的问题。

每件事情都是在双方情投意合之下做成的。双方无法达成协议，不能同甘共苦，自然失去了合作的基础。

有 3 个能力强的年轻人合巨资创办了一家高科技公司，并且分别担任董事长、总经理和副总经理的职务。开始，人们以为这家公司一定能创造辉煌的业绩，但几年后，这家公司不但未能创造辉煌的业绩，反而连年亏损，员工一天比一天少，究其原因，还是在 3 位创始人身上出现了问题，他们谁都想说了算，可谁说了都不算。最后，一件事也没做成功，管理层内耗导致公司效益严重亏损。

这家公司隶属于一个企业集团，总部发现这一现实后，连夜召开董事会研究对策，最后决定，让这家公司的总经理退股，撤掉他的总经理职位，改到别家公司投资。旁观者都认为，这家公司算是“歇菜”了，谁还扛得住亏损之后又来个撤资的打击呢？然而，事实令人不得不佩服，在留下来的董事长和副总经理的戮力合作下，居然发挥出公司最大的生产力，在最短的时间内使公司生产和销售总额较从前翻了两番，不仅弥补几年来的亏损，还创造了高新的利润。而另一位改投别家企业的总经理自担任董事长后，也充分发挥出本身的实力，表现出卓越的经营才能，创造了骄人的业绩。

这个故事说明了什么问题？自然是“道不同不相为谋”。习惯上，我们认为一个人的智慧，抵不上多数人的主意，因而有“三个臭皮匠，赛过诸葛亮”的俗语诞生。但我们要承认，每个人有个性、有头脑，相互之间如果无法在意见、决策上达到一致，合起来的力量就会分散，甚至抵消。

一加一得二，是再简单不过的算术题，可放在合作上就不是这么回事了。在事业上几个人共同协作，一加一能得三、得四；但如果互相牵制，一加一可能得零、得负一。

“道不同不相为谋”，勉强会使双方产生恩怨。有鉴于此，同时是为了避免不必要的麻烦，在选择与人相处时千万想到，不要“合不来”硬往一块凑。这样谁都看对方别扭，怎么都不顺眼。结果只能多结“恩怨”，哪能互相合作呢？

方圆智慧

要与他人合作得好，必须经常认真对自己反思，想一想最近的合作状况，想一想自己有哪些过错，想一想还有哪些地方可以改进……多一点反思肯定会使你与他人的合作更愉快。

第四节　职场社交，方圆无形

避免深交，保持距离

我们都喜欢用“亲密无间”这个词来形容很要好的朋友，其实真的到了亲密无间的程度往往会适得其反。朋友之间保持一定的距离是很必要的。而身在职场上的同事之间更是如此。“物以类聚，人以群分”，紧张的工作节奏让奔波于两点一线、朝九晚六的人们大部分时间都和同事在一起，甚至午餐、休息和购物都是三五成群难舍难分。由于工作上的关系，他们之间的共同语言比较多，患难与共之间，容易成为互相安抚工作烦恼和挫折的职场朋友。但过于走近，对领导的抱怨、小道消息、个人隐私无所不谈则会埋下隐患。办公室里的距离如何把握，并不是那么简单的事。

同事关系好，本是好事。大家来自五湖四海，为了一个共同的目标走到一起来，心往一处想、劲往一处使，团结互助当然是好的，但是切记同事之间拒绝亲密。同事就是同事，不是朋友。交朋友，除了志趣相投外，忠诚的品格是最重要的，一旦你选择了我，我选择了你，彼此信任、忠实于友谊是双方的责任。同事就不同了，一般来说，如果不是自己创的业，也不想砸自己的饭碗，那么，你是不可能选择同事的。所以，你不能对同事有过高的期望值，否则容易惹麻烦、容易被误解。适当的距离能让你跟他看起来最美。

美国精神分析医师布列克曾对同事间的交往打过一个精彩的比喻：两只刺猬在寒冷的季节互相接近以取得温暖，可是过于接近彼此会刺痛对方，离得太远又无法达到取暖的目的，因此它们总是保持着若即若离的距离，既不会刺痛对方，又可以相互取暖。

有一句名言说到“距离产生美”，同事之间的交往，也像刺猬一样，存在着一个安全距离，只有保持适当的距离，彼此才能最大限度地感受到对方的美好。同事之间过于亲密，不但会像刺猬那样刺痛对方，还容易互相掌握对方的“隐私”，影响各自在公司里的发展。在职场上这个复杂的环境里，即使以前是最亲密的伙伴，在关键时刻为了自己的利益，也会出卖朋友。

薛佳家境比较富裕，李梅家境相对来说就比较贫寒，但由于两个人志趣相同从而成为一对好姐妹、好知己。她们在上大学的时候，在学校里就是出了名的好姐妹。毕业后，又同时进了同一家公司，而且还住在同一间公寓，两个人的感情越来越深厚。

由于家里穷，在读大学的时候，家里为李梅借了许多债，她就悄悄找了一份兼职，帮一家小公司管理财务。薛佳发现她下班后也忙得不可开交，在薛佳的询问下，李梅就把自己做兼职的事情告诉了薛佳。

单位每年都会选派一名优秀员工到一家著名的商学院培训。根据选派条件，条件最好的薛佳和李梅都被列进了候选人名单。薛佳对李梅说：“要是我俩都能去该多好啊。”李梅说：“但愿如此。”

在公司宣布结果的时候，薛佳脱颖而出，成为公司那年唯一选派的培训员工。李梅非常失落，她也非常想获得这次培训的机会，于是找老板，请求也参加这次培训。

老板看了李梅一会儿，冷笑着说：“你太忙了，就免了吧。”李梅急忙说：“我手头上的项目，我会尽快完成的。”老板沉下脸来说：“那家小公司怎么办，谁给管理财务?”李梅立即愣住了，她一时搞不明白老板怎么知道她兼职的事。她本能地辩解说：“我兼职是有原因的，这并没有影响我在公司的工作……”

老板打断李梅的话说：“好了，你忙你的去吧，我还有事。”接着：冲李梅摆摆手。李梅只好伤心地离开。

“你太忙了”——李梅没想到这句话会成为阻止她培训的理由。可老板怎么知道她兼职的事情呢？这件事是绝对保密的，她也只告诉过薛佳一个人。李梅越想越心酸，她没想到自己最亲密的姐妹会出卖自己。

团结一心固然是再好不过的了，但与此同时，不要忘了保留一定的“私人空间”。因为，同在职场上最美不过隔着一层纸望着彼此，说远不远，说近不近。

在现实生活中，虽然交通事故的发生有多种原因，但因超速驾驶看不清对方车道而产生的摩擦事故最多。要避免撞车，就要注意车距。同样，在同事关系中，与他人保持距离是很重要的。有人将同事之间的交往原则归结为以下几点：尔虞我诈的欺骗和虚伪的敷衍都是对同事关系的亵渎。真诚不是写在脸上的，而是发自内心的，伪装出来的真诚比真正的欺骗更令人讨厌。先喜欢别人“爱人者，人恒爱之；敬人者，人恒敬之。”任何人都不会无缘无故地接纳我们、喜欢我们。别人喜欢我们往往是建立在我们喜欢他们、承认他们的价值的前提下的。让别人觉得与你交往值得，人们在交往中总是在交换着某些东西，或者是物质，或者是情感，或者是其他，但在其中，应该注意的是要不怕吃亏、不要急于获得回报和不要付出太多。维护别人的自尊心说简单了就是给人家面子。

职场中，人与人的关系仿佛永远难以琢磨。很多人在工作能力上无人企及，可人际关系却是“软肋”。如果你也是他们中的一员，那就一定要好好领会“半糖主义”的精神。所谓“半糖主义”代表的是一种健康、绿色、环保的工作态度。在工作中太过保全自己，让人难以接近；而太过亲近同事，又会令对方觉得私密空间被侵犯，无法喘息。唯有与同事相处时，懂得恰到好处地加上半颗糖，甜而不腻，亲密又不失距离，才是职场的中庸之道。

而但是有的员工喜欢和同事走得很近，认为这样才能有更好的人缘，或者具有吸引力，身边总是团结着几个同事，干什么都在一起，聊天也是，整天表现得过于亲密，可这样会被老板察觉，并引起老板的不满，因为这是老板最忌讳的。这样做，容易让老板误认为你有拉帮结派的嫌疑。他们认为，员工应该彼此保持独立，这样对他的管理有益。纵然你没有拉帮结派的意思，他们也认为你在拉帮结派，有跟他对抗的企图。一旦老板对你有了这种看法，就会压制你，你在单位的日子就不会有太大的发展。而且也会认为你们有集体离开公司的嫌疑。一起跳槽、帮别的企业挖墙脚让原来部门工作顿时陷入半停顿状态，是老板最不希望发生的。你与身边的同事过于亲密，敏感的老板就会猜疑你们是不是要一起跳槽，或替别的企业挖墙脚。即使你们没有这样的想法也根本不曾谈论过这些问题，但一向好多疑的老板如果相信自己的判断，就会防患于未然，提前采取措施，你们在此单位的工作就受到影响。比如，老板最常用的方法是把你调离，重新换一个部门，或者调到分公司去，甚至为了公司大局稳定，不惜忍痛割爱，炒你的鱿鱼。

方圆智慧

职场需把握好交往过程彼此间的空间距离、心理距离、远近距离，要考虑到双方彼此间的关系、客观环境的因素。过近不好，过远的做法同样也不可取。一般来讲：公开的、正式的场合要谨慎，要保持适中距离；一些私下或非正式的场合，不妨靠得近些。

♨ 正当竞争，避免结怨

身在职场，随处都有竞争对手，有同行的竞争，也有同事之间的竞争。同一个目标，只有一个人能获得。面对同事之间的竞争，要时刻提高警惕，因为说不定什么时候，你就会落马。

有的人对竞争的同事四处设防，更有甚者，还会在背后冷不防地“插上一刀，踩上一脚”。这种极端做法，只会拉大同事间的隔阂，制造紧张的气氛，对工作无疑是百害无益。其实在一个整体里，每个人的工作都很重要。当你超越对手时，没必要蔑视；当对手在你之上时，也不必存心找茬。无论对手如何使你难堪，千万别跟他较劲，轻轻地微笑，先静下心做好手中的工作。说不定他在愤怒时，你已做出业绩。淡然一笑，既有大度开明的宽容风范，又有一个豁达的好心情，之后还担心败北吗？也说不定对手这时早已在心里向你投降了。

据说挪威人喜欢吃沙丁鱼，尤其是活鱼，其价格远比死鱼高。长久以来，渔民在托运途中，无论怎么小心，靠岸时绝大多数沙丁鱼总是因途中窒息而死。然而却有一条渔船，托运的大部分沙丁鱼都活着。后来渔民才知道，原来那位船长在鱼槽内放了一条以鱼为主要食物的鲶鱼。由于沙丁鱼在鲶鱼的威胁下总处于紧张状态，不停游动躲避，肺活量增大，最终增加了成活率。这就是著名的“鲶鱼效应”。

沙丁鱼在有天敌的时候，却比没有天敌更能存活，更有活力！看似不可思议，然而这就是自然界的规则：没有天敌的动物往往最先灭绝，腹背受敌的动物则繁衍至今。

同事之间存在竞争是有一定的积极意义，但是也要看到竞争过头就不好玩了。管理学还有一个著名的“螃蟹效应”。竹篓中放了一群螃蟹，不必盖上盖子，螃蟹是爬不出来的。因为当有两只或两只以上的螃蟹时，每一只都争先恐后地朝出口处爬。但由于篓口很窄，当一只螃蟹爬到篓口时，其余的螃蟹就会用威猛的大钳子抓住它，最终把它拖到下层，改由另一只强大的螃蟹踩着它向上爬。如此循环往复，无一只螃蟹能够成功。螃蟹效应在企业管理中的表现就是，员工与员工之间、员工与老板之间，因为个人利益而出现的明争暗斗。企业有一些这样的人，他们不喜欢看到别人的成就与杰出表现，更怕别人超越自己，因而天天想尽办法破坏与打压他人。

“鲶鱼效应”和“螃蟹效应”告诉我们：同事之间必然存在竞争，但是不可因为竞争而视对方为仇敌，破坏与打压他人。

莎士比亚曾经说过：“警惕嫉妒，它是开创恶例的绿眼睛怪物，这意味着它贪得无厌。”的确，在现实生活中，那些爱嫉妒的人的共同表现是：见不得别人比他强。当发现别人比他强时就会心生怒火。众所周知，三国时期周瑜的英年早逝就是源于他极强的妒忌心理。这种不健康的心理如同病毒一样侵蚀着周瑜的心灵，令他丧失理智，发出了“既生瑜，何生亮”的愤然慨叹，最终怒气攻心而死。由此可见，嫉妒的危害是多么的巨大，因此，同事之间，应该正当竞争，少些嫉妒，避免结怨的情况出现。

要剔除心灵的毒瘤，就必须从实际做起，从自己做起。当遇到比自己优秀的人时，我们不应该嫉妒他，而应该高兴自己又多了一个优秀的竞争对手，要多向对手学习，用他人之长补自己之短，从而使自己不断得到完善。同时，要树立坚定的信念，不要因为对手的强大而吓倒自己，而要靠自己的辛勤努力，靠自己的执著精神去超越对手，争取最后的胜利；假如通过自己的努力没有获得最后的胜利，我们也无须气馁，至少它证明了我们还存在不足，还有很多需要提高，从而给我们提供了一种无形的动力，以便在以后的工作学习中更加虚心刻苦。

方圆智慧

在职场，只有心中无敌，才能无敌于天下。正如一位成功人士所说：“只有把抱怨别人和环境的心情，化为上进的力量，才是成功的保证。”所谓冤家宜解不宜结，不要过分“仇视”别人，大家都为了生存利益而奋斗，没有必要结下个人恩怨。

面对得失，心态宽容

得失当然要计较，否则就失去了在职场中打拼的意义了；但是得失又不能太计较，太计较就容易陷入心里不平衡的怪圈。职场中的得失固然重要，但也未必重要到拼死计较的地步，尤其对于人际关系上的得失，更是如此。

小郝和小张是同批分进一家单位的大学生，两人能力相近，素质相同，都是在处里给领导做文秘工作。两年过去了，处里有一个提正科的指标，但只有一个，给谁合适呢？处长尽管对二人的工作水平和业绩比较了解，但思前想后还是决定不了提谁不提谁，因为提一个的结果就是得罪另一个。上级来催问，处长说很难定，于是上级说先看看两个人的态度再定夺。

上级领导叫来了小郝，将情况讲明，小郝干脆爽快，说："那就给小张吧，他工作更辛苦，又比我大一岁，我等下一次吧。"领导叫来小张，小张沉默不语，最后实在要表态，说了句："我看小张不比我强。"……

结果下来了，小郝提了正科，小张等下次，据说是领导认为小张太计较功名，不够成熟。

计较得失涉及一个心胸问题，那么，在诸多方面如何保持良好心境，不那么斤斤计较呢？

"海纳百川，有容乃大"，学会宽容，学会理解接受或不能接受的是是非非，如果你用宽容来对待别人有意无意地伤害，有如春风化雨，对方也必定会投桃报李。所以一个人的成功与否要看他是否能容别人不能容之事，是否拥有宽容心态，它是梳理人际关系的润滑剂。

当你在公司的地位，突然受到一位新来同事的威胁时，你会如何应付？由于上司特别重用你，以致引来其他同事的敌视眼光时，你该有什么反应？一位素来跟你很谈得来的同事，不知何故对你若即若离，故意把你冷落一旁，怎么办？你对某位同事的办事才能与际遇十分妒忌，苦于命运之神似乎特别垂顾他，你实在心有不甘，但上司偏偏提拔他，你应该怎样扭转劣势？每天八小时，你对于办公室的印象如何？有人形容它为"人间地狱"，有人则视它为实现理想的地方，也有人把它当做一个社会的缩影。就以与同事之关系来说，如果你要认真地计较的话，每天你随便也可以找到四五件生气的事情，如：被人诬害、同事犯错连累他人、受人冷言讥讽等。有人不便即时发作，便暗自把这些事情记在心里，伺机报复。

但是，无论同事怎样得罪你，或者你们之间产生多大的矛盾，总之应"得饶人处且饶人"，多一事，不如少一事。金无足赤，人无完人。每个人都有自己的长处和短处，取人之长，补己之短，才能相互促进共同发展。人非圣贤，孰能无过，但过而所改，莫大善焉。容人之过不易，容人之功更难。它需要我们非凡的气度，需要我们对人对事的包容接纳海涵和尊重；它需要我们有博大的精神，有比海洋天空更宽广的胸襟，能包容生活中的喜怒哀乐，化解人间的恩恩怨怨。凡事能够忍让一点，日后你有什么差错，同事也不会做得太过分，迫你走向绝境。学会宽容，学会站在对方的角度出发，我们的视角才会更大，才会获得更多的支持。至于如何才能培养出这种豁达的情操，最好是让心思意念集中在一些美好的事情上，如：对方的优点，你在公司里所奠定的成就等。一旦产生报复或负面的思想时，叫自己停止再想下去！忍耐，同时也是给自己留下了余地。

人皆有七情六欲，遇到外界的不良刺激时，难免情绪激动、发火、愤怒，这是人的一种自我保护的本能和心理反应。但这种激动的情绪不可放纵，因为它可能使我们丧失冷静和理智，使我们不计后果地行事。因此，我们在遇到事情时，在面对人际矛盾时，要学会克制，学会忍耐，不要像炮捻子，一点就着，而应该像俗话说的那样：忍一忍心平气和，退一步海阔天空。如果你忍不住别人的刺激又快要如火山一样爆发，就试试曾是美国总统的杰弗逊所教的方法：“生气的时候，开口前先数到十，如果非常愤怒，先数到一百。”

在单位，心态更为重要，面对同事的工作升迁、工资提升、奖金增加，如果你站在一个公正的立场，用正确的心态去看待的话，会认为这些是别人努力工作的结果，就不会有怨言、有微词，甚至会因此为自己的同事高兴。反之，如果你站在一个错误的立场，总觉得自己怀才不遇，觉得别人得到这些是依靠不正当的手段获取的，那么你就会不高兴，就会由此引发嫉妒和反感。

思维决定情绪，情绪影响心情，想有好心情想快乐，就要控制自己的思维，主导自己的心态。保持了释然坦荡的心态，用宽容来面对生活中的不如意，才能扬长避短，才能不因嫉妒之火吞灭心中的灵光。宽容是一种仁爱的光芒、无上的福分，是对别人的释怀，也即是善待自己。让我们在生活中用宽容的心态对待自己和他人。

方圆智慧

对公司来说，同事之间气氛越好，大家的心情自然越好，工作自然效率越高，领导自然越高兴。问题是“一样米养百样人”，人是很复杂的，同事之间要永远一团和气，不过是奢望而已。身为年轻白领，即使你不加班，一天也有8小时和一班同事在一起，问题随之便产生了：与家人是亲情，与朋友是友情，与恋人是爱情，但与同事之间的关系却十分复杂。因此，在职场上尽量不要树敌，有了敌意要设法消除。不要让同事成为你前进路上的“绊脚石”。平时要多注意自己的言行举止，不要谈论别人的短处，要眼观六路，耳听八方，只有这样你才能在职场立足。

>>> 第二章 <<<

方圆处世——方内容圆，不钻牛角尖

方内容圆，指在纷纭变化的现象中能不忘本质；在表现个性的同时不忘共性；在静态中不忘动态；在坚持原则的同时不排除适当的灵活性；在遵守道德规范和礼仪、保持文化修养的同时又能不失自己的天真和本色。

在作诗的理论中，有一句著名的话叫做“戴着锁链跳舞”。写作诗歌，无论是古典诗还是现代诗，都要讲究一定的格式和韵律，古典诗歌尤其如此。诗的格律就是“方”，写诗必须遵守这种方，否则就不成其为诗，而是散文或小说。但是，在这种格律的要求之中，又允许一定的主动和灵活运用，这就是“方内容圆”、“戴着锁链跳舞”。跳得好，锁链也就不成其为锁链，而变成“项链”或“手链”，变成一种装饰品，反而增添了艺术的美。

诗的领域如此，别的领域也是如此。完全的自然是本色，但未经雕琢和修饰，毕竟不能成为伟大的艺术品。为人完全没有规矩，没有文化修养，固然有天然之美，但弊病是失之于“野”。而能在高度的思想道德、文化素养中体现出自己的本色，则是更高一个层次。所谓“唯大英雄能本色”，这是从正面讲“方内容圆”。从反面讲，方内容圆是指不刻板、不钻牛角尖，在总体上、大方向上讲原则、讲规矩，但也不排除在特定的条件下灵活变通。

第一节　处世圆润，通晓人情常理

♨ 生命短促怎顾得计较小事

有些人在面临大事时能稳住阵脚，但在面对一些小事情时却慌了手脚，不知道该如何处置；可以经受住生死的考验，却被小事所烦忧。也有的人在大事上可以潇洒的放手，却对一些小事挂肠，念念不忘，甚至为一些鸡毛蒜皮的小事争吵。他们浪费了许多宝贵的时间在这些小事情上，而不是用这些时间去做一些有价值的事，去想一些应该思考的问题。其实，生活有时正是因为我们太看重小事，反而过得很累。所以，如果想要让自己过得惬意，就不要揪住一些小事不放手。

约瑟夫·沙巴士是芝加哥的一名法官，他仲裁过四万多件不愉快的婚姻案件。他曾感叹地说："大部分婚姻生活不美满的原因，通常都是一些小事情。"一名地方检察官也说道："在我们的刑事案件中，有很多都是起因于一些很小的事情。比如，在酒吧里说话侮辱别人，行为粗鲁不讲礼貌，最后才导致伤害的。许多犯了错的人，都是因为自尊心受到了小小的伤害，就控制不住自己，结果酿成了伤心事。"

法律不会去管一些小事情，一个人也不该为这些小事情忧虑，如果他希望求得心理上的平静。如果你能对一些小事耸耸肩，那说明你已经变得成熟。因为只有当一个人的思想不再顾虑身边发生的一些小过失时，那他才有了一种可以轻松过生活的资本。

要想克服被小事困扰的毛病，只要把自己的看法和重点改变一下就可以了。让自己注意一些可以令自己开心的东西，做一些能令自己变得更好的事情。这样在短促的一生中，我们才不会因自己浪费了不必要的时间而伤心后悔。就如吉布林所说："生命是这样的短促，不能再顾及小事。"

有位智者说："在我们的生活中，约有90%的事情是好的，10%的事情是不好的。如果你想过得快乐，就应该把精力放在这90%的好事上面；如果你想担忧、操劳，就可以把精力放在那10%的坏事情上面。"的确，如果我们能放手那10%的小事，那就能过得舒心！

林肯说过："人只要心里决定快乐，大多数都能如愿以偿。"快乐是内发的，它的产生不是由于事物，而是由于个人所产生的态度和观念。如果我们感到可怜，很可能会一直感到可怜。如果放弃不快乐的来源——过度的自尊，那就可能在交通堵塞，或被踩脚指头这类小事时避免火冒三丈。

在科罗拉多州长山的山坡上，躺着一棵大树的残躯。自然学家说，它有400多年的历史。它初发芽时，哥伦布刚在美洲登陆；它长到成年的一半时，第一批移民刚刚到美国。400多年来，它无数次地被狂风暴雨袭击过，被闪电击中过，但它存活了下来。不幸的是，它最后被一小队甲虫击倒了。那些甲虫从它的根部开始咬，在持续不断的攻击下，终于使这个森林中的巨人倒下了。岁月不曾使它枯萎，闪电不曾将它击中，狂风暴雨不曾使它动摇，但小甲虫却使它倾倒了。

有些人就如同这棵大树，经历了生命中许多风暴的冲击，都挺过来了，结果却让一些小事的忧虑损害了。如果你想让自己的生命之树不遭受小虫的咬噬，就要让自己的心学会宽待他人和他事，就要学会放下一些小事情。当你在放下的那一刹那，你可能发现你的头顶上充满了耀眼的光彩，你收获了一片光明。

方圆智慧

为了使你的事业更加成功，为了使你的生命价值得到最大体现，请你放弃人生道路上的琐碎，去拥抱广阔的天空。

糊涂一下又何妨

人人都知道郑板桥曾经说过“难得糊涂”四个字，但真正理解其含义的，又有几人呢？

当初郑板桥为官之时，将官场、世事看得太清楚、太明白、太透彻而又无以为释之时，又因其性情刚直，不谄媚、不圆滑，而不平不公之事太多，凭一己之力却又无能为力的时候，只好在“糊涂”之中寻求遁世之术。

如今，每个人都希望自己聪明，越聪明越好，越聪明越显示自己为人处世的高明。可是，任何事情都不是绝对的，聪明过头，并非是件好事。王熙凤不是机关算尽太聪明，反误了卿卿性命吗？看来一个人还是别过于精明，知道得太多，事事计较，反而会伤神烦恼。

聪明有大聪明与小聪明之分，糊涂亦有真糊涂、假糊涂之别。

北宋人吕端，官至丞相，是三朝元老，他平时不拘小节，不计小过，仿佛很糊涂，但处理起朝政来却机敏过人，毫不含糊。宋太宗称他是“小事糊涂，大事不糊涂”。有一种人恰恰相反，只要是便宜就想占，只要是好处就想贪。为了一点小利，不顾前程；为了一点小过，争个你死我活。这种人看似聪明，其实再糊涂不过。

人毕竟没有三头六臂，当你事事比别人聪明时总会引起别人的反感和嫉妒，终究“明枪易躲，暗箭难防”，导致自己受到无谓的伤害，甚至牺牲。真正聪明、正直的人大可不必在一些琐碎小事上锱铢必较，此时“糊涂”一下又何妨？只要能在大事上、原则上保持清醒头脑就行了。为人处世，千万不要在小事上纠缠不休，搞得自己精疲力竭，心绪不宁，而到了大事面前，却又真的糊涂了。这样的生活，太得不偿失了。

小事糊涂者，轻权势、少功利、无烦恼，则终成正果；大事糊涂者，则朽木不可雕也。

真正聪明的人，聪明得让人不以为其聪明。这句话的本意不也就是难得糊涂的内涵吗？聪明的人表面糊涂，实则内心清楚明白，这不是一种更为高明的处事艺术吗？

“糊涂”常可使我们心境平静，无欲无贪，正如“值利害得失之会，不可太分明，太分明则起趋避之私”一样，没学“糊涂”学之人终于在社会上不得安宁。

方圆智慧

在瞬息万变的现代社会中，许多事情非要寻出个究竟，有时也是不现实的，倒不如多一点“糊涂”少一点执拗，何尝不是另一番开朗、超脱的生活风光呢？

对人对事不要太认真

“水至清则无鱼，人至清则无友。”做人不能一点都不在乎，游戏人生，玩世不恭；但也不能太较真，认死理。太认真了，那样，就会对什么都看不惯，连一个朋友也容不下，就会把自己封闭和孤立起来，失去了与外界的沟通和交往。

桌面很平，但在高倍放大镜下，就是凸凹不平的黄土高坡；居住的房间看起来干净卫生，当阳光射进窗户时，就会看到许多粉尘和灰粒弥漫在空气当中。如果我们每天都带着放大镜和显微镜去看东西，恐怕世上没有多少可以吃的食物、可以喝的水、可以居住的环境了。如果用这种方式去看别人，世上也就没有美，人人都是一身的毛病，甚至都是十恶不赦的大坏蛋了。

人非圣贤，岂能无过，人活在世上难免要与别人打交道，对待别人的过失、缺陷，宽容大度一些，不要吹毛求疵、求全责备，可以求大同存小异，甚至可以糊涂一些。如果一味地要“明察秋毫”，眼里揉不得沙子，过分挑剔，连一些鸡毛蒜皮的小事都要去论个是非曲直，整个输赢来，别人就会日渐疏远你，最终自己变成了孤家寡人。

古今中外，凡能成就一番大事业者，无不具有海纳百川的雅量，容别人所不能容，忍别人所不能忍，善于求大同存小异，赢得大多数。他们豁达而不拘小节，善于从大处着眼；从长计议而不目光短浅，从不斤斤计较，拘泥于琐碎的小事。

多数人仅仅是在一些小事上较真。例如，菜市场上，人们时常因为几角钱争得脸红脖子粗，不肯相让。至于一台电视两千元和两千一百元的一百元差价，人们经常就会忽略掉，不去较真。

要真正做到不较真，不是件很容易的事，需要善解人意的思维方法。

例如，有位顾客总是抱怨他家附近超市的女服务员整天沉着脸，谁见她都觉得好像自己欠她二百吊钱似的。后来他的妻子打听到这位女服务员的真实情况。原来她的丈夫有外遇，整天不着家，上有老母瘫痪在床，下有七八岁的女儿患有先天的哮喘，自己也下岗了，每月只有两三百元的下岗工资，只能在超市打工，住在一间12平方米的小屋里，难怪她整天愁眉不展。明白至此，这位顾客再也不计较她的态度了，而是想法去帮助她。

在公共场所，遇到了一些不顺心的事，也用不着去动肝火，其实也不值得去生气。素不相识的人不小心冒犯了你可能是有原因的，也许是各种各样的烦心事搅在一起了，致使他心情烦躁，甚至行为失控，偏巧又叫你给撞上了……其实，只要对方不是做出有辱人格或违法的事情，你就大可不必去跟他计较，宽大为怀。假如跟别人较起真来，刀对刀，枪对枪地干起来，再弄出什么严重的事儿来，可真是太不值了。跟萍水相逢的人较真，实在不是明智之举；跟见识浅的人较真，无疑是降低自己做人的档次。

清官难断家务事，在家里更不要较真，否则真是愚不可及了。家人之间哪里有什么大是大非、原则立场可讲，动不动搞得就像阶级斗争似的，都是一家人，何至于此？家是用来讲爱的地方，不是用来讲理的地方。大事化小，小事化了，去和稀泥，当一个笑口常开的和事佬。有位智者说，大街上有人骂他，他连头也懒得回，他根本不想知道骂他的人是谁，因为人生短暂而宝贵，还有更重要的事情需要去做，何必为这种令人不快的事情去浪费时间呢？

方圆智慧

提倡对某些事情不必太较真，可以“敷衍了事”，目的在于有更多的时间和精力去做我们认为值得干的一些重要事情，这样我们成功的希望就多一分。

♨ 容忍他人的小缺点

对于我们自身的小过失，理当严格要求，这是关于修身的问题，不可轻忽。但是对于他人的秘密或难言之隐，我们知道了，更当视同自己的秘密，千万不可当众表露甚至四处宣扬，所谓“君子扬善不扬恶”就是这个道理。若是将别人的隐私表露并宣扬，则将造成彼此间的嫌隙，这是相当不值得的，而且也损及私德。至于别人的缺点，更当予以宽恕，不可时时谨记。

一位婆婆对刚娶进门的媳妇甚为不满，媳妇的一点小差错都会引起婆婆的勃然大怒。她一会儿抱怨媳妇厨艺不够精湛，连葱、蒜、韭菜都分不清；一会儿又抱怨媳妇根本无心打理家务，而且常常加班到半夜才回家，也不晓得是不是真的加班，还是在外面鬼混。她甚至连儿子感冒发烧也算到媳妇头上去，抱怨连丈夫的身体都照顾不好，还怎么做人家老婆。

直到有一天，一个老朋友来到家里做客，婆婆哪壶不开提哪壶，又开始埋怨媳妇的不是，指着阳台上的衣服说：“我真不知道她妈妈是怎么教她的，连洗个衣服都洗不干净，你看看，衣服上斑斑点点的，她洗了老半天还是那个样子，真是浪费那些洗衣服的水！”这位朋友听了婆婆的话之后，向阳台仔细地瞧了一下，这才发现了问题的症结所在。

他用抹布把窗户擦了擦，然后拉着婆婆再朝阳台望去，婆婆大吃一惊，那些晾在阳台上的衣服居然一下子就变干净了，婆婆这才明白，原来不是媳妇的衣服洗不干净，而是家里的窗户脏了。从此，她不再带着有色眼光看待媳妇，婆媳两人相处得越来越好，简直跟一对亲母女，不，是跟一对亲姊妹没什么两样呢！

很多时候，只要稍微退一步，你就可以看得更清楚。太仔细观察别人的缺点，反而会察觉不到自己本身的缺失，容人是一种雅量，偶尔擦拭自己的心窗，不为灰尘所蒙蔽，窗明几净，才能眺望得更高更远。

甲商人与乙商人一同结伴做生意，他们来到一个非洲的土著国家。这个地方的人既不穿衣服，也不常洗澡，身上恶臭难闻，尤其是他们对所有的动物皆生吞活食，在外地人眼中感到特别血腥暴力。

甲商人见到了这幅景象，皱着眉头说：“这些人还称得上是人吗？简直比畜生还不如，我们还是别和这种人打交道了吧！”乙商人却不以为然地说：“我们商人本来就是要和不同的人做生意，这个地方虽然不是很文明，但是，我看他们民风相当淳朴，自己有自己的一套生活习惯，说不定反而觉得我们这些人穿的衣服是累赘，不敢杀生是懦弱呢！”

于是，乙商人诚意十足地和他们做生意，每天和他们一起吃饭喝酒、唱歌跳舞，土著们对乙商人带来的刀子、镜子、手电筒等都十分好奇，他的货物一下子就被抢购一空了。而甲商人不只不愿意接近那些土著，还时常以睥睨的眼神注视他们，终于引起了土著们的反感。于是，土著们趁着一个月黑风高的夜晚，把甲商人所睡的帐篷，偷偷搬到荒郊野外，等甲商人醒来，好不容易一步一步走到有人烟的地方时，他的两只脚板已经满是伤痕了。

每个人都有缺点，也都会有让人看不顺眼的地方，天底下没有十全十美的人，既然我们可以容忍自己的缺点，那为什么不能以同样的态度，来面对其他人不完美的地方呢？

四海之内皆兄弟，仇恨、冷漠、纷争、僵局都是人类自己造成的，只有放下骄傲的自我，才能接近广大的世界。

♨ 原谅那些无心之过

古时候有个宰相，一天，请来一位理发师给他理发。理发师给他理好发后，又给他修面。面修了一半，理发师忽然停下手中的剃刀，两只眼睛看着宰相的肚皮。宰相心想：肚皮有什么好看呢？就问道：“你不修面，却在看我的肚皮，这是为什么？”理发师听了宰相的问话，说：“人家说‘宰相肚里好撑船’。我看大人的肚皮并不大，如何可以撑船呢？”宰相听了哈哈大笑，说：“所谓‘宰相肚里好撑船’，是说宰相气量大，对各种小事都能容忍，从来不计较。”理发师听了，慌忙跪在地上，口中连连说：“小人该死，小人该死。”宰相忙问：“什么事？”理发师说：“小人该死。在修面的时候，小人不小心，将大人左面的眉毛剃掉了，千万请大人恕罪。”宰相一听十分气愤，他想，剃去了一道眉毛，如何去见皇上，又如何会客呢？正想发怒，但又一想，自己刚才讲过，宰相的气量最大，对那些小事从来不计较，现在为了一道眉毛，又怎么能治他的罪呢？想到这里，宰相只好说道：“去拿一支笔来，将剃去的眉毛给我画上。”理发师就按宰相的吩咐，给宰相画上了一道眉毛。

心胸狭小的人多烦恼，别人不能公正地对待他，他会烦恼；自己的机遇不如人，也会烦恼。在生活中遇到些许不顺的事情，便会叫苦连天，仿若安徒生童话中那个豌豆上的公主。

在人的一生中，面对一个小小的过失，常常是一个淡淡的微笑，一句轻轻的歉语，就可以使内疚、紧张和不愉快化为无形；我们也常常因一件小事、一句不注意的话，使人不理解或不被信任，但不要苛求任何人，以律人之心律己，以恕己之心恕人。所谓“己所不欲，勿施于人”也寓理于此。

夏原吉，江西德兴人，是明宣宗时的宰相。他为人宽厚，有古君子之风。

有一次夏原吉巡视苏州，婉谢了地方官的招待，只在客店里进食。厨师做菜太咸，使他无法入口，他仅吃些白饭充饥，并不说出原因，以免厨师受责。随后巡视淮阴，在野外休息的时候，不料马突然跑了，随从追去了好久，都不见回来。夏原吉不免有点担心，适逢有人路过，便向前问道："请问你看见前面有人在追马吗?"话刚说完，没想到那人却怒目答道："谁管你追马追牛?走开!我还要赶路。我看你真像一条笨牛!"这时随从正好追马回来，一听这话，立刻抓住那人厉声呵斥，要他跪着向宰相赔礼。可是夏原吉阻止道："算了吧!他也许是赶路辛苦了，所以才急不择言。"便笑着把他放走了。

有一天，一个老仆人弄脏了皇帝赐给他的金缕衣，吓得准备逃跑。夏原吉知道了，便对他说："衣服弄脏了，可以清洗，怕什么?"又有一次，奴婢不小心打破了他心爱的砚台，躲着不敢见他，他便派人安慰她说："任何东西都有损坏的时候，我并不在意这件事呀!"因此他家中不论上下，都很和睦地相处在一起。

当他告老还乡的时候，寄居途中旅馆，一只袜子湿了，命伙计去烘干。伙计不慎，烧坏袜子，却不敢报告；过了好久，才托人情请罪。他笑着说："怎么不早告诉我呢?"就把剩下的一只袜子也丢进垃圾桶里。他回到家乡以后，每天和农人、樵夫一起谈天说笑，显得非常亲切，不知道的人，谁也看不出他是曾经做过朝廷宰相。

方圆智慧

成大事业者有大胸怀。这样的人不会成日计较于鸡毛蒜皮，整天着眼于蝇头小利，枉费了许多时间和精力。一个人有了宽广的胸怀，他在生活中便多了理解、多了宽容、多了温和、多了宠辱不惊的气度，他也更能体会到宁静和幸福。

♨ 不拿别人的短处取乐

人们在一起聊天时，总喜欢说些有趣的事，以此来给工作和生活增添开心的笑声和情趣。这种乐趣是生活的浪花，深受人们的欢迎。

但是，有些人却喜欢谈论别人的隐私，常拿别人的过失、缺陷作为乐趣和笑料，用揭别人的短来换取笑声。如此拿人取乐，是一种不良行为。它虽然也能引出笑声，但同时也给被谈论者带来苦恼和怨恨，严重影响人际关系的发展，所以千万不要把谈论别人的缺点当做乐趣。

有几位年轻同事在一块聊天，偶然谈及黑痣的话题，其中一位平素最活跃的青年突然沉默。后来才知道，这位同事腿上有一粒大黑痣。

还有的人口下无德，爱揭人短处："你的胸脯真像液晶显示器。"

"怎么啦?"

"超薄型!"

这种人，时时处处注意他人的短处，拿来取笑，可也要知道，踢别人一脚，要提防别人一拳。拿人取笑，伤了别人对自己也不见得有多少好处，这种话还是少说为佳。

有些人是因为考虑不周，言词无形中冒犯了他人。

"老王，你太辛苦了，白发如云!"

"老刘，你秃顶了!"

对年轻女同事说："小李呀，你最近可发福了!"

这种话还是不说为妙，时刻提醒自己注意不要犯别人的忌讳。

摩洛哥有句俗语叫："言语给人的伤害往往胜于刀伤。"拿别人的缺陷取乐是不明智的，且是一种低级庸俗有害无益的说话方式。这种方式引来的笑声是建立在别人的痛苦之上的，很容易闹出事端来。

由于你伤害了别人的自尊心，你将结下夙敌。同时，也有损于你的社交形象，人们会认为你是个刻薄饶舌的人，会对你产生反感、戒心，因而对你敬而远之。把谈论别人的缺点当做乐趣，实在是一件损人而又不利己的事。

凡人皆有其长处，亦必有其短处。我们为什么不能谈论别人的长处，偏要以谈论别人的短处来取乐呢？宇宙之大，谈话的资料取之不尽，用之不竭，我们何必一定要把别人的短处作为话题呢？若仔细想想，就会明白，我们所知道的关于别人的事情不一定就完全可靠，也许别人还有许多难言之隐非我们所熟知。若我们贸然把听到的片面之词宣扬出去，那么就容易颠倒是非，混淆黑白。而且说出的话很难收回来，即使事后明白了事情真相，也不可能收回去，因此，我们若不是确切地知道某件事情的真相，切忌胡说八道。

另外，如果别人向我们谈起某人的短处，我们该何以应对呢？最好的办法是听了便罢，不要深信这种传言，不必将它记在心中，更不可做传声筒，而且还要提醒谈论别人短处的人是否对所谈的事情有所调查、确有把握。

方圆智慧

朋友相聚，都不免要找个话题闲聊。天上的星河，地上的花草，眼前的建筑，身后的山水，昨日的消息，今天的新闻，都是绝好的谈话内容，何必去说东家长西家短，无事生非地议论人家的短处呢？好说人家短处是没有修养的表现，令人反感。

得理让人，放他一马

英国作家哈兹里特曾经说道：“在所有情况下，凡是我们对某种事物表示出极大蔑视的时候，那正清楚地说明了，我们是感到与它们处在十分接近的地位上。”因此，面对我们讨厌的人，只需消遣几句就行了，不必在言语上或行为上和他们进行无谓的争斗。

法国哲学家伏尔泰天生伶牙俐齿，喜欢讥讽同时代的社会名流。有一天，他和一位朋友闲聊时，却十分难得地，将一位试图与他一较长短的同辈作家大大赞扬一番。他的朋友听完之后，十分不以为然地说："难得你这么慷慨大方地称赞这位作家，可是他却经常在背后说你坏话，还到处对别人说你是个不学无术的骗子、阴狠歹毒的伪君子。"伏尔泰听完，不以为意地笑着说："其实这没什么，你知道，我们两个人一向都喜欢说反话！"

在竞争激烈的现代社会中，不少人由于各种各样的原因而与人争斗，有些人一陷入争斗的漩涡便不能自拔，为了利益或为了面子，硬要争得你死我活。有这种倾向的人，一旦自己在理上占上风，更是得理不饶人。必须谨记"得饶人处且饶人"的道理，适时放对方一马，让他顺着台阶下，别弄得对方太没面子。

其实，原谅敌人并不是很难做到，如果你能做到这一点，你在朋友之中的声誉，无形中会提升许多，日后绝对会大有好处。

人与人之间的相处，难免有意见不合的时候，难免会发生纠纷和争执。我们总是会认为别人错、自己对，总是忍不住想问别人："为什么你就是不懂我的心？"

我们总是容易责怪别人，总是认为别人不能设身处地站在我们的立场想想看，但却很少想到自己有没有宽容地"设身处地"为别人想过。

"设身处地"说来简单，做起来却很困难，因为我们是凡人，本来就容易受到情绪引导。但是，所谓"初念浅，转念深"，有时候，在行动之前，先转念思考一下，或许能让我们对事情有不一样的判断，继而能冷却心中的怒火，以平和有效的方法来解决问题。

西方有一句谚语："世界上最广阔的是海洋，比海洋更大的是天空，比天空更广阔的是人的胸怀。"不管是身体上的伤害或是心灵上的创伤，都一定会让人感到痛苦，但是如果坚持互相仇恨，相互报复，只会让伤口永远无法愈合，永远血淋淋、令人痛楚，冤冤相报何时了？

法国哲学家伏尔泰曾经因为讥讽摄政王奥尔良公爵，而被关进巴士底监狱，时间长达11个月之久。在狱中吃尽苦头的伏尔泰出狱后，深知摄政王冒

犯不得，否则以后还会遭殃，于是专程前去请求他宽宏大量，不计前嫌。摄政王深知伏尔泰拥有广泛的社会影响力，也急于笼络他，因此，两人见面之后，彼此说了许多感激、抱歉之类的客套话。最后，伏尔泰向奥尔良公爵表达谢意，幽默地说：“陛下，您真是乐于助人，解决了我长达11个月的食宿问题。不过，从今以后，您就不必再为了这些琐事替我操心了。”奥尔良公爵听了之后哈哈大笑，从此再也没找过伏尔泰的麻烦。

当你和朋友之间有了芥蒂，由朋友翻脸成了冤家时，这种关系该如何处理？是随时准备火力进攻，还是退一步海阔天空呢？正确的方式是保持风度，原谅你的仇人。

人与动物的不同之处在于，动物的一切行动都依照本性而发，完全属于自然反应；但是，人的行动会通过大脑的思考，并依照当时的心理需要，然后才做出各种不同的选择。

原谅仇人是很困难的一件事。绝大部分人碰到仇人就会分外眼红，恨不得置他于死地。即使不到那种强烈憎恶的程度，或环境条件不允许将对方彻底消灭，也肯定会采取“老死不相往来”的冷淡态度。因此，能够原谅仇人的人，胸襟和气度无疑达到了至高的境界。

方圆智慧

原谅仇人的好处在于，可以使你在日常生活中掌控自己，情绪不致随着对方的举动而起伏。以幽默的态度原谅你的仇人，既可降低对方对你的敌意，亦可缓和你对对方的敌意，何乐而不为？

第二节　刚柔并济，方圆无碍

得意失意不写在脸上

人生丰富多彩又艰难曲折，就像白天与黑夜的互相交替一般。快乐时“春风得意马蹄疾，一日看尽长安花”，快乐的人连路边的鸟儿都似为他歌唱，花儿都似专为他开放；痛苦时，落日西风，万念俱灰，睡梦中也在滴泪。

人总是避苦求乐的，都希望快乐地度过每一天，但生活本身就充满酸甜苦辣，快乐和痛苦本是同根生。当你快乐时，不妨留一片空间，以接纳苦难；当你痛苦，不妨想到往昔的快乐。

胸无城府，喜怒于色，性情急躁，心直口快，好发议论的人，常常被称为“炮筒子”。具有“炮筒子”性格的人，往往不受欢迎。

这种人常常自诩为“我心里想什么，脸上就会表现什么”、“想到什么就说什么”、“我是个直筒子脾气”，说话生硬，不分黑白，不看场合。比如别人建议他：“你的发言材料中有些错别字，是不是仔细修改一下?”他就会马上变脸发作：“我自己知道改，用不着你指教!”简单地用自己的观念和习惯去衡量别人的态度和行为，一遇到不对自己胃口的事立刻指责别人，喜怒于色，坦率露骨得令人发窘，不仅刺伤别人，也损伤自己。

不看你说的是什么，只看你是怎么说的。不同的人有不同的说法，不同的说法有不同的效果。与人交流时，不要以为内心真诚便可以不拘言语，我们还要学会委婉艺术地表达自己的想法。一句话到底应该怎么说，其实很简单，你只要设身处地从他人的角度想想就可以了。

人际交往中的真诚不等于双方直接简单、毫无保留地相互袒露，它要求我们本着善意和理性，把那些真正有益于对方的东西系上美丽的红丝带送给对方。

无论是谁，只要在社会上生存了一段时间，便能多多少少练就察言观色的本事，学会根据别人的喜怒哀乐来调整和他相处的方式，并进而顺着这种喜怒哀乐来为自己建立合适的环境。或许你也会在不知不觉中，意志受到了别人的引导和掌控而不知。但如果你的喜怒哀乐表达失当，有时也会招来无端之祸，步入人生的灾难之中。

第二次世界大战就要结束之时，反法西斯联盟的三位巨头，美国的杜鲁门、英国的丘吉尔、苏联的斯大林齐聚波茨坦进行会谈。会议进行期间，杜鲁门别有用心地对斯大林说美国已经研制成功一种新式杀伤武器，其威力比最先进的导弹还要大许多。他暗示说这种新武器就是原子弹，并且反反复复地重复着原子弹的杀伤威力问题。说完之后，杜鲁门双眼一动不动地盯着斯大林的面部表情，希望从那张沉得如同一潭静水的脸上看出一些变化。但是，杜鲁门失败了。坐在远处的英国首相丘吉尔也和杜鲁门做着同样的事情，他从另一个角度对斯大林的神态进行仔细观察，但结果和杜鲁门的完全一样。事后，丘吉尔对杜鲁门说：“自始至终我都在盯着他的一举一动，但他没有丝毫的变化，好像一直在倾听着你的谈话，仿佛对你们的新型武器早有所知。”

本来杜鲁门和丘吉尔打算以此来要挟恐吓斯大林，想在战争结束时多捞取点利益。但见斯大林对此无动于衷，只得作罢。其实斯大林当时的神情全是装出来的。对于杜鲁门的暗示他听得明明白白，但他努力控制住自己的情绪。会议结束之后，他马上离开，命令自己的科研人员加紧研制原子弹。不久，苏联也制成了自己的原子弹。

不轻易表露自己的观点、见解和喜怒哀乐，被称为深藏不露，这是古今中外的成功者用以控制别人的一种重要方法。

方圆智慧

聪明的成功者喜欢把自己的思想感情藏起来，不让别人窥出自己的底细

和实力，这样，那些别有用心的人就难以钻空子了，就会对你感到神秘莫测，就会产生畏惧感，同时也容易暴露他们的真实面目。

♨ 宠不惊，辱不惊

《小窗幽记》中有这样一句：宠辱不惊，看庭前花开花落；去留无意，望天空云卷云舒。这句话的意思是说，为人做事能视宠辱如花开花落般平常，才能不惊；视职位去留如云般变幻，才能无意。

现在的人大多觉得活得很累，不堪重负。大家很是纳闷，为什么社会在不断进步，而人的负荷却更重，精神越发空虚，思想异常浮躁。的确，社会在不断前进，也更加文明了。然而文明社会的一个缺点就是造成人与自然的日益分离，人类以牺牲自然为代价，其结果便是陷于世俗的泥淖而无法自拔，追逐于外在的礼法与物欲而不知什么是真正的美。金钱的诱惑、权力的纷争、宦海的沉浮让人殚精竭虑，是非、成败、得失让人或喜、或悲、或惊、或诧、或忧、或惧。一旦所欲难以实现，一旦所想难以成功，一旦希望落空成了幻影，就会失落、失意乃至失志。

失落是一种心理失衡，自然要靠失落的精神现象来调节；失意是一种心理倾斜，是失落的情绪化与深刻化；失志则是一种心理失败，是彻底的颓废，是失落、失意的终极表现。而要克服这种失落、失意、失志就需要宠辱不惊、去留无意。

范仲淹是北宋著名的政治家，“庆历新政”的代表人物。正因为他谨守“先天下之忧而忧，后天下之乐而乐”的人生宗旨，所以当他被谪至邓州时，能从容处之。从范老夫子这里，不难窥见一种自尊自强的人格魅力，一种淡泊名利的洒脱和机智。

北京大学前任老校长马寅初，因其“新人口论”蒙冤获罪，遭到专横无理的批判，终被革职。当他的儿子把革职一事告诉他时，他只是漫不经心地

“噢”了一声。数十年后拨乱反正，仍是他儿子告诉他被平反的喜讯，马老也只是轻轻地“噢”了一声。外表看似静若止水，内心却涌动着机敏与睿智，这是何等难能可贵啊！

19世纪中叶，美国实业家菲尔德率领他的船员和工程师们，用海底电缆把“欧美两个大陆联结起来”。菲尔德因此被誉为“两个世界的统一者”，一举而成为美国最光荣、最受尊敬的英雄。但因技术故障，刚接通的电缆传送信号中断，人们骤然愤怒，纷纷指责菲尔德是“骗子”。面对如此悬殊的宠辱逆差，菲尔德泰然自若，一如既往地坚持自己的事业。经过6年努力，海底电缆最终成功地架起了欧美大陆之间的信息之桥。宠也自然，辱也自在，一往无前，否极泰来，菲尔德之所以为菲尔德，正基于此。

宠辱不惊说起来容易，做起来却十分困难。我们都是凡夫俗子、草根百姓，红尘的多姿、世界的多彩令大家怦然心动，名利皆你我所欲，又怎能不忧不惧，不喜不悲呢？否则也不会有那么多的人穷尽一生追名逐利，更不会有那么多的人失意落魄、心灰意冷了，我国古代的贬官文化即是此明证。这关键是一个你如何对待与处理的问题。首先，要明确自己的生存价值，由来功名输勋烈，心底无私天地宽。若心中无过多的私欲，又怎么会患得患失呢？

其次，认清自己所走的路，得之不喜，失之不忧，不要过分在意得失，不要过分看重成败，不要过分在乎别人对你的看法。只要自己始发过，只要自己曾经奋斗过，做自己喜欢做的事，按自己的路去走，外界的评说又算得了什么呢？陶渊明式的魏晋人物之所以有如此豁达风流，就在于淡泊名利，不以物喜，不以己悲，才可以用宁静平和的心境写出那洒脱飘逸的诗篇。这正可谓真正的宠辱不惊。值得一提的是，将这一精神发挥到极致的还有唐朝的武则天。死后立一块无字碑，千秋功过，留与后人评说。一字不看，尽得风流。这正是另一种豁达，另一种宠辱不惊。

只有做到了宠辱不惊方能心态平和，恬然自得，方能达观进取，笑看人生。

方圆智慧

著名的社会活动家赵朴初先生生前写道："生亦欣然，死亦无憾。花落还开，水流不断。我兮何有，谁欤安息。明月清风，不劳牵挂。"这首诗充分体现了一种宠辱不惊的达观、崇高的精神境界。

♨ 不计较是非毁誉

我们身边有许多"说闲话的人"，这些人的特征是到处闲扯，传播一些无聊的、特别是涉及他人隐私的谎言，在背后对他人品头论足。虽说古人早有"谣言止于智者"的忠告，但智者毕竟很少，谣言总是会被传来传去。

大华每天上班都会听到这样的议论：

"哎呀！大华，你的皮肤这么水灵，是不是搽胭脂抹粉了？"

"你看人家大华，要长相有长相，要身高有身高，说起话来斯斯文文，难怪他走到哪都有女孩子追他，抢手货呀！"

"我们单位进来的人都需要有点关系，大华，你认识哪条藤上的人？透露点内幕好让我们也找个投标的对象啊。"

如果是别人，早就和他们较上劲了，可是大华落落大方，毫不生气。有的人甚至觉得他是否还有做人的尊严，怎么可以让人信口雌黄呢？终于有一位同事憋不住问他："他们这么说你，你个大男人一点也不觉得这是在侮辱你吗？你至少也要回敬他们几句，灭灭他们的气焰。如果你一味忍让，往后还怎么做人呢？"

可是，大华却说："何必发火呢？人家不过随便说说而已。"

"那你就忍气吞声？"

"谈不上忍气吞声，况且我不想因为生气而受到伤害。"

大华说他的做人哲学是：莫生气。"只有莫生气，自己才能避免受到伤害。你如果把玩笑当真，大吵大闹地争一个一清二白，不但伤了彼此之间的和气，还伤了自己的元气，到头来闷闷不乐，一肚子的闲气还不是自己受用、自己倒霉？何必呢！再说，那些玩笑话要么含沙射影，要么卖弄唇舌，都有些挑衅的味道，你若沉不住气，上了当，到头来还不是让别人看笑话？一个巴掌拍不响，你不理他们，他们倒觉得没趣，对不对？"

谁人背后无人说，哪个人前不说人。大千世界，人海茫茫，相识本来是缘分，相处更当为善。不要因为小事就和别人生气，纠缠于口舌之争。每个人在生活中都难免遇到不公正的待遇，无礼貌的攻击，这时，就要尽量克制自己，做到不计较别人的毁誉。

黄炎培先生曾经现身说法："人家的毁誉，不必计较。我小时因为穷，为别人鄙视，屡向人家求婚而被拒绝，直到第六家我已故的王夫人家，先岳父王筱云先生赏识我的文章和楷书，才玉成我的婚事。不久在科举场中，我露了头角，贺者盈门，都说早就看出此儿不凡。及后参加革命，遭逮捕，险被杀头，立时声誉骤落，大家又看不起此儿了。适避难归来，稍利事业，乃又受称誉。吾乃大悟，做人做事要时刻力求上进。犹如逆水游鱼，至为艰苦。"

一个人的"名声"往往容易毁于"人言"，常言说的"人言可畏"就是这个道理。黄炎培先生主张用"不必计较"来对待毁坏人名声的"人言"，要求人们不必把个人的名声看得过重。没有事实根据的"人言"总是"腿短"的，不会长久站住脚，毁人名声的人也许得逞于一时，但不久定会败露。一个人的品行是有目共睹的，它最有说服力。

方圆智慧

我们大可不必为了流言而大动肝火，有人的地方就会有流言，一旦跟流言飞语较上劲，你只会有生不完的闲气。假的毕竟真不了，不如随它去吧，时间自然会还你一个公道。

♨ 聒噪不如沉默，息谤得于无言

许多人对于道听途说的传闻及无关紧要的事实，不停地钻牛角尖，因而导致失败及悲剧。理性的思考能够判断别人所表达的意见是否有价值，如果全盘接收某些自以为是的偏见、成见，或是想当然的猜测之词，是非常危险的。

听到“据说”这样的开场白，理性的思考者会充耳不闻，因为他知道接下来都是一些没有意义的话。对自己负责任的人，一定要根据可靠的事实，才会发表意见或提出问题，而不会人云亦云。

查斯特做过这样一个试验。20 人围成一个圈，随机指定其中一人为头一个，由他随便想一句话，低声告诉给左边的人，此人再向下传，依次类推。等这句话再传回头一个人的耳中时，与他原先说出的那句话早已大相径庭了。

查斯特想了又想，终于认识到，二手传播不可信的一个原因就是，我们无法断定当事人是怎样说的，这一点非常重要，语气神态不同，意思也不同。

比如：

“我”没说她偷了我的钱（可是别人这么说）。

我“没”说她偷了我的钱（我的确没这么说）。

我没“说”她偷了我的钱（可是我是这么想的）。

我没说“她”偷了我的钱（可是别人偷了）。

我没说她“偷了”我的钱（可是她对这钱做了些什么）。

我没说她偷了“我的”钱（她偷了别人的钱）。

我没说她偷了我的“钱”（她偷了别的什么）。

历史上许多成就卓越的著名人物都被闲言碎语攻击过。美国的国父乔治·华盛顿曾经被人骂作“伪君子”、“大骗子”和“只比谋杀犯好一点”。《独立宣言》的撰写人托马斯·杰斐逊曾被人骂道：“如果他成为总统，那么

我们就会看见我们的妻子和女儿，成为合法卖淫的牺牲者；我们会大受羞辱，受到严重的伤害；我们的自尊和德行都会消失殆尽，使人神共愤”……这些人非但没有被批评、辱骂所吓倒，反而保持更加乐观和自信的态度，取得了影响深远的成就。

白隐禅师是一位修行有道的高僧。他的附近住着一对夫妇，家有一女，未曾出嫁却怀了孩子，父母苦苦逼问，女儿竟指认白隐禅师说他是孩子的父亲。

女孩的父母怒发冲冠，抢上门去找白隐。白隐听完了最后一句辱骂，才开口说了一句话：“是这样吗？”婴儿出生后自然立即送给了白隐大师。

大师虽然恶名在外，却并不介意，只是精心照顾孩子的成长。几年之后，真相终于大白天下，原来孩子的亲生父亲是一个市井之徒。那一对侮辱大师的夫妇无地自容，上门向大师赔礼道歉，并要求“物”归原主。白隐禅师在交回孩子时仍然只是轻轻地说了一句话：“就是这样吗？”

人的一生谁都难免要遭到他人不公正的批评甚至辱骂。不论是卑鄙的、恶毒的、残酷的，你千万不要因为对方一句不公正的批评或难听的辱骂，而变得像对方一样失去理智。获胜的唯一战术，就是保持冷静的沉默，不和别人发生正面冲突，就连多余的解释也没有必要。因为在这种情况下，相互争吵辱骂，既不会给甲方带来快乐，也不会给乙方带来胜利，只会给双方带来更大的烦恼、更大的怨恨、更大的伤害。

退一步讲，在对骂中没有占上风的一方，当众出丑，带来的只是对自己鲁莽行为的悔恨。占了上风的一方，虽然把对方骂得体无完肤，又能怎么样？只能加深对立情绪，加深对方的怨恨，在旁观者的眼里也不过是一只好斗的公鸡罢了。

方圆智慧

哲人说得好，“棍棒、石头或许会击伤我的肌骨，但语言无法伤害我。”聒噪不如沉默，息谤得于无言。

♨ 人在屋檐下，有时要低头

深圳街头矗立着许多雕塑，在这些雕塑中有一头牛，它的显著特征就是低着头。创作这座雕塑的艺术家其用意大概是：面对喧嚣的尘世、纷扰的人群，我们没必要表现出傲慢、怪异和过分张扬的样子，而应把自己的言行举止融入人群当中，并始终把自己看做是社会上普普通通、实实在在的一员。

面对社会，我们没必要牛气冲天。被称为美国人之父的富兰克林，年轻时曾去拜访一位德高望重的老前辈。那时他年轻气盛，挺胸抬头迈着大步，一进门，他的头就狠狠地撞在门框上，疼得他一边不停地揉搓，一边看着比他的身子还要矮一大截的门。出来迎接他的前辈看他这副样子，笑笑说：“很疼痛吧！可是，这将是你今天访问我的最大收获。一个人要想平安无事地活在世上，就必须时刻记住：该低头时就低头。这也是我要教你的事情。”

现实世界中的每个人面对的不光是蓝天高挂，“屋檐下”的挤压、拍打谁也逃不过，“该低头时就低头。”一个“该”字，说明了低头的恰到好处，而不是丢掉尊严、人格和做人的原则，这句话的另一层意思就是，不该低头的时候绝不低头。

俗话说：“人在屋檐下，不得不低头”。在做人姿态方面来说，人在屋檐下，有时要低头。所谓的“屋檐”，说明白些，就是别人的势力和范围。只要你在这势力范围之中，并且靠这势力生存，那么你就在别人的“屋檐”下了。这“屋檐”都是低的！进入别人的势力范围时，你会受到很多有意无意地排斥。这种情形在所有人的一生当中几乎都出现过，除非你有自己的一片天空，是个强人，不用靠别人来过日子。可是你能保证一辈子都可以如此自由自在，不用在人“屋檐”下避避风雨吗？所以，在人屋檐下的心态就有必要好好做些调整了。

人在屋檐下，有时要低头的好处有这样几条：

第一，不会因为不情愿低头而碰破了头。

第二，不会因为自尊自大而招嫉恨以致成为被人打击的目标。

第三，不会因为沉不住气而执意要把“屋檐”拆了。要知道，不管拆得掉拆不掉，你总是要付出代价的。

第四，不会因为不忍屈就而离开“屋檐”下。离开不是不可以，但是要去哪里必须考虑，而且离开后想再回来就不容易了。

第五，在“屋檐”下待久了，甚至有可能成为屋内的人。

总而言之，“低头”的目的是为了让自己与现实环境有一种和谐的关系，把二者的抵触和摩擦降至最低；是为了保存自己的能量，好走更长远的路；是为了把不利环境转化成有利环境。

方圆智慧

人一生中总会有不同的际遇、不同的处境。顺风好行船，逆境难为生；位高好成事，位卑难做人。但历数中外得大成之人，无不是善处逆境和善待位卑的智者。他们能伸能屈、能俯能仰，从不把自己看得比别人更高贵、更显赫，特别是在屈尊和低就于人的时候，更能显示卓越的风范。

♨ 低头隐忍，等待时机

该低头时就低头，不是逆来顺受和甘受屈辱与压迫，而是具有对世态炎凉的感知所采取的自我保护策略。

在历史上，各种斗争极其复杂，忍受暂时的屈辱，低头磨炼自己的意志，寻找合适的机会，是一个必不可少的心理素质。

三国初，曹操想请司马懿出来帮他，司马懿见形势还不明朗，便推说自己病了。曹操派人前去打探，见司马懿整天卧床不起，只好作罢。后来曹操势力大了，司马懿还是出来做了官。曹操死后，传位给曹丕，曹丕死后，又传给曹睿，曹睿死后又传给8岁的曹芒，由曹爽和司马懿共同辅佐他。曹爽独断专行，司马懿失去了实权。这时候司马懿意识到了危险，便又称病在家，什么事也不管了。曹爽听说司马懿病重，自然高兴，但也不无怀疑，便派了一个叫李胜的人去察看。李胜来到司马懿家里，只见一个婢女正在给司马懿喂粥，司马懿的胡子、衣襟上洒满了粥。看见李胜，他装聋作哑，唠唠叨叨地说了一通废话。

李胜果然被骗住了，回去告诉曹爽，说司马懿那老头子只剩一口气了。曹爽放下了一块心病，更加独断专行。但司马懿的夺权计划却在秘密进行。魏嘉平元年，司马懿集结几千名精兵，迅速占领了都城，假借皇太后命令，罢免了曹爽的兵权。曹爽交出兵权后被软禁起来，不久又以谋反罪被诛杀。至此，曹魏政权落到司马懿的手里。

成大事者，无一不是善于低头的人。司马懿想夺取天下，但他绝不贸然行事，第一次装病是伺机而动，第二次装病是“示弱”以保护自己。两次低头，终于取得司马氏的西晋政权。

该低头时就低头，是对利益的权衡所做出的选择，而不是消极避世，也不是不去抗争，是你知晓这现实世界里充斥着辩证的法则，它需讲究一些做人的技巧。有时候，退一步方能海阔天空；不与人一般见识，方显你大度宽容。况且，低头方能奋力前行，比如顶风爬坡，比如逆水行舟。该低头时肯低头，是“绵里藏针”，到头来还是会“仰首向天笑”的。

隋朝的时候，隋炀帝十分残暴，各地农民起义风起云涌，隋朝的许多官员也纷纷倒戈，转向农民起义军。隋炀帝的疑心很重，对朝中大臣，尤其是外藩重臣，更是易起疑心。唐国公李渊（即唐太祖）曾多次担任中央和地方官，所到之处，有目的地结纳当地的英雄豪杰，多方树立恩德，因而声望很高，许多人都来归附。这样，大家都替他担心，怕遭到隋炀帝的猜忌。正在这时，隋炀帝下诏让李渊到他的行宫去晋见。李渊因病未能前往，隋炀帝很不高兴。当时李渊的外甥女王氏是隋炀帝的妃子，隋炀帝向她问起李渊未来朝见的原因，王氏回答说是因为病了，隋炀帝又问道：“会死吗?”

王氏把这消息传给了李渊，李渊更加谨慎起来，他知道隋炀帝对自己起疑心了，但过早起事又力量不足，只好低头隐忍，等待时机。于是，他故意广纳贿赂，败坏自己的名声，整天沉湎于声色犬马之中，而且大肆张扬。隋炀帝听到这些，果然放松了对他的警惕。

试想，如果当初李渊不主动低头，或者头低得稍微有点勉强，很可能就被正猜疑的隋炀帝杨广除掉了，哪里还会有后来的太原起兵和大唐帝国的建立。

方圆智慧

智者善屈尊，愚人强伸头，商人总是隐藏其宝物，君子品德高尚，而外貌却显得呆愚。必要时要藏其锋芒，收其锐气，不要不分场合地将自己的才能让人一览无遗。你的长处短处被别人看透，就容易被别人操纵。相反，采取低姿态能得到信任。屈尊、低头是一种守弱用柔、一种权衡，更是一种智慧。

低头是为了出头

许多有抱负的人都忽略了积少成多的道理，一心只想一鸣惊人，而不去做埋头耕耘的工作。等到忽然有一天，他看见比他开始晚的、比他天资差的，都已经有了可观的收获，他才惊觉自己这片园地上还是一无所有。这时他才明白，不是上天没有给他理想或志愿，而是他一心只等待丰收，可是忘了播种。

有一个人学的是法律，却热衷于戏剧，常想有机会跃登银幕，成为大明星。可是，他的朋友从没有看见他去尝试那些可以进入影剧界的机会。于是朋友问他："为什么不去试试看呢?"

那个人说："我不愿去和那些初出茅庐的小孩子们竞争。我已经快30岁了，即使考进去之后，也不过是做个小小的配角，有什么意思？我要等什么时候有大公司找某一部影片的主角和我的性格戏路合适的，我一去，就会录用，那才可以一鸣惊人。”

可是，像这样幸运的人能有几个？于是，他只好任岁月蹉跎，年华老大，而愿望仍止于是个愿望。只因他不肯从头做起，所以永远接触不到他理想的天堂。

单是对自己那无法实现的愿望焦急慨叹是没有用的。要想达到目的，必须从头开始，低头拉车，抬头看路。所谓“登高必自卑，行远必自迩”；正如爬山，你只好低着头，认真耐性地去攀登。到你付出相当的辛劳努力之后，登高下望，你才可以看见你已经克服了多少困难，走过来多少险路。这样一次次的小成功，慢慢才会累积成大的更接近理想目标的成功。最终的目标不是转眼之间就可以达到，在未付出辛劳艰苦和屈就的代价之前，空望着那遥远的目标着急是没有用的。而唯有从基本做起，按部就班地朝着目标进行才会慢慢地接近它、达到它。

方圆智慧

古人说：“唯有低头，乃能出头。”种子如不经过在坚硬的泥土中挣扎奋斗的过程，它将止于是一粒干瘪的种子，而永远不能发芽滋长成一株大树。

放下你的身段

拿破仑滑铁卢战败后，被流放到地中海的圣赫勒拿岛。有一天，他与夫人约瑟芬一起到海港散步，正好遇到一群水手在卸货，水手们抬着沉重的东西嚷着：“没看见我们正在卸货吗？让开！让开！”拿破仑躲避不及被重重地撞了一下。夫人几乎没有考虑，就脱口斥骂道：“没长眼的东西，你们撞到的是法国皇帝！该当何罪？”

拿破仑马上拦住夫人，在她耳边说道："这些水手很辛苦，不要这样对待他们，再说我也并没有被撞得很痛。"

接着，拿破仑又吩咐随去的仆从，去帮助水手卸货。拿破仑放下皇帝的身段，不计较水手的过失并热情帮助他们，这种举动获得了水手的好感和爱戴，在水手的大力支持帮助下，几年后拿破仑偷偷潜回法国又重新执掌了政权。

社会是分等级的，不同的人必然在不同的社会等级中生存！但是，等级不能当饭吃。古今中外成功的人，无不把放下身段当做做人的第一要诀。

但是有的人就认识不到这一点，他们在取得了一点成绩或者当上了芝麻大小的官长后，便不知天高地厚，不管在哪里都爱摆臭架子。这种现象在社会生活中随处可见，比如千金小姐不愿意和保姆同桌吃饭，博士不愿意当基层业务员，高级主管不愿意主动找下级职员交换意见，知识分子不愿意去做体力工作……他们认为，如果那样做，就有损他们的身份。

过分看重"身段"，故意摆谱，只会让路越走越窄；如果在非常时刻也放不下身段，那就会变得无路可走。比如说博士找不到合适满意的白领工作，又不愿意降格以求当业务员，那就只有挨饿了。

放下身段的人比放不下身段的人，在生存竞争中至少可以增强两方面的优势：一方面，能放下身段的人，思考富有高度的弹性，不会固守刻板的观念，能及时吸收各种新颖的观念和信息，形成一个庞大而多样的信息库，从而积累起竞争的资本；另一方面，能放下身段的人能比别人早一步抓到好机会，也能比别人抓到更多的机会，因为他们没有身段的顾虑。

你如果想在社会上闯出一条路来，那么就必须要放下自己的身段，不要乱摆谱，也就是要放下你的学历，放下你的家庭背景，放下你的身份，让自己回归到"普通人"队伍之中。

方圆智慧

不要在乎别人的眼光和议论，做你认为值得做的事，走你认为应该走的路，人生之路才会越走越宽。

第三节　品位方圆，提高修养

提升品位重在精神层次

某社区曾爆发过一场论战，论战的焦点除了财富的攀比外，更主要的是品位的高低。

始作俑者是一位自称高贵的上海的网友易烨卿，批驳她的是一位自称来自真正上流社会的网友——北纬 67 度 3 分。北纬的策略是证明易烨卿并不是真正的上流社会人，没有资格代表上流社会瞧不起农民工。

易烨卿说自己爱在家里煮咖啡或者到上海的五星级宾馆喝咖啡。北纬说：易小姐竟然喝咖啡，我们上流社会是根本不会喝咖啡的，我们只喝茶。易烨卿说自己在除夕夜喝的红酒一两千元一瓶。北纬说：上流社会只喝香槟和少数几种法国红葡萄酒，此外我们只喝苏打水或者矿泉水。

易烨卿说家里的车是 LEXUS 的轿车，但是她本人更喜欢 TOYOTA 的大霸王。北纬的回答是：BMW 或者 BENZ 是暴发户开的，我们只开雪佛兰，白色的。

易烨卿说自己最喜欢 PORTS 的衣服。北纬教导上流社会是怎么穿戴的：她们的衣服是没有牌子的，因为是在巴黎皇后区的几家专门的店里定做的，而且这种店只接待特定的客户。

易烨卿说她喜欢 Karajan 指挥的作品。北纬说：我们是看歌剧的。

易烨卿说自己的家人几乎每 2～3 天就要坐一次飞机，从俄罗斯到美国的三藩，一个月光机票钱就好几万美元。北纬的回答是：我们坐飞机从来都不买票，因为是私人飞机。贵族是从来不说三藩的，只叫圣弗朗西斯科，并且他们从来都不去那儿，也不去莫斯科，他们认为自从沙皇死了之后，莫斯科就没有贵族了。他们会去阿拉斯加钓鲑鱼，到中非草原打猎。

在论战中，我们不难发现，显赫的出身和高档的消费，不能等同于财富的品位。

品位是一种文化资本。有品位意味着高雅、有文化、有档次、有修养。财富、权力、名声可以在短短几年内取得，但是品位却需要长时间在上层社会圈里熏陶和培养。因此，有品位的人可以不屑一顾地说："他就是个暴发户、土财主"、"那是个土鳖"。

保罗·胡塞尔在《格调》一书中认为：上流社会不够重视汽车，因为他们认为，汽车的历史过于短暂，不配进入古典风范的行列，不过总要有辆车开，你最好有一辆雪弗兰、福特、普利茅斯或者道奇，对它们的型号和颜色毫无兴致挑剔，总而言之，车必须是乏味的。从上层阶级往下，你就可以有一辆"好"一点的车，比如美洲豹或宝马，但必须是旧的。你最好不要拥有罗尔斯罗伊斯（劳斯莱斯）、凯迪拉克或者奔驰。

约瑟夫·爱泼因斯坦在《美国学者》中这样说："敏锐的西德青年知识分子认为，奔驰轿车标志着一种'高级的庸俗，是专供比华利山（美国洛杉矶郊区好莱坞影星聚集的居住区）的牙医和非洲内阁部长们乘坐的品牌'。确切地说，只有中上层阶级中最糟糕的一类才会买奔驰车，就像他们中最优秀的人士会开奥兹莫比尔、别克和克莱斯勒这样的车，可能还有吉普车和兰德罗弗尔（英国产多用途越野车）。"

还有一点小细节，就是关于车速的问题。保罗·胡塞尔认为，你的阶级地位越高，车速就应该越慢。如果你要做有品位的人，就得开得慢、开得稳，悄无声息地沿着路中央行驶。

方圆智慧

中国经过改革开放三十年，大浪淘沙浪打浪，一阵奔波、竞争和拼搏后，总有那么一批人脱颖而出。然而，很快，这些人就要经过再次洗牌，这次不是财富和权力的较量，而是品味的角逐。

♨ 解读品位，提高层次

从海外归来的刘总在某银行身居要职。刘总最大的爱好就是读书、听歌剧和打高尔夫。他体会到在这三种活动中，能够让自己陶冶情操、培养情调并减缓工作压力。而他的下属，海滨某城市的分行长贾总是个大腹便便的中年男子，他最大的爱好就是打麻将、去歌舞厅，有时彻夜泡在 KTV 包房里，他认为这样才叫生活，才叫享受。

2005 年，为了调查地方银行的业绩情况，刘总对个别省市银行进行了专访。为了能够拉近与刘总的距离，建立感情，贾总绞尽脑汁取悦刘总。

晚上，他为刘总安排麻将聚会，刘总以不会为借口推辞了。他得知刘总喜欢音乐后，又安排刘总去本市最豪华的歌舞厅，叫了两名美貌小姐陪伴。刘总到了 KTV 包房，看到如花的小姐，马上明白了其中的奥妙，又以头疼为借口离去。

沮丧的贾总非常不明白，就问刘总的助理："他这个人懂不懂生活？有没有情调呀？"

刘总的助理认为：区别刘总和贾总的不仅仅是他们的官位，更重要的是他们对生活方式、个人素养以及对品味的理解。

我们采用什么样的生活方式，如何选择和设计生活的内容反映了我们生活的品位，而生活的品位与格调是考察人的社会地位和成功人生的一个均衡有效的标志。

保罗·胡塞尔在《格调》中说：有钱并不一定使你的社会地位提高（这里并非在说经济地位，而是社会地位），因为这世界上总是有人不在乎你的钱财。但高雅而不奢侈的生活格调和品位却必然会受到别人的尊重和欣赏。

有两户人家毗邻而住。一位是一家出版社的雇员，属于白领；另一位先生是汽车修理厂的机修工，典型的蓝领。我们这里称他们为白先生和蓝先生。他们的收入不相上下，但是生活差别就很大了。

白先生的房子是一座破烂的旧屋，通过自己动手，重新装修了一番；蓝先生购置了一座干净漂亮的牧场小屋。白夫人去城里的店铺买她和家人的衣物；蓝夫人就在当地的商店，或者是家附近的购物中心采购，而且觉得非常方便。白先生喜饮酒，很开放，常常在院子里喝，小孩子坐在身边玩耍；蓝先生也饮酒，但是常常自己偷偷摸摸地喝，通常是在星期六，窗帘紧闭后，自斟自饮。白先生一家总是控制自己的音量，以免影响他人；蓝先生夫妇则总是冲着对方大喊大叫，声音能穿过每一个房间，甚至传遍每一个角落，他们自己却没有意识到有任何的不妥之处。白先生家的起居室里的书架上堆着满满的书；而蓝先生家里一本书都难以见到。

总起来说，这两个家庭收入相当，但是却毫无相似之处。他们的差别就在于品位的高低。品位决定了一个人是什么样的人，决定了他社会地位和个人形象。

究竟何为品位?

品位是一种选择。无论是挑选一件衣服的品牌，还是选择一本书、一张唱片；无论是选择一种职业，还是选择一个伴侣，好品位都在影响和指导着人类行为的方方面面。你的选择诠释着你的风格和举止。

品位是一张标签。告诉我们你是谁、你要什么，以及你有着怎样的生活方式。品位是一张通行证。它引领你呼吸时尚的空气，触摸流行的脉搏，融入与你气味相投的社交圈子。品位决定了我们的行为和语言，品位决定了我们穿衣、吃饭和谈话的方式，品位决定了我们该拥有什么、该和谁交往!

成功，绝不仅仅是指事业的成就。事业的成就只是成功、卓越人生的载体，社会成就和它的直接呈现——金钱，所能表现的也只是一个一维空间内的成功者，而卓越的人生体现在事业、家庭、自我发展和对社会及生态的责任等方面。一个人的品位能够从多维度的空间内生动地丰富。

人们能从你的生活品位中判断出，你是一个追求高质量生活的精神贵族，还是一个假装成附庸风雅、贵族的暴发户；是一个刚刚完成资本积累，从政策漏洞里走出来的土大款，还是一个有着文化修养和艺术品位的有钱人。

仅仅满足于挣钱的人，无论他的银行账户有多少位，他的心理都还挣扎在贫困线上。他们有一种深深的焦虑，唯恐别人不知道他发了财、有了钱，于是就烧钱、摆阔，整出来的结果就是三个字——没品位。

那些富得只剩下钱的成功者，不是我们所期待和仰望的人，这种生活品位和财富不般配的畸形关系，不会产生卓越的人生。

有钱不一定让你的品位得到提高，但是，有修养、有格调的人却必定受到人们的欣赏和尊重，因为他有更高品位。

方圆智慧

学习品位，品读品位，追求品位。就算是普通人，也可以通过品位的提升，来提高自己的社会地位。

细节中暴露低品位

为什么我们把自己包装成了看起来非常标准的商务人士，穿上了西装，甚至是高档名牌西装，敏锐的人还能够迅速地判断出一个人的地位高低？从他（她）们的眼神中，我们能够分明读出：你这人真没 taste（品位）？

把一个有品位、有修养的追求完美的成功者和一个暴发的成功者区分开来的往往就是那些容易被我们忽略的、貌似不起眼的小细节。比如，一个大块的、耀眼的腰带扣和一个设计大方而传统腰带扣的区别就是品位。

古龙水是一个高雅男士的正常消费品。男士身上散发出的清淡的古龙水味道让人们联想到：他是一个注意生活品位的人，他有雅致的情调，他懂得取悦自己。

爱丽森·卢莉在《服饰的语言》中说：大体上，一个人穿的衣服层数越多，他或她的社会地位就越高。在西方，我们不难发现，穿着三扣三件套西装要比两扣两件套西装显得更有品位。

在衣服的颜色方面，藏青色是比较有品位的，越柔和、暗淡越好，而紫色则是最没有品位的颜色。不论是男人还是女人穿着藏青色或者灰色的外套要比紫色尤其是紫色涤纶的衣服更有档次，更能提升自己的地位。

从服装上很容易区分人的社会地位，还有一个显著特点，那就是文字的易读性。当贫民阶层欢聚一堂时，绝大多数都会穿着印有各种文字的服装。随着社会等级的升高，低调原则逐渐奏效，文字开始消失。中产阶级和中上阶层的服装上，文字都被商标和徽记所取代。当你发现标记消失了的时候，你可能已经走在去往高品位的路上了。

在穿西装时，一定要注意上衣的衣领和衬衫的领子之间不能分离，要时刻紧贴在一起。如果它们总是保持着一定距离，那么只能说明着装者没有品位。

在面料质地方面，生物皮毛类显得比较有档次，也就是说，羊毛、丝绸、棉和各类动物毛皮。比如说，厨房里木材要比塑料贴面档次高，餐桌上的台布，棉的要比塑料或者油布有级别。

关于手表，遵循一个原则：越是科学化、技术化、越富于时代特色，等级就越低。所以佩戴机械表当然要比石英表、电子表有品位。

关于帽子只作为一个无足轻重的饰物时，它才具有一定的积极意义。严肃地看待帽子，只会让你自己显得很没品位。戴帽舌是典型的没有品位。

法国时尚专家弗兰斯瓦·沙勒在他的《领带之书》中说：领带是男人的概念和风格，是男人全身唯一最能表达自我的工具……领带是男性服装中唯一带有梦幻性质的点缀，它能用多种语言表现穿衣者不同的年龄、背景、品位、风格和地位！

领带是男人身上唯一能带有色彩的饰物。选择有艺术品位、有权威力量的领带，能衬托出一个成功男人雄伟深厚的魅力。而一条低品位、劣质的领带，则显示出，它的主人是多么的没有品位，多么的没有生活乐趣、生活质量。

方圆智慧

我们可以没有奢华的享受，但是一定要讲究生活情调，生活在品味中。良好的品位不是一夜之间产生出来的，有钱买不来高品位，这需要长期的培养。

第四节　圆不失方，乐观面对生活

♨ 不要被压力击倒

生活节奏越来越快，生活压力也越来越大。当脑海中装有太多的焦虑和烦恼时，就会感觉到精神紧张、情绪烦躁，压力像一个影子紧紧地缠在身上，自己快要崩溃了。

压力是一种负担也是一种责任，自古以来就是一个沉重的话题，我们每个人都有压力，所不同的只是平庸软弱的常常被压力压垮，成功者能变压力为动力。

杰克住在英格兰的一个小镇上，他从未看见过海，非常想看一看海。

有一天他得到一个看海的机会，当他来到海边时，那儿正笼罩着雾，天气又冷。他想："啊，我不喜欢海。幸亏我不是水手，当一个水手压力太大太危险了。"

在海岸上，他遇见一个水手，就和他交谈起来。

"你怎么会爱海呢？"杰克问，"那儿弥漫着雾，又冷。"

"海不是经常都冷和有雾。有时，海是明亮而美丽的。但在任何天气，我都爱海。"水手说。

"当一个水手不是压力很大很危险吗？"杰克问。

"当一个人热爱他的工作时，他不会想到什么压力和危险。我们家庭的每一个人都爱海。"水手说。

"你的父亲现在何处呢？"杰克问。

"他死在海里。"

"你的祖父呢？"

"死在大西洋里。"

"那你的哥哥……"

"当他在印度一条河里游泳时，被一条鳄鱼吞食了。"

"既然如此，"杰克说，"如果我是你，我就永远也不到海里去。"

水手问道："你愿意告诉我你父亲死在哪儿吗？"

"啊，他在床上断的气。"杰克说。

"你的祖父呢？"

"也是死在床上。"

"这样说来，如果我是你，"水手说，"我就永远也不到床上去。"

在懦夫眼里，干什么事情都有压力都有危险；而有胆有识的人却总是蔑视困难，面对压力和危险也要勇往直前。

我们生活在一个社会竞争激烈、充满紧张的世界，不安全因素环绕在我们身边，这是一个事实。我们的脸上或言谈中随处都显现出一种紧张。紧张和压力已经完全深入到我们的生活中和工作之中。

在通往成功的道路上有胆有识的人能把握自己，可以完全不让压力上身，也不会让压力击倒。

当然，人多少都要有一些压力和紧张，某种程度的压力和紧张是必要的。正常的紧张可以让你保持奋发，不断刺激你，让你在高效率之下创造性地工作。但如果我们能学会控制紧张，那何尝不是一件好事。

我们应该学会控制紧张，就像看电视一样，能开能关。这样才能运用紧张来为我们的目标服务。当紧张给我们形成高度的压力时，我们可以随时关上它。当你需要轻松时，如果能从紧张之中释放出来，就可以将所有压力排除。

人在身体方面的压力，实际上多由心理紧张而引起。我们内心被一个问题所困，身体也会被其所困。这时我们的肌肉会紧张起来，不知不觉感到压力。所以我们必须控制压力，保持冷静沉着。

人在紧张、繁忙的工作生活环境之外，应该有一个私人的休息场所，可以用来调整精神。因为“能力来源于沉默和信心”。要领悟生命的深层意义，一个人不要受时间的束缚，而要保持身体和精神的安静。

方圆智慧

当你感到压力和紧张时，要学会说“请等一下”这句话，使心灵中充满安宁的思想，保持冷静。同时要避免匆忙地完成任务，学会后退计划，安排足够的时间来完成目标。

♨ 了解压力，排除压力

心理学家认为人类面临的压力有两种：一种有益，另一种则有害。当你对某件事情感到兴奋的时候，那就是有益的压力。此时，你会心跳加速、血压稍微升高、体内释放出肾上腺素，而且呼吸变得急促。有害的压力也会产生同样的生理反应，只是这些反应对你的身体并没有好处。

研究表明，因为财务不稳定、上司不够体恤、工作能力不足或其他类似因素所产生的有害压力，会导致愤怒、挫折、精疲力竭、沮丧、头痛、高度紧张、失眠、注意力无法集中、消化不良、过食症、溃疡、喜怒无常、性功能失常、高血压、中风、心脏病等，或者因为免疫系统的失调而导致无法抵抗感冒和一般病毒，甚至会虐待配偶和小孩。

塞利教授在《生活压力》一书中，对内在压力带来的巨大危险有精辟深入的研究。他说，压力的杀伤力比我们周遭环境中产生的任何事物都还要强大。

只要生活在这个世界上，每一个人就不可能完全避免压力。正确的方法应该是了解压力。了解压力绝非是为了逃避压力，而是为了排除困扰你的压力。

让我们一同来看看压力的影响。

你一定听别人说过他一早起来心情就不好，接下来的一整天里，什么事都不对劲，情绪不好，别扭，连平常惯有的幽默感也不见了。

一早起来就心情不好的人，只要有人愿意听他发牢骚，他一定会说上一大堆："我昨晚没睡好，事实上，我几乎没睡着；我在床上翻来覆去七八个小时，真是累死了，可是就是睡不好；我的脖子好痛，肩膀也好酸，但是还是睡不着；现在别叫我集中精神——我的注意力早就四分五裂。想到以上这些，我真想回到床上，把它们通通都忘掉。"但是几乎没有人能够这么幸运，回到床上把一切都抛开，那是不可能的。

那些潜藏的因素总是困扰着你、妨碍着你、威胁着你。这些因素就叫做压力源，是说也说不完的。譬如说，再过半个小时就要开会了，电话响了，又有推销员来按门铃了，孩子上完芭蕾舞课得去接她回来，报告已经迟交四天了，支票被退票等。

找出压力的本质，是非常重要的，因为一旦了解压力，它就不会那么可怕，也比较容易将它打倒。

排除压力可以采用以下方法：

1. 培养正确的态度

把压力视为生命中的转机或挑战。如果你能接受这些挑战，你会更加了解自己，也能培养面对这些压力情境的有益技巧，以免伤人伤己。另一方面，你更能掌握自己的人生方向，更有信心面对未来，迎接挑战。

2. 辨别轻重缓急

办事不要操之过急，也不要同时处理许多事情。为你生命中重要的事件排列顺序，可以避免突发事件可能导致的危机。掌握轻重缓急，让你能正确评估潜在压力的利弊得失。通常，较不重要的事件压力比较小。要花多少时间和精力来消除压力情境，必须先看这个情境对你长期目标的关联性有多大。如果你的目标远大，就会容忍类似喜怒无常的老板、办公室政治、资源不足等因素所带来的压力。

因为轻重缓急由你控制，所以，你也能控制大多数工作所产生的压力。若能进一步结合时间管理技巧来决定轻重缓急的顺序，那就能让你掌握主动权，不致偏离目标，对日常工作更能得心应手。

3. 勇敢地接受

天有不测风云，碰到突来的压力时，要将其视为成长的机遇，而非破坏的来源，并勇敢地接受它。不要把时间浪费在无法改变的事物上，尽量在你使得上力的地方下工夫，努力寻找改善现状的契机。接受你无法施展影响力的事实，并不表示你得放弃希望，它意味着你可将精力转移到别的地方。

4. 找人聊聊

找一个信得过的人谈谈，把心中的挫折、愤怒和痛苦都发泄出来，做做自己喜欢、有把握的事，以减轻因工作负担过重所产生的压力。

方圆智慧

压力可以将人击垮，也可以使人重新振作，关键取决于你如何看待和排

除压力。美国著名作家罗威尔认为压力如同一把刀，它可以为我们所用，也可以把我们割伤，就看你握住的是刀刃还是刀柄。

♨ 去看事情的另一面

同一件事情、同一样东西，因为情境不同、认知不同，就容易产生不同的解读。公说公有理，婆说婆有理，只要能够说得出道理来，对和错，又有什么差别呢？

每一件事都有好多面，你从不同的角度来看，看到的东西也就会有不同面貌。

人的思维就是一个有目标的电脑系统。萦绕在人的头脑中的潜意识，就有如电脑程序，直接影响这种机制运作的结果。如果你在潜意识中认为自己是一个失败的人，你会不断地在自己内心那“屏幕”上看到一个垂头丧气、难当大任的自我；听到“我不长进、没有出息”这一类的负面信息；然后感受沮丧、自卑、无奈与无能——而你在现实生活中便会“注定”失败。

另一方面，如果你在潜意识中认为自己是一个成功人士，你会不断地在你内心的“屏幕”上见到一个意气风发、神清气爽的自我；听到“你做得很好，但你会做得更好”这一类的激励信息；然后感受到喜悦、自尊、快慰与卓越——而你在现实生活中便会“注定”成功。

有一个大家非常熟悉的故事：

两个秀才一起去赶考，路上他们遇到了一支出殡的队伍。看到那一口黑乎乎的棺材，其中一个秀才心里立即“咯噔”一下，凉了半截，心想，完了，真触霉头，赶考的日子居然碰到个倒霉的棺材，于是，心情一落千丈。走进考场，那个“黑乎乎的棺材”一直挥之不去，结果文思枯竭，果然名落孙山。

另一个秀才也同时看到了，一开始心里也“咯噔”了一下，但转念一想：棺材，噢！那不就是有“官”又有“财”吗？好，好兆头，看来今天我要鸿运当头了，一定考中。于是心里十分兴奋，情绪高涨。走进考场，文思如泉涌，果然一举考中。

回到家里，两人都对家人说：那“棺材”真的好灵。

著名心理学家艾利斯说，人的情绪主要根源于自己的信念以及他对生活情境的评价与解释的不同。一个人怎样想就会有怎样的结果，正如俗话说的“盐打哪咸，醋打哪酸”。第一个秀才之所以落得个名落孙山的结果，是因为他考场上文思枯竭，而文思枯竭是因为情绪不好，情绪不好又是因为他看到令他感到“触霉头”的棺材。另一个秀才之所以金榜题名，是因为他考场上文思泉涌，而文思泉涌是因为情绪高涨，情绪高涨又是因为看到令他感到“好兆头”的棺材。

现实生活中，没有人甘愿伤害自己。环线上猛开车闯红灯的司机，他不知道闯红灯有危险。如果他真知道，就再也不会疯狂飙车了。否则，他不是神志不清，喝多了酒违章驾驶，就是神经错乱。同样，我们愈清楚消极情绪的害处，就会远离它们。当你觉得忧郁涌上心头时，请将精力转移到那些与忧郁气质完全相反的气质上，并树立快乐、感激和善待他人的理念，这样，你会惊奇地看到那些阻碍你成功脚步的万恶敌人，转眼间无影无踪了。如果你暂时没有充满希望的性情的话，那么就请你想象一下这种性情，它很快就会属于你。

方圆智慧

对某一客观事物，你是如何思考的，你就有什么样的看法，你有什么样的看法，就会得到什么样的结果。

♨ 生活是美好的

著名的寓言作家伊索，年轻时曾经当过奴隶。

一天，他的主人要他准备一桌最好的酒菜，以款待一些德高望重的哲学家。当菜一盘盘端上来时，主人发现满桌都是动物的舌头，牛舌、猪舌、羊舌、鹿舌……简直就是一桌舌头大餐。

全桌客人出于礼貌，只小声地相互议论。机灵的主人发现宾客们的窃窃私语和怀疑的神色，连忙气急败坏地把伊索叫进来兴师问罪："我不是叫你准备一桌最好的菜吗？你准备这些东西究竟是什么意思？"伊索不慌不忙、谦恭有礼地回答："在座的贵客都是知识渊博的哲学家，他们高深的学问需要用舌头来阐述。对他们来说，我实在想不出还有什么比舌头更珍贵的东西了。"哲学家们听了他这番对舌头的吹捧，都不禁转怒为喜，纷纷开怀大笑。

第二天，主人又要伊索准备一桌最不好的菜，招待别的客人。这批客人是主人住在乡下的亲戚，主人一向看不起他们，认为他们狗嘴吐不出象牙，只是一群老土的乡巴佬，只有在逢年过节时，才会勉强招待他们来家里吃饭。

宴会开始后，菜一盘盘地端上来，却仍然还是一桌舌头大餐。主人火冒三丈，气冲冲地跑进厨房质问伊索："你昨天不是说舌头是最好的菜，怎么这会儿又变成了最不好的菜了？"只见伊索镇静地回答："祸从口出，舌头会为我们制造灾难、引起别人的不悦，所以它也是最不好的东西。"主人听了，不禁哑口无言。

尼采曾说："没有真正的事实，只有诠释。"每一件事都有好多面，你从不同的角度来看，看到的东西也就会有不同面貌。最好的东西到了另外一种情境，可能会变成最坏的东西，相同的，你弃如敝屣的东西到了其他人手上，也可能会是对方的无价之宝。因此，当你从好的这一面看，映入你眼帘的会是世界的美好；当你从坏的一面看，只会看到一个千疮百孔的人生。无论从哪个方向看，决定权都在于你，当事情无法改变时，改变看事情的角度，你一定能找到出路。

契诃夫在他的《生活是美好的》一文中让我们看到追求成功路上的安慰：

要是火柴在你的衣袋里着火了，那你应该高兴，而且感谢上苍：多亏你的衣袋不是火药库。要是有穷亲戚上别墅来找你，那你不要脸色发白，而是要喜洋洋地叫道：挺好，幸亏来的不是警察！要是你的手指头扎了一根刺，那你应当高兴：挺好，多亏这根刺不是扎在眼睛里！要是你有一颗牙痛起来，那你该高兴：幸亏不是满口的牙痛。

契诃夫在文章最后写道：依此类推……朋友，照我的劝告去做吧，你的生活就会欢乐无穷了。

契诃夫这篇文章的标题是“向企图自杀者进一言”，这大概是作者的幽默用语，所有的人都可以在这篇文章中得到启发：快乐和幸福不是由你的地位、你的财富所决定的，而是由你的心境、你的感受所创造的。

有这样一个老太太，晴天也哭，雨天也哭。因为她有两个女儿，大女儿卖雨伞，二女儿卖冰棍。老太太晴天怕大女儿赚不到钱，雨天怕二女儿赚不到钱。有位智者开导她说，你老人家大可不必天天忧心，晴天的时候你就为二女儿高兴，今天冰棍一定好卖；雨天的时候你就为大女儿高兴，今天雨伞一定卖得好。这样一来，你就变天天哭为天天乐了。老太太一想果真有道理，怎么我从前就没想到这个理儿?

忧和喜是事物给你带来的两种心情，只要你不钻牛角尖，想问题善于从两面或多个角度去思考，哲理就在你身边，大可不必忧心忡忡，更不用像老太太那样天天抹泪儿。

方圆智慧

只有那些在绝境中仍能抓住一丝快乐的人，才能领悟生命快乐的真谛。你主宰着自己的命运，你有选择的自由。做一件事情，你可以选择痛苦，也可以选择快乐。这完全由你自己决定。

♨ 沙漠里也有星星

任何一种事情做久了都会令人心生厌倦、感到没有出路。其实，问题也许并非出在事情本身上，而只是人的心理作用。在人生旅途中，永远都不要忘记随时调整心态，旅途的快乐取决于人心的快乐。

第二次世界大战期间，一位名叫玛莉的妇女随她的军官丈夫驻防在北非的埃及，住在靠近沙漠的营地里。

军营的条件是很差的。他们居住的木屋总是闷热难当，连阴凉一点的地方也在气温30℃以上，狂风裹挟着沙土总是呼呼地吹个不停。军营里没有几个家属，周围住的又全是不懂英语的土著居民，生活毫无色彩，日子实在难熬。

而且丈夫经常要出去执行各种各样的任务，这让一个人在家的玛莉总是感到非常寂寞。她给远在祖国的父亲写信倾诉，多少流露出要回家的意思。父亲的回信很快就收到了，信中写了这么一句话："有两名罪犯从监狱里眺望窗外，一个看到的是高墙和铁窗，一个看到的是月亮和星星。"

玛莉拿着父亲的信看了又看，想了又想，觉得父亲说得很对。"好吧！"她振作起精神，"我这就找星星和月亮去。"于是她走到屋外，和邻近的土著黑人交朋友，并请他们教她烹饪当地的食品，用泥土做成陶器。交往的开始是有些艰难的，但他们很快就热情地接纳了她，玛莉也开始融入当地的生活之中，并且一步一步地迷上了这里的风土人情。不久，玛莉还开始研究起了曾经让自己无比厌烦的沙漠。很快，沙漠在她眼中成了神奇迷人的地方。她经常请土著朋友们引路到沙漠的深处，听当地人讲沙漠的特点，还让远在伦敦的亲友帮她寄来了当时能找到的关于沙漠的所有著作。她不仅认真地阅读，而且还将对沙漠取得的点滴知识都写进了自己的日记，她的生活因此变得充实，甚至有些忙碌了。

第二次世界大战结束后，由于在中东、非洲的沙漠地区不断发现石油，人们对沙漠的认识和兴趣大大增加，玛莉也因为她的知识成为知名的沙漠专家。

几十年后，当有人向玛莉问起事业成功的经验时，她说到了月亮和星星的故事。她说："是父亲教给了我对生活的态度，这种态度是我事业的源泉，它使我终生受用。"

方圆智慧

不要害怕寂寞和苦恼，只要摆正自己的心态，我们就一定能够战胜它们，就可以在沙漠中找到属于自己的星星。

♨ 走好心灵的独木桥

弗洛姆是美国一位著名的心理学家。一天，几个学生向他请教：心态对一个人会产生什么样的影响？

他微微一笑，什么也不说，就把他们带到一间黑暗的房子里。在他的引导下，学生们很快就穿过了这间伸手不见五指的神秘房间。接着弗洛姆打开房间里的一盏灯，在这昏黄如烛的灯光下，学生们才看清楚房间的布置，不禁吓出了一身冷汗。原来，这间房子的地面是一个很深很大的水池，池子里蠕动着各种毒蛇，包括一条大蟒蛇和三条眼镜蛇，有好几只毒蛇正高高地昂着头，朝他们"滋滋"地吐着信子。就在蛇池的上方，搭着一座很窄的木桥，他们刚才就是从这座木桥上走过来的。

弗洛姆看着他们，问："现在，你们还愿意再次走过这座桥吗？"大家你看看我，我看看你，都不做声。

过了片刻，终于有3位学生犹犹豫豫地站了出来。其中一个学生一上桥，就异常小心地挪动着双脚，速度比第一次慢了好多倍；另一个学生战战兢兢地踩在小木桥上，身子不由自主地颤抖着，才走到一半，就挺不住了；第三个学生干脆弯下身来，慢慢地趴在小桥上爬了过去。

“啪”，弗洛姆又打开了房内另外几盏灯，强烈的灯光一下子把整个房间照耀得如同白昼。学生们揉揉眼睛再仔细看，才发现在小木桥的下方装着一道安全网，只是因为网线的颜色暗淡，他们刚才没有看出来。弗洛姆大声地问：“你们当中还有谁愿意现在通过这座小桥?”

学生们没有做声。“你们为什么不愿意呢?”弗洛姆问道。“这张安全网的质量可靠吗?”学生心有余悸地问。

弗洛姆笑了：“我可以解答你们的疑问了，这座桥本来不难走，可是桥下的毒蛇对你们造成了心理威慑，于是，你们就失去了平静的心态，乱了方寸，慌了手脚，表现出各种程度的胆怯——心态对行为当然是有影响的。”

人生又何尝不是如此呢? 在面对各种挑战时，也许失败的原因不是因为势单力薄，不是因为智能低下，也不是没有把整个局势分析透彻，反倒是把困难看得太清楚，分析得太透彻，考虑得太详尽，因此被困难吓倒，举步维艰。

方圆智慧

如果我们在通过心灵的独木桥时，能够忘记背景，忽略险恶，专心走好自己脚下的路，就能轻松愉快地快步到达目的地。

♨ 拾回曾经丢失的心灵

现代人太忙，干什么都是来也匆匆，去也匆匆。大人们忙事业，孩子们忙升学，青年人忙充电，老年人忙爬山，男人忙，女人忙……真是举国上下一片忙。如果当时间的列车突然急刹车，忙得不可开交的人们突然一下了闲了下来，许多人会有一种如同晕车般的感觉，那就是内心空虚。

在整日不得闲的时候，我们忽略了心灵中最重要的东西——快乐。我们整天忙着创造效益，物质财富得到极大丰富，住在装饰得如同皇宫般金碧辉煌的钢筋水泥结构中，各种娱乐设备应有尽有，却总感到丢失了点什么，总感到心里特别空虚，如同没放盐的饭菜一样没有滋味。我们只顾着经营身体赖以寄存的有形的家，却把心灵的家园荒芜了——我们把心丢了。心是人的主宰，是人区别于动物的唯一身份证明。马牛奔波劳碌，终其一生，都是为了粮草而活。行为离开心的正确指导，如果人的心灵家园荒芜，仅为了衣食而奔波，那与动物又有何差别呢?

于是有人到处寻找自己丢失多时的心，寻找昔日的感动与激情。有人去歌厅、迪厅寻找，有人到酒场上寻找，甚至有人动用高科技手段到网上找，可最终都一无所获。一味在物质世界里寻求无异于缘木求鱼，一味在名声、权力、财富、享乐中寻觅，只能使心灵更加荒芜。

有人百思不得其解，为什么自己整天吃山珍海味、生猛海鲜，却不如天天背着窝头爬山的老年人活得充实，为什么自己两口子穿戴都是名牌，却不如穿粗戴俗的夫妻恩爱，过得有滋味。老年人生活充实而富有激情也没有什么秘方，正如他们所说“我亦无他，唯心细耳”。如果我们真能和老年人一样闲暇时种竹浇花，下班后夫妻双方牵手把家还，饭后到公园中散散步，我们也能像以前一样感到充实，感到有激情，感到生活的乐趣，也能找回自己丢失的心。

方圆智慧

俗话说："踏破铁鞋无觅处，得来全不费工夫"，快乐就在我们身边，只不过我们没有用心体味罢了。

你越想赢就越会输

对同一事物，不同的心境有不同的看法。你用什么样的目光看世界，世界就用什么样的目光看待你。人世间的许多事，或近或远，或远或近，往往是因自己的心态而改变。云南大理白族的三道茶，就是一苦二甜三淡，象征了为人的三重境界。苦尽才能甜来，随之才有散淡潇洒的人生，才会不屈从于挫折的压力。

周谷城先生有一次接受记者采访，当记者问他："您的养生之道是什么"真，他回答说："说了别人不信，我的养生之道就是'不养生'三个字。我从来不考虑养生不养生的，饮食睡眠活动一切听其自然。"他讲得太好了，对比那些吃补药吃出毛病来的，练气功练得走火入魔的，长跑最后猝死的，还有秦始皇汉武帝等追求长生不老之药的，贾家宁国府里炼丹服丹最后把自己药死的……他的话更显深刻。

英国举行的欧洲杯足球锦标赛半决赛中，竞争双方分别是德国队和英格兰队。英格兰队状态极佳，又是在家门口比赛，志在必得。德国队当时也处在高峰时期。90分钟内两队踢了个平局，加时又是平局，最后只得点球大战决胜负。英格兰队极兴奋，踢进一个点球，球员就表露出兴奋若狂不可一世的架势，而德国队显得很冷静，踢进一个点球也基本上无甚反应。后来，英格兰队输了。一位中国足球评论员说："英格兰队太想赢了，所以反而输了。"

韩国早期有一位乒乓球运动员李善玉，在国内屡战屡胜。一次代表国家队参加世界锦标赛，临赛前的一天晚上，她承受不住心理压力，用刀将自己的手腕割破，谎称有人行刺她后跑了。结果这件事被查清后，成为国际上一大丑闻，国家队为此将她除名。

但在随后的韩国国内比赛中，她又屡屡获胜。为了给她机会，国家队又将她重新召回。在一次国际重大比赛中，她遭遇一名之前从未输过的德国运动员。开始，李善玉连赢两局，第三局对方赶上几分后，李善玉开始动摇了，结果连输三局。外电评论：李善玉没输在技术上，而是输在只想赢不想输的心态上。

正如心理学家查斯特·菲尔德所说："一个富足的个性，在生活中能够笑看输赢得失。他们深信自然和自己的潜能足以实现任何梦想，认为一个成功者周围倒下千百个失败者是不成功的，真正有效的成功者，只在自己的成功中追求卓越，而不把成功建立在别人的失败上。"

方圆智慧

有首禅诗写道："尽日寻春不见春，芒鞋踏破岭头云。归来都把梅花嗅，春在枝头已十分。"当我们拼命在物质世界中寻求快乐的时候，往往忽略了我们的内心世界——精神家园，而当我们真正静下心来，重新审视自己的时候，却会发现，真正的快乐只来自于内心的安详。

输什么也别输心情

有句谚语说："你不可能因为给人一个微笑而丧失什么，因为它永远会再回来。"东西怎么出去，就会怎么回来。

向平曾经有段日子生活得很惆怅，他喜欢的女孩不在乎他，他精心做的稿子被改来改去，感冒也不时地光顾。这时向平的好朋友对他说："输什么也不能输了心情，有些事情还是放了吧。"

向平决定改变。他不再找那个女孩，那篇稿子他立即投往别处，并告别了一度懒散而无规律的生活，每天开始打球和跑步。结果，他的身体健壮了，那个女孩开始在乎起了他……

一个人或一件事能令你不舒服是一定有着什么原因的，有的原因要过很久才可能知道，而有些原因你永远都不会知道，但这些都不重要，重要的是它使你不舒服，它影响你的心情，影响你的判断，也消磨着你的时间和生命。

为人，就像一趟旅行，沿途中有数不尽的坎坷泥泞，但也有看不完的春花秋月。如果我们的一颗心总是被灰暗的风尘所覆盖，干涸了心泉、黯淡了目光、失去了生机、丧失了斗志，我们的人生轨迹岂能美好？但如果我们能保持一种健康向上的心态，即使身处逆境、四面楚歌，也一定会有“山重水复疑无路，柳暗花明又一村”的那一天。

而且，就现实的情形而言，悲观失望者一时的呻吟与哀号，虽然能得到短暂的同情与怜悯，但最终的结果必然是别人的鄙夷与厌烦；而乐观上进的人，经过长久的忍耐与奋斗，最终赢得的将不仅仅是鲜花与掌声，还有那饱含敬意的目光。

方圆智慧

虽然每个人的际遇不尽相同，但命运对每一个人都是公平的。因为窗外有土也有星，就看你能不能磨砺一颗坚强的心，一双智慧的眼，透过岁月的风尘寻觅到辉煌灿烂的星星。先不要说生活怎样对待你，而是应该问一问，你怎样对待生活。

♨ 让乐观主宰你自己

乐观是一个指南针，让你驶向成功的彼岸，阔步前进；乐观是一剂良药，可以医治苦难的伤痛。为了美好的人生，请让乐观主宰你自己！

生活如同一面镜子，你对它笑，它就对你笑；你对它哭，它也以哭脸相示。持有什么样的心态，也就决定拥有什么样的人生结局。

悲观主义者说："人活着，就有问题，就要受苦；有了问题，就有可能陷入不幸。"即使一点点的挫折，他们也会千种愁绪，万般痛苦，认为自己是天下最苦命的人。一如英国哲学家罗素所形容的"不幸的人总自傲着自己是不幸的"。悲观主义者把不幸、痛苦、悲伤做成一间屋子，然后请自己钻进去，并大声对外界喊着："我是最不幸的人。"因为自感不幸，他们内心失去了宁静，于是不平、羡慕、嫉妒、虚荣、自卑等悲观消极的情绪应运而生。是他们自己抛弃了快乐与幸福，是他们自己一叶障目，视快乐与幸福而不见。

乐观主义者说："人活着，就有希望；有了希望就能获得幸福。"他们能从平淡无奇的生活中品尝到甘甜，因而快乐如清泉，时刻滋润着他们的心田。

"乐观"两个字说起来很简单，但做起来并不是那么容易的。首先，你必须要学会在逆境中发现光明。一位母亲告诉他的儿子，天很黑的时候，星星就要出现了。

如果保持开朗的心境不那么容易做到，那你就和乐观的人交朋友吧，他们积极向上的人生态度会感染你，使你在不知不觉中变得开朗。

我们要重新学会如何感动、如何爱别人、如何不去计较那些反面的事情，这样我们的每一天都可以是一个崭新的开始，充满了光明和希望。

要记住，人们都喜欢和乐观的人在一起合作。

逃离忧虑的魔掌，树立健康快乐的形象，这是成功人生的第一步！

担忧使许多人无法履行自己的义务，因为这消耗他们的精力，损害和破坏他们的创造力；而乐观则使人免于担忧，并能使他将自己的才能和创造力发挥到极致。

深受忧虑之害的人是无法充分发挥其应有才能的。如果处境困难，他就会束手无策。如果焦虑不安，他往往无法做到最好。无论你需要什么，首先要把乐观放在前头。不要问怎么办、为什么或什么时候，你只要全力以赴，同时，一定要有希望和信念，这是指引你成功所必需的。

一位以美丽著称的女演员曾经说过："想变漂亮一些的人绝对不可以忧虑。忧虑意味着所有美丽的毁灭、消亡和破坏，意味着丧失活力、无精打采，意味着多愁善感，意味着无休无止的灾难。不要介意发生的事情，一个女演员绝对不可以忧虑。一旦她懂得这一点，那她就已经驶进了那条保持美丽容颜的高速公路的入口。"

如果一个老是忧虑重重的人能看到一幅他从不担忧时的画像该多好啊！如果他置身于另一幅自己忧虑重重时的画像旁，又该是一件令他多么震惊的事情啊！他忧虑重重时的模样看上去就像未老先衰，满脸充满了恐惧和焦虑的皱纹，充满了极度沮丧和了无生气的表情。这幅画中的他似乎要比那幅快乐画像中的他苍老许多，在那幅快乐的画像中，他是那样的朝气蓬勃、充满乐观和满怀希望。

对于一件事情的看法，人们会因切入的角度不同而产生不一样的想法。一个忧虑的人，事事都往坏处想，于是愁眉苦脸、愤世嫉俗，但他这样也不过是亲者痛、仇者快，苦了自己。除此之外，他的生活情绪也一定会大受影响，还会连带影响他人。而反观乐观的人，他们会想办法在逆境中培养积极的情绪，用幽默的眼光看待不愉快的事情，最后反败为胜。

方圆智慧

任何事物本身都没有快乐和痛苦之分，快乐和痛苦是我们对它的感受，是我们赋予它的特征。同一件事情，从不同角度去看待，就会有不同的感受。一个人快乐与否，不在于他处于何种境地，而在于他是否持有一颗乐观的心。

♨ 快乐地活着

生活中有许多人悲叹生命的有限和生活的艰辛，只有少数人能在有限的生命中活出自己的快乐。既然如此，我们为什么不放纵一下自己，去做一些自己喜欢的、平时想做却没有做的事情，为自己的快乐而活呢?

快乐是一种情绪。懂得了控制情绪的方法，你就已经站在了快乐的一方，看到鲜花时，你就会咧嘴微笑；看到流水，就会心旷神怡；看到青草，就会感到自己回归了大自然。人生在世，要为快乐而活，就会有多姿多彩的生活。

快乐是一种思想。不论贫穷与富有，只要思想快乐，你就是一个快乐的人。只要有快乐的心，就有快乐的容貌。生活是一种享受，快乐是生活的主题，生活是追求幸福的过程，快乐是幸福的内涵。生活中，每个人都应该为自己“找些快乐”。有这样一个故事：

一位富商花费巨资收藏了许多珍贵的古董、字画以及各种珍珠、翡翠等，为防失窃，他安装了严密的保安系统，平日里很少进去欣赏，只当成个人财富的一部分用来炫耀。

有一天，富商忽然心血来潮，决定让大厦清洁工进去开开眼界。

清洁工进去后，并未流露出艳羡之色，只是慢慢地逐一浏览，细细地欣赏。待步出厚厚的铁门时，富商忍不住地炫耀说：“怎么样? 看了这么多的好东西，不枉此生了吧?”

那个清洁工说：“是啊，我现在感觉与你一样富有，而且比你更快乐。”

“怎么可能?”富商摇着头说道。

那个清洁工笑着答道：“你所有的宝贝我都看过了，不就是与你一样富有了吗? 而且我又不必为那些东西担心这担心那的，岂不比你更快乐?”

快乐不在于拥有多少，而在于感觉如何。只要有心去感受，快乐就会无处不在。生活的乐趣是对生命的热情，丧失这种热情，即使能像故事中的富商一样拥有很多的财富，也不一定能享受到生命的乐趣。

为自己的快乐而活，要敢于接受挑战和考验，在困难中，依然精神抖擞，向着目标前进。在苦难中，不忘仰望苍穹，轻轻哼唱，感激阳光雨水，赞美它的神奇与无私。快乐和痛苦是一体两面，经受不住痛苦的考验，也就难以体会真正的快乐。

为自己的快乐而活，但不可自私。快乐是无私的，为别人带来一份快乐的同时，自己也能得到同样的快乐，而带给别人烦恼的同时，自己也会得到一样的烦恼。

为自己的快乐而活，应顺其自然，不能乐昏了头，快乐就像春风，可以让人感到舒适，过了头则会乐极生悲，拂面的微风就会变成极具破坏力的狂风。

为自己的快乐而活，是一种洒脱，是一种境界，是最为成功的人生。

方圆智慧

罗勃特·伯顿曾说，尽你所能快乐地生活，因为真正的快乐能够治疗心灵的忧伤。人活着就是为了生活更快乐，更幸福，而幸福的生活要自己努力争取来的。人为了追求幸福才有了为之奋斗的欲望，为此人必须使自己努力工作，在工作中寻找乐趣，让单调乏味的工作充满生趣，使自己无忧无虑，身心健康，生活和平而安逸，快快乐乐过好每一天。

>>> 第三章 <<<

方圆做人——圆内容方，不忘大原则

圆内容方，从整体与部分、共性与个性的角度讲，是指不同物质和个性的个体和谐共存，允许在遵守共同规则的前提下发展个性。比如当今的世界，讲多元文化共同存在，共同发展。各民族、各个国家的文化是方，所有的方合起来就是一个圆，是整个人类文化的整体。不同民族、国家的文化互相尊重，互相学习和容纳，犹如不同个性的人互相尊重与和睦相处。

从做人做事的原则性和灵活性上讲，圆内容方是指特定条件下的一种处事方法。尤其是在乱世、困境、险境之中，人不能事行直道，不得不小心谨慎，讲究权变。有时为了大的原则、大的利益而不得已牺牲或违背小的原则、小的利益，比如《论语》中孔子对管仲的评价。

管仲原来是辅佐公子纠的。公子纠和齐桓公是兄弟，也是政敌。齐桓公杀了公子纠，管仲不但没有为公子纠殉死，反而给齐桓公当了宰相。有人说管仲不仁，但孔子说，管仲这个人是很了不起的，他帮助齐桓公九合诸侯，没有使用武力，使天下得到了安定，老百姓如今还受到他的恩惠。如果没有管仲，我们今天很可能都成了野蛮人。他为天下和国家作出了这么大的贡献，不是一个只知道自己上吊，倒在水沟里默默无闻、白白死去的普通老百姓所能比的。

管仲忠诚齐桓公，对公子纠来说是不忠、不仁、不义，从做人的角度讲圆而不方。但是，他为天下国家作出了贡献，为天下百姓尽了大忠、大仁、大义，可以说是圆内容方，没有违背天下的大义、大原则。所以孔子不但没有否定他，还充分肯定了他的伟大功绩。

“圆内容方”的另一个例子是冯道。在唐、宋之际，五胡乱中华的几十年间，都是胡人统治。五个朝代，都请冯道出来做官，而他对每个君主都表现出忠心。可见他的为人处世“圆”到了极点。对冯道的这种行为，欧阳修骂他无耻，认为他替胡人做事，没有气节。而同时代的王安石、苏东坡等人却认为他了不起，是“菩萨位中人”。冯道的一生，可谓是“圆内容方，不忘大原则”。尽管他在胡人统治的朝廷为官，但他本人的生活却十分严谨，既不贪财，也不好色。在谨慎和圆滑中，冯道始终坚守着自己做人做事的大原则。他认为在当时的历史背景下，最重要的是保有中国文化的精神和中华民族的命脉，以待国家出现真正的君主。他死后很多年，才出现了宋太祖赵匡胤，建立大宋王朝。

第一节　讲求方正，做最好的自己

♨ 做一个正直的人

正直对于做人来说是相当重要的，正直意味着高标准地要求自己。在英语中，“正直”一词指的是完整。在数学中，整数的概念表示一个数不能分开。同样，一个正直的人也不能把自己分成两半，他不会心口不一，想一套，说一套——因为他不会撒谎；他也不会表里不一，说一套，干一套——这样他才不会违背自己的原则。

弗兰克·劳埃德·赖特曾经对美国建筑学的师生们发表讲话，他说：“什么是一块砖头的名誉呢？那就是一块实实在在的砖头；什么是一块板材的名誉呢？那就是一块地地道道的、名副其实的板材；什么是人的名誉呢？这就是要做一个正直的人。”

马丁·路德在被判死刑时，对着他的敌人说：“去做任何违背良知的事，既谈不上安全稳妥，也谈不上谨慎明智。我坚持自己的立场；上帝会帮助我，我不能作其他的选择。"

正直使人们具有坚持原则和正义的力量，这一点包括有能力去坚持你认为是正确的东西，在需要的时候义无反顾，并能公开反对你确认是错误的东西。

在一所大医院的手术室里，一位年轻护士第一次担任责任护士。"大夫，你取出了十一块纱布，"她对外科大夫说，"我们用的是十二块。"

"我已经都取出来了，"医生断言道，"我们现在就开始缝合伤口。"

"不行。"护士抗议说，"我们用了十二块。"

"由我负责好了！"外科大夫严厉地说，"缝合。"

"你不能这样做！"护士激烈地喊道，"你要为病人负责！"

大夫微微一笑，举起他的手让护士看了看第十二块纱布："你是一位合格的护士。"他说道，他在考验她是否正直——而她具备了这一点。

没有任何人能勉强你服从自己的良知。然而，不管怎样，一位正直的人是会做到这些的。正直使人具备了冒险的勇气和力量，他们欢迎生活的挑战，绝不会苟且偷生，畏缩不前。一个正直的人是有把握、并能相信自己的，因为他没有理由不信任自己。

正直表现为坚持不懈、一心一意地追求自己的目标，拒绝放弃自己努力的坚忍不拔的精神。"我们绝不屈从！绝不，绝不！无论事物的大小巨细——永远不要屈从，唯有屈从于对荣誉和良知的信念。"温斯顿·丘吉尔是这样说的，也是这样做的。

正直的人能够平静地对待人生道路上的风风雨雨。哈利·爱默森·福斯迪克曾讲过亚伯拉罕·林肯在1858年参加议院竞选活动时，他的朋友警告他不要发表某一次演讲。但是林肯答道："如果命里注定我会因为这次讲话而落选的话，那么就让我伴随着真理落选吧！"他是坦然的。他确实落选了，但是两年之后，他就任美国总统。

方圆智慧

正直会给一个人带来许多：友谊、信任、钦佩和尊重。人类之所以充满希望，其原因之一就在于人们似乎对正直具有一种近于本能的识别能力——而且不可抗拒地被它所吸引。

不做问心有愧的事

我们每个人都是由自己一再重复的行为所铸造的。因而优秀不是一种行为，而是一种习惯。世界上不存在优秀的行为，习惯优秀才是真正的优秀。

汤姆斯·麦考莱说："在真相肯定无人知晓的情况下，一个人的所作所为，能显示他的品格。"我们当中需要决定别人怎样做事的人不多，但人每天都必须作出许多个人的决定。在街上捡到一个钱包，该把钱私吞呢，还是送交警察呢？这笔交易本是别人的功劳，可以把它据为己有，列在自己的推销记录里吗？除你之外，没有人知道。但是你必须对得住自己，最好能问心无愧。

一个美国游客到泰国曼谷旅行，在一个货摊上看见了十分可爱的小纪念品。他选中 3 件纪念品后就问价，女商贩回答是每个 100 铢。美国游客还价 80 铢，费尽口舌讲了半天，女商贩就是不同意降价，她说："我每卖出 100 铢，才能从老板那里得到 10 铢。如果价格降到 80 铢，我什么也得不到。"

美国游客眼珠一转，想出一个主意，他对女商贩说："这样吧，你卖给我 60 铢一个，每件纪念品我额外给你 20 铢报酬，这样比老板给你的还多，而我也少花钱。你我双方都得到好处，行吗？"

美国游客以为这位泰国女商贩会马上答应，但只见她连连摇头。见此情景，美国游客又补充了一句："别担心，你老板不会知道的。"

女商贩听了这话，看着美国游客，更加坚决地摇头说："佛会知道。"

美国游客一时哑然。

这是一个值得深思的故事。美国游客为了达到自己的目的，就像钓鱼一样设了一个诱饵，但女商贩并不上钩，拒绝了利益的诱惑。这其中的关键在于她懂得：商人必须讲究商业道德，正经钱可赚，昧心钱不可得；别人能瞒得住，但良心不可欺。

认认真真做事，清清白白做人。前一句话几乎包含了各种层面的人生活动，比如做官、种田、教书、打仗等；后一句话则强调，无论做什么事，都要"对得起天地良心"，于人于己问心无愧，无论处于何种人生情境，无论是别人知道还是别人不知道，做人都要珍视"人"这个崇高的称号，必须保持个人品德的纯洁无瑕。

天下的坏人可以分为两种：一种是以为别人不知道所以干了坏事；另一种是知道别人知道，却仍然明目张胆、"无所畏惧"地干坏事。前者尚有良心未泯，后者就是肆无忌惮了。

《后汉书·杨震传》中记载了一则"杨震四知"的故事。

东汉时期，杨震奉命出任东莱太守，中途经过昌邑，昌邑县令王密是由杨震推荐上来的，这天晚上，王密怀揣10斤黄金来拜见杨震，并献上黄金以感谢他往日的提拔。杨震坚决不收，王密说："黑夜没有人知道。"杨震却说："天知、地知、你知、我知，怎么说没有人知道呢?"

在一个人行动之前，良心起审查和指令作用；在行动中，良心起调整和监督作用；在行动后，良心对行动的后果进行评价和反省，或者满意或者自责，或者愉快或者惭愧。一个人做人能做到问心无愧，能在良心的引导下做事，大致上可以高枕无忧了。所以俗话说："为人不做亏心事，半夜不怕鬼敲门。"

方圆智慧

一个人的文明行为不是做给别人看的，而是一种操守，是人内心的修炼。在没有监督下坚守原则，才是一个人真正的道德。而这种道德，需要每个人自觉坚守才行。

♨ 远离贪欲，无欲则刚

生活无小事，人生无小事，要想做个真正的好人，就必须脚踏实地时时谨行，处处慎独。

实践表明，做个好人既不那么容易，也不是那么高不可攀。俗话说：难难难，易易易，不难也不易。要说难，一片贪欲之云横眼前，就可能叫人钻入死胡同，直碰得头破血流甚至一命呜呼也闯不过去。要说易，放下屠刀，立地成佛，明心见性也只在刹那。关键看一个人有没有真诚的信念、坚强的决心、刚毅的意志和切实的躬行。

孔子说：“好学近乎知，力行近乎仁。”可见一个人即使学富五车、著作等身或宏论滔滔、口吻生花，如不能躬行实践，也不能算是真学问。

春秋时，鲁国相国公仪休喜欢吃鱼，全国各地很多人因此送鱼给他，但他都一一婉言谢绝了。

他的学生劝他说：“先生，你这么喜欢吃鱼，别人把鱼送上门来，为何不要了呢?”

公仪休回答说：“正因为我爱吃鱼，才不能随便收下别人所送的鱼。如果我经常收受别人送的鱼，就会背上徇私受贿之罪，说不定哪一天会免去我相国的职务，到那时，我这个喜欢吃鱼的人就不能常常有鱼吃了。现在我廉洁奉公，不接受别人的贿赂，国君就不会随随便便免掉我相国的职务，只要不免掉我的职务，就能常常有鱼吃了。”

公仪休的想法是明智的。人们在生活和工作当中，心里总是充满了欲望和奢求，关键时刻一定要把握住自己，不要因贪小利而丢了大利。

古希腊一位公主的宠物——一只可爱的波斯猫走丢了，于是国王下令：谁要是能把猫给找回来奖 10 块金币，并叫宫廷画师画了数千幅猫的样照贴在全国各地。

送猫者络绎不绝，但都不是公主丢失的。公主于是就想：可能是捡到猫的人嫌钱少，因为那是一只纯正的波斯猫。公主把这一想法告诉国王，国王马上把奖金提高到50块金币。

一个流浪儿在宫廷花园外面的墙角边捡到了那只猫。

流浪儿看到了告示，第二天早上就抱着猫去领50块金币。当他经过一家货铺时，看到墙上贴的告示已变成100块金币，流浪儿就又回到他的破茅屋，把猫重新藏好，然后又跑去看告示，这时奖金已涨到150块金币。

接下来的几天里，流浪儿没有离开过贴告示的墙壁。当奖金涨到使全国人民都感到惊讶时，流浪儿返回他的茅屋，准备带上猫去领奖，可猫已经死了。因为这只猫在公主身边吃的都是鲜鱼和鲜肉，对流浪儿从垃圾筒里捡来的东西根本消受不了。

人人都有欲望，都想过美满幸福的生活，都希望丰衣足食，这是人之常情。但是，如果把这种欲望变成不正当的欲求，变成无止境的贪婪，那我们就无形中成了欲望的奴仆了。在欲望的支配下，我们不得不为了权力、为了地位、为了金钱而削尖了脑袋向里钻。

扪心自问，这样的生活，能不累吗？被欲望沉沉地压着，能不精疲力竭吗？静下心来想一想，有什么目标真的非让我们实现不可，又有什么东西值得我们用宝贵的生命去换取？斩除过多的欲望吧，将一切欲望减少再减少，从而让真实的欲求浮现，这样你才会发现真实的、平淡的生活才是最快乐的。拥有这种超然的心境，你就能做起事来不慌不忙，不躁不乱，井然有序；面对外界的各种变化不惊不惧，不愠不怒，不暴不躁；而对物质引诱，心不动，手不痒，没有小肚鸡肠带来的烦恼，没有功名利禄的拖累，活得轻松，过得自在。白天知足常乐，夜里睡觉安宁，走路感觉踏实，蓦然回首时没有遗憾。

方圆智慧

古人云："达亦不足贵，穷亦不足悲。"当年陶渊明荷锄自种，嵇康树下苦修，两位虽为贫寒之士，但他们能于利不趋，于色不近，于失不馁，于得不骄。这样的生活，也是做人的一种境界！

有所为有所不为

大千世界，有许多我们愿意，而且应该做的事。同时，在有些时候、某些情况下，许多事情是我们所必须做的。哪怕是一生只能做一次，哪怕因此而中断了自己的生命，我们都必须不顾一切地勇往直前。这些事大到国难当头为国捐躯，小到为朋友赴汤蹈火两肋插刀。

与此相反，在这个世界中，有许多我们不必，而且不该做的事。同时，在有些时候、有些情况下，有些事情即使刀架在脖子上也不能干。比如，出卖国家或朋友。

在大千世界中，也有许多我们可求也该求的东西，有许多我们不可求也不该求的东西。因此，我们有必要在这里作出选择。

1948 年，朱自清的胃病越来越重。这天，朱自清正在家里躺着，吴晗来到他家，递给他一份抗议美国扶日政策并拒绝领取美援面粉的宣言书。朱自清看了，不说话，只是颤颤地提起笔，在宣言书上签上了自己的名字。不到两个月，朱自清便逝世了。朱自清的胃病，对食品是必须严格选择的，在那时候面粉是不可多得的好食品，如果他不签字，别人也能理解，但他还是签了，虽然他的死并不一定仅仅因为这些。我们可以想象，他忍受不了美国面粉的侮辱性，却忍受了病痛的剧烈折磨，这种选择显然是他自己的取向。

亚圣孟子曾说过，不要我所不要的东西，不干我所不干的事。求我所必求，为我所必为；当取则取，当舍则舍，如此而已。我所不要的东西，既包括我们不该要的东西，也包括我们不必要的东西。不该要的东西不要，比如，来路不明的不义之财；不必要的东西也不要，比如，脱离实际的浮名虚荣。不该要不必要的东西，如果要了，人就变成了外物的奴隶，本来受人驱遣被人役使的外物便转而控制了我们自己。更有甚者，贪小利而忘大义，派生出不满的欲壑，长成吞象的蛇心，最终会一个跟头栽进万劫不复的深渊。

相同的道理，不干我所不干的事。干不可以干的事，往往会损害别人，会被千夫所指，会受制裁。即使不受制裁，稍有良知，也会日不安夜不宁，问心有愧；良知即使全失，也免不了担惊受怕，饮食难甘，夜不成寐。干不愿干的事，就必须勉强自己，甚至要强迫自己，不能随心所欲，也无法尽心竭力，虽是举手之劳，也会觉得苦不堪言。事情干不好不说，严重的还会因此扭曲了自己、改变了自己，最终失去了精神的舒展和心灵的自由。

话又说回来，不要自己不要的东西，不干自己不干的事，说说容易，真正做起来其实很难。比如，有人送了礼来，要还是不要？这里，不但有关系自己切身利益的取舍，同时还有人情面子、人际关系的考虑。说到底，我们都是凡人，是凡人就难以超凡入圣。

这里的关键，只怕还在于我们自身。一句话，当取则取，当舍则舍。只要来得正，黄金美玉不嫌重；来路不正，一瓢一饮也不轻。

方圆智慧

认真说来，一切良好行为的内在目的都是为了保障自己的安全。不贪财，不做恶事，就不会犯法；不涉足不良的场所，就不会得罪恶人牵连恶事。能如此，自然平安。

♨ 做人不可能面面俱到

我们的活动——无论是什么性质的活动——总会对周围的人、周围的世界产生一定的影响，也就必然会受到来自周围世界的评论。这些评论可能是褒扬，也可能是非难。但不论是褒扬还是非难，都有理解与不理解、公正与歪曲的成分在，所以，对于这些评论，不能一概地接受，跟着它团团转，否则，就会落得扛驴子的可笑结果。

许多人做一件事想做得面面俱到，别人叫他怎样做，他就怎样做，谁有意见，就听谁的，没有一点个性。可是面面俱到的结果呢，却是没有人满意，反而也将自己置于无所适从的境地。

很久以前，有一个农夫，他有一头小毛驴。一天，农夫用驴驮着一袋土豆到集市去卖。卖完后，他牵着毛驴哼着小曲往家走去。

有人见他牵着毛驴走，说道："真笨，有驴不骑，偏要走路。"

农夫听了觉得有道理，便骑上毛驴，果然很舒服，农夫非常高兴。

不久，迎面走来一人，见他骑着驴，就说："真不像话，毛驴每天为你辛辛苦苦劳累，你竟然还要骑它。"

农夫一想，那人说得对呀！自己真是没有良心。

他赶忙从驴背上跳下来，却不知如何对待驴子。骑吧，不对；不骑吧，也不对，最后他决定扛着毛驴回家。行人见状都指着他说："瞧，那个大傻瓜。"

农夫生气了，把毛驴扔下了悬崖，看见的人都说："真残忍，好端端的一头毛驴被毁了。"

农夫更生气了，心想："我死了，总不会有人说什么了吧?"于是他纵身跳下了悬崖。可是人们依旧说："这家伙真是不可救药，连自己都敢扔。"

可怜的农夫！本来他牵着毛驴走的时候很快乐，也没有不对——假如没有在意第一个人的话；本来他骑着毛驴也很舒服，也没什么不对——假如没有在意第二个人的话；本来他会拥有一头能干的小毛驴和鲜活的生命——假如没有在意其他路人的谈话。可事实上，他听信了所有人的意见，唯独没有坚持自己的主见，最终失去了快乐、毛驴，甚至生命。

从前，有一位画家想画出一幅人人见了都喜欢的画，画完后，他拿到市场上去展出。画旁放了一支笔，并附上说明：每一位观赏者，如果认为此画有欠佳之处，均可在画中标上记号。

晚上，画家取回了画，发现整个画面都涂满了记号——没有一笔一画不被指责。画家十分不快，对这次尝试深感失望。

画家决定换一种方法去试试。他又拿了一张同样的画拿到市场展出，可这一次，他要求每位观赏者将其最为欣赏的妙笔都标上记号。

当再取回画时，画家发现画面又被涂遍了记号——一切曾被指责的笔画，如今却都换上了赞美的标记。

“哦！”画家不无感慨地说道，“我现在发现了一个奥妙，那就是：我们不管干什么，只要使一部分人满意就够了；因为，在有些人看来是丑恶的东西，在另一些人眼里恰恰是美好的。”

我们要努力支配自己的命运。自己的未来，不要放在别人的手中，要自己发掘自己想要的，并且想办法获得它。我们要从别人手中拿回自己的画笔，在自己的画纸上，以雄浑的笔力描画自己的人生。人生是我们自己的，我们当然要由自己把握，才能觉得它有价值。

做人面面俱到，既想讨好每一个人，又想不得罪每一个人，那是绝对不可能的。因为在为人方面，我们不可能顾及每一个人的面子和利益，你认为顾到了，别人却不一定这么认为，甚至有的人根本不领情。再者，每一个人对相同事情的感受和看法都有所不同，你让这个人满意，就会令那个人不满意。

单方面想面面俱到，其结果只有两种可能：第一，自己非常辛苦；第二，任人摆布。

如何防止这两种可能发生呢？如何做得让大家尽量满意呢？答案只有一个，做你自己，别在意别人的脸色。也就是说，自己认为对的，就雷打不动地去做。

方圆智慧

你不必考虑怎样按别人的说法去做人。因为一个人不可能使所有的人都满意，就连圣人孔子也不可能做到。如果去“以一身就（顺从）众口”，那成了一个怎样的人呢？对此，我们可以借古人常说的中庸之道作为立身行事的行为准则，不需要去管众人的是是非非、毁誉称赞，也就是说要有自己的个性，有自己的生活准则。

听听内心的声音

那些不能累积起财富的人大多有个通病，就是没有自己的头脑，耳根子软，容易受人左右。他们任由报章杂志和街谈巷议来替自己思考。舆论是世界上最不值钱的商品。每个人都有一箩筐的看法，随时准备加诸于接受的人身上。如果你思考的时候受人左右，做哪一行都不会出人头地，要化渴望为财富，尤为不易。

曾有一个女孩，她喜欢穿大喇叭裤，头顶阿福蓬蓬头，脸上涂满五颜六色的彩妆，为此，常遭到周围人批评。

有一天晚上，她跟一位邻居友人约好去看电影。当她以一身嬉皮士的打扮出现在朋友面前时，她朋友说：“你应该换一套衣服。你扮成这个样子，我才不要跟你出门。”

她怔住了说：“要换你换。”于是她朋友走了。

这一幕正好被她母亲看到了，她母亲对她说：“你可以去换一套衣服，跟其他人一样。但你如果不想这么做，而坚强到可以承受外界嘲笑，那就坚持你的想法。但是，你必须知道，你会因此引来批评，因为与大众不同本来就不容易。”

这一席话使她受到极大震撼。她非常感激她的母亲，并一直坚持着自己的原则，活出了一个真实、与众不同的自己。

人生短暂，做人不易，所以不要浪费时间活在别人的眼光里，也不要被信条所惑——盲从信条就是活在别人的思考结果里。不要让别人的意见淹没了自己内在的心声。最重要的是，要有跟随内心与直觉的勇气，因为你的内心与直觉知道你最想成为什么样的人。任何其他的判断与之相比都是次要的。

几十年前，一位住在犹他州首府盐湖城的年轻人做了一件反常的事，令认识他的人大跌眼镜。在这之前，他因为工作勤勉努力，生活节俭有规律而被所有朋友称道。

他做了什么呢？原来他从银行中取出他的全部积蓄买了一部新车。这还不是最“愚蠢”的。当他把新车开回家后，就在车库里动手拆卸汽车，车库里摆满了零零散散的汽车零件。他仔细检查了每个零件，然后又把汽车装好，这个行为重复了许多遍，人们对此感到大惑不解，嘲笑他是不是“疯了”。

几年后，那些嘲笑过这位年轻人的人们不得不承认他们错了——这位年轻人具有异乎常人的远见卓识——他开始制造汽车了。他的产品领导了整个汽车工业，他还在汽车这个领域做了许多有价值的改进和革新。这个当年反复拆装汽车的年轻人名叫沃尔特·珀西·克莱斯勒。

几乎每一个成功的故事都源于一个伟大的想法，而故事的主人公无一例外地会遇到怀疑和困境。而他们的过人之处就在于能够使这些杂音在头脑中沉寂下来，让自己静静地倾听真正的声音。他们的“疯狂”并非真的盲目，其中蕴涵着目的，蕴涵着方法，他们对自己的行为抱有积极的态度。

方圆智慧

你有自己的头脑和心智，好好运用，自己作决定。如果你需要别人提供资料详情才能下决心，那就要不动声色，要不着痕迹，不要说穿自己的目的，悄悄取得所需的资料，探究事情的真相。总之，对于想要登上成功峰巅的你来说，千万别让自己成为别人思想的奴隶，不能让自己的头脑成为别人思想的跑马场。

别答应你做不到的事

守信或不守信，都是一种习惯。要纠正一种坏习惯比较难，要放弃一种好习惯却很容易，只需一次又一次迁就自己，好习惯就变成了坏习惯，就像抽烟上瘾一样。当你想坚持一种好习惯时，重要的不是别人能不能原谅你，而是你能不能原谅自己。

将守信理解为一种品德，较难坚持。将它理解为一种回报率很高的长期投资，则比较容易变成一种自觉的行动。当你获得了一个守信用的形象时，会获得越来越多人的信任，因而带来越来越多的机会。这就好似拥有了一座金矿。反之，缺此一条，别的方面再优秀，也难成大器。

要获得守信的形象并不容易。最要紧的一条是：别答应你无法兑现的事。轻诺必寡信，这不仅是一个主观上愿不愿意守信的问题，也是一个有无能力兑现的问题。一个人经常答应自己无力完成的事，当然会使别人一次又一次失望。

在许诺之前应考虑自己的兑现能力。热心肠的人，很乐意帮助人，从来不好意思拒绝别人帮忙的请求。可是，当别人对他满怀期望时，他却由于没有兑现的能力，结果既让人失望，又损害自己的名声。

有的人自己觉得蛮讲信用的，不知道别人为什么老是对他投来怀疑的目光。究其原因，问题很可能出在一些不经意的小事上。平时空口许下一个诺，以为不是大事，不放在心上。可是，生活中并没有多少大事，当你一次次在小事上失信，就给人形成一个不讲信用的牢固印象，被看成是一个不值得信赖的人。这时再想改变别人对你的成见，就很难很难了。

第二次世界大战英雄巴顿将军是一个极讲信用的人。在一次盟军会议上，烟瘾很大的巴顿抽光了自己的烟，便向身边一位英国军官讨烟抽。英国军官慷慨地将自己的烟放在桌上，随便他抽。会后，巴顿对英国军官说："谢谢你的烟，味道真是好极了！以后有机会，我会送你一些雪茄烟。"英国军官以为他说客气话，并未放在心上。

过了几年，英国军官收到一箱从美国寄来的上好的雪茄烟，是巴顿寄来的。原来他好不容易才打听到英国军官的地址。英国军官既意外又感动，逢人就说："巴顿真是一个值得信赖的人。"

方圆智慧

守信的人在任何事情上都守信，不论大事还是小事。

说到做到，否则就不说

李白曾在他的《长干行》一诗中写过这么两句："常存抱柱信，岂上望夫台。"所谓"抱柱信"是说一个叫尾生的男子和一个淑女一天在桥下约会，到约会的时候，女子还没来，河里就开始涨水了。尾生为了不失信用，还是不走，宁可抱着桥柱，直至被水淹死。所谓"望夫台"是说丈夫在外，约定某年某月归来，但是没有实现诺言，妻子总是站在台上望着丈夫归来。这些典故都是倡导人们要恪守信誉，说到做到。

有家媒体曾刊登了这样一个故事：一天深夜，一位校党委副书记接到同学们的电话，学生们问："我们宿舍楼的厕所坏了，你们当领导的管不管？"

“管!”于是，他连夜找到校总务长，带领后勤人员赶到现场，疏通了厕所。第二天清晨，当同学们发现厕所畅通，楼道干干净净时，连连称赞校领导“言而有信”。

恪守诚信好比储蓄，它储蓄的是别人对你的认同，是老板对你的信任，是同事对你的认可，是你长期言而有信所形成的个人信用。恪守自己的信用，就是对你储蓄资产的保值增值，让它取之不尽，用之不竭。

对此，你应该对别人说到做到，对老板说到做到，对同事说到做到，用说到做到去储蓄自己的个人信用，去实现自己的人生价值。

说到就一定要做到，这不仅是做人之道，也是做事之道。如果一个人说话不算数，是不会受到外人的信赖和欢迎的。一个商家做出了承诺而不兑现，是不会变得富有的。

美国芝加哥一个公司向一家工厂订了3万套刀叉餐具，双方商定的交货日期是9月1日。这个商人必须在8月1日从本港运出货物，才能在9月1日如期交货。但是，由于出现了意外，这家工厂没能在8月1日赶制出3万套刀叉餐具。工厂老板陷入了困境，但他没有找任何借口来逃避，因为不能如期交货，就等于是违反合同，就会失去信用。结果，这位老板花巨资租用飞机送货，3万套刀叉如期交货了，为此老板损失了1万元。

言必信，行必果。无论出现什么情况，说到就一定要做到。美国IBM计算机公司发展迅速，近百年而不衰，靠的是公司服务人员在工作中高度的责任心和恪守诚信的美德。

一天，菲尼克斯城的一个用户急需重建多功能数据库的计算机配件。IBM公司得知后，立刻派一位女职员送去，途中遇到倾盆大雨，河水猛涨，淹没了沿途的14座桥，交通阻塞，汽车无法行驶。按常理遇到这种特殊情况，女职员完全有充分的理由返回公司，但她并没有这样做，她想的是公司已经答应了客户，无论如何也要做到，此时若自己返回公司，公司的信誉就可能受到损害。想到这，她利用原来存放在汽车里的一双旱冰鞋，滑向目的地。平时开车只需二十几分钟的路程，那天却变成了4个小时的跋涉。女职员到达用户所在地后，又不顾旅途的疲劳，及时解决了用户的难题。

IBM 公司正是以工作人员负责的态度和诚信的行为，赢得了广大用户的赞誉。

要让你的信用代表你，就让你的名字走进每一个与你打过交道的人心中，让他们信赖你，觉得你是一个诚实可靠的人。

诚信的力量是巨大的：它可以帮助你在社会立足、立业；它可以帮助你建立起自己的个人信用，为进一步利用社会资源完成工作目标、实现人生价值奠定良好的基础。它可以帮助你扩大自己的社交半径，在更大范围内和更深程度上构建人际关系网，从而能更好地为公司服务、为工作服务；它可以帮助你打造个人的信誉品牌，使你在日益激烈的社会竞争中把握机遇、发挥优势、追求卓越。

方圆智慧

诚信是个人事业的支柱，是最好的竞争手段。诚信会让你在竞争中立于不败之地。

不失信于人建立信誉档案

做人之道大概没有比诚实守信、取信于人更为重要的了。你的言行举止，时刻不可放弃了这个根本。与人交往时，只要有这个根本存在，只要别人信任你，其他方面的缺陷或许还有补偿的机会，若失去了这个根本，别人不相信你了，就不愿再与你共事，不愿再与你打交道。

有个大富翁，渡河的时候翻了船，大喊救命。一个船夫听到喊声，划着小船去救他。船还没到，大富翁喊道："快来救我！上了岸我给你 100 两金子，我有的是钱。"船夫把他拉上船，送他上岸，富翁只给了那船夫 10 两金子。船夫说："方才你说给我 100 两金子，如今才给 10 两，怎么能这样！"大富翁听了斥责道："你不过是个船夫！一天才能挣多少钱，现在一下子就赚了10两金子，你还不满足？再啰唆，连这10两都没有！"船夫沉默不语，摇摇头走了。

不料，过了一个月，大富翁乘船顺江而下，船撞在礁石上翻了，他又落水了。刚好船夫在岸边钓鱼，听到大富翁喊救命，他动也不动。有人问他："你为什么不去救他？"船夫回答说："这是个没有信用的人。"听了船夫的话，没有一个人去救他，最后大富翁被淹死了。

正如电脑缺少了硬件和软件无法正常工作，一个人在为人上丧失了诚实和信誉，也难以取得成功。富翁失信于人终于付出了生命代价。

失信于人，说话不算数，许诺不兑现，意味着你丢失了人的起码品质，意味着在别人眼中你失掉了为人的信誉。这个损失多么惨重，你当然会掂量得清清楚楚。

有位知名的学者曾讲过这样一个故事。一名赴德留学生在毕业时成绩优秀，他决定留在德国找工作。拜访许多大公司后，他都被友好地拒之门外，最后只得去一家小公司求职，但也照样被礼貌地拒绝了。

这下，留学生不干了，他大声说："你们这是种族歧视，我要控告你们……"对方还未等他把话说完，便打断他说："请您小声点，我们去别的房间谈谈好吗？"两个人走进隔壁一间空房，小公司人事经理递上一杯水之后，从留学生的档案袋里拿出一张纸。这是一份记录，上面记录留学生乘坐公共汽车时曾经3次逃票。留学生看后十分惊讶，也十分愤怒，心里不禁嘀咕："就为了这点小事而不肯聘用我，德国人也太小题大做了。"

说到这里，知名学者列举了一组数据，称德国人抽查逃票通常被查到的概率是万分之三，即你逃票1万次，只有3次才可能被发现。那位留学生居然被查出3次逃票，一向以信誉著称的德国人对此自然不会等闲视之。

人而无信，不知其可。现代社会是信誉社会，对于个人来说，信誉代表着形象、代表着人格。要想在形象和人格上获得尊重，就需要树立个人的可信度。从这一点上说，就不难发现为什么德国人会将逃票这样的小事看得比天还大，就是因为他们相信，一个人在几毛钱的蝇头小利上都靠不住，谁还能指望他在别的事情上值得信赖?

方圆智慧

人之所以失败，不是因为没有才能或运气不好，而是由于轻视小事这个恶习。轻视小事就不会产生信誉，没有信誉就无法生存。如果你损失了一些钱，你并没有损失什么；如果你失去了一些朋友，你失去的可就大了；如果你失去了信誉，那一切都完了。

♨ 每天花点时间自我反省

银行每天下午5点半关起门来结账，隔着玻璃门，可以看见他们比上午忙碌。他们每天都要把当天的账目弄得清清楚楚，不拖延，不马虎，这是做生意的道理。

从前有一个人，每天要接见很多宾客，或者要出去办很多事情。晚上，他总是吹灭灯火，一个人独自坐在书房反省自己：

今天使我励精图治的人是谁?

今天使我增加智慧的人是谁?

今天使我浪费光阴的人是谁?

今天使我贪图享受的人是谁?

今天替我闯祸惹麻烦的人是谁?

这个人不但自己反省，也教别人反省。他的意思是做人要像做生意那样，每天把账目弄得清清楚楚。如果赚了，继续努力；如果亏了，赶快改弦易张，免得一败涂地。

无论是聪明的人还是愚蠢的人，都不可能不犯错误。明智的人能够改正而移心向善，愚蠢的人耻于改正过错而因循前非。移心向善，人的德行便会日日更新；因循前非，人的缺点就会越积越多。此时，我们就要进行自我反省。反省是一种心理活动的反刍与回馈，它把当局者变成一个旁观者，把自己变成一个审视的对象，站在另外一个人的立场、角度来观察自己，评判自己。

在心理学上曾有个很有趣的实验，用镜子来测试动物知不知道什么叫自我。实验者先把一面镜子放进黑猩猩笼中，十天之后，将黑猩猩麻醉，在它额头上点一个无臭无味的红点。黑猩猩醒来后，镜子还没有放进来前，它并不会用手去摸额头，但是当镜子放进笼子后，黑猩猩一看到镜子中的“倩影”，便立刻用手去摸额头，而且用力去搓，表示它知道镜中是自己，而且知道自己原来是没有红点的。

如果省略第一步，没有让黑猩猩先接触到镜子，那么后来它即便看到镜中的自己头上有红点，也不会用手去摸，因为没有以前的自我可作比较，就无从判断。没有比较就不会用力去把不是自己心甘情愿放上去的装饰品搓掉。

这个实验很让人震惊，当一个人不晓得自己原来是什么样时，就只好任人摆布，添多了，减少了，都不会抗争。但是一旦照过了镜子，知道自己是什么样子，那么一有非自主的改变便立刻发觉，而且这个认识出现后是不可逆转的，已经知道便无法再假装不知道，他会在镜子前面一直看。

方圆智慧

苏格拉底说：一个没有检视的生命是不值得活的。自我反省不仅是了解自己做了什么，最重要的是透过它了解自己真正的意图。柏拉图更进一步说：反省是做人的责任。没有反省能力的人不配做人，人只有透过自我反省才能实现美德与道德的结合。

♨ 自我反省，自我提高

金无足赤，人无完人。人活在世上，谁都难免有这样或那样的缺点和错误，谁都难免有不足的一面。罗曼·罗兰说：“在你要战胜外来的敌人之前，先得战胜你自己内在的敌人；你不必害怕沉沦与堕落，只要你能不断地自拔与更新。”成功人士就是通过彻底反省来打败自己内心的敌人，打扫自己思想灵魂深处的污垢尘埃，减轻精神痛苦，净化自己的精神境界。

卢梭在少年时曾经将自己极不光彩的盗窃行为转嫁在一个女仆的身上，致使这位无辜的少女蒙冤受屈，成功后卢梭为这件事陷入痛苦的回忆中。他说：“在我苦恼得睡不着的时候，便看到这个可怜的姑娘前来谴责我的罪行，好像这个罪行是昨天才犯的。”

卢梭在他的名著《忏悔录》中对自己作了严肃而深刻的批判，显示了他彻底反省的坦荡胸怀和不同凡响的伟大人格。

一个人是否具有反省能力对其做人很重要。只有懂得自省的人才能跟上时代的步伐。在当今科技迅猛发展的年代里，每个人都不可能永远不犯错误，因此，及时自省和自我批评往往是纠正自身错误、实现快速转型的关键所在。面对激烈的竞争、瞬息万变的市场环境，那些不愿意反省自己，或者不愿意及时改正错误的公司必将面临衰败和灭亡的结局。同样，在快节奏的信息社会中，一个人如果不能及时察觉自身缺点，不能用最快的速度纠正自己的发展方向，也必然会在学业和事业中落伍。

只有懂得自省的人才能不断成长。如果经常在反省中扪心自问：自己是怎样的一个人？哪些东西对自己最为重要？自己能否把每一件事做得更好？这样的心路历程将会成为一个人在成长过程中审视自己的价值观、质疑自己的思路和锻炼自己的判断力的最好方法。经过了这种方法的考验，一个人会变得更强大、更自信，他的人生目标也会更加明确。

唐代著名诗人白居易在《观刈麦》一诗中是这样描写农民在麦收时的辛苦劳作的："足蒸暑土气，背灼炎天光；力尽不知热，但惜夏日长。"还有一个抱着孩子的贫困妇女，因为租税繁重，把家里的田地都卖光了，只得捡拾散落在田里的麦穗"充饥肠"。面对农民们的艰辛困苦，白居易心中很不平静："今我何功德，曾不事农桑。吏禄三百石，岁晏（年底）有余粮。念此私自愧，尽日不能忘。"想到自己俸禄虽多，却既无稼穑之劳，又没有为国为民做更多的事情，感到十分惭愧。因此，他居官期间，清廉简朴，爱民为民，替百姓办了许多好事。

只有懂得反省才能得到别人的信任。懂得自省的人更容易得到他人的信任，更容易赢得真正的朋友：反之，不懂得自省、不知道承认错误的人既无法得到世人的谅解，也无法让自己真正融入到团队之中。

员工小张在给厂长提意见的会上说，他曾看见厂长在禁止吸烟的仓库门口吸烟。与会的人说："厂长不会吸烟，你看错人了。"出人意料，厂长从座位站起来做了自我批评："小张看错了人，说明我平时联系群众不够，所以有的工人对我不熟悉。今后我要多下车间，多接触工人，以便听取意见，了解情况。"看，这位厂长从失实的批评中，自省到自己联系群众不够，并由此找到改进工作的一个途径。工人们看到厂长如此虚心，严于律己，也就更加尊重和信任他了。

方圆智慧

如果你曾经在失败面前迷失了方向，如果你不知道如何获得继续前行的动力，建议你花一些时间，培养自省的态度和勇气，在反思中重新认识自己，在反思中寻求进步的动力。

第二节　做人圆融，求大同存小异

和大家一起分享荣耀

会做人的人，不会独享荣耀，因为自己的荣耀会令别人变得暗淡，甚至令人产生一种不安全感，而感谢、分享、谦卑，则能让他们吃下一颗定心丸。

有位编辑很有才气，他编辑的杂志很受欢迎。有一年他得到了大奖，一开始他还很快乐，但过了个把月，却失去了笑容。他说，社里的同事，包括他的上司，都在有意无意间和他作对。这是为什么呢？原因是他犯了“独享荣耀”的错误。

事情是这样的：他得了大奖，老板还另外给了他一个红包，并且当众表扬他的工作成绩。但是他并没有现场感谢上司和属下们的协助，更没有把奖金拿出一部分请客，所以大家虽然表面上不便说什么，但心里却感到不舒服，和他产生了隔阂，所以就和他做对了。

其实就事论事，这份杂志之所以能得奖，这位编辑贡献最大，但是当有“好处”时，别人并不会认为哪一个人才是唯一的功臣，总是认为自己“没有功劳也有苦劳”。所以他“独享荣耀”，就会引起别人的不舒服。尤其是他的上司，更因此而产生不安全感，害怕失去权力，为了巩固自己的领导地位，这位先生自然就没有好日子过了。最终，由于上司的白眼，同事间关系的冷漠，两个月后这位编辑就因为待不下去而辞职了。

这位编辑造成最后这种局面还是要从自己找原因：谁让他忽略了别人的

感受呢。

当大家都为一个目标在努力奋斗，不料让你得到了惹人眼红的功劳，于是相比之下的其他人就明显比你矮了很多，你的存在也不时地给他人造成了威胁。自然而然地，独自享有荣耀，还心安理得地把高帽子往自己头上戴的人终究是会成为孤家寡人的，更何谈招人喜欢，受人欢迎？

岳飞是我国宋朝时一名军事家和谋略家，他不仅在战场上是一位运筹帷幄的大将，而且在平时十分低调和谦虚。

岳飞治军极严，平素注重操练和校阅，与士兵们同甘共苦。打仗时，他冲锋在前，自己担任“旗头”，成千上万兵将的动止进退，唯“旗头”是瞻，勇往直前。每次朝廷封赏，他总是说：“全军将士出力，功劳是大家的，我没有什么功劳。”岳飞将朝廷的犒赏平均分给部下军吏，个人不私拿一丝一毫。

当你的工作和事业有了成就时，千万记得不要独自享受荣耀，要和大家一起分享。你能主动分享，就能让别人有被尊重的感觉。人心换人心，你能尊重他们，他们反过来也会尊重你。

方圆智慧

当你和大家一起做出成就时，千万别独享荣耀，要懂得与别人分享。独享荣耀容易激起他人心中不满并心生恨意。

♨ 赠人玫瑰，手有余香

“赠人玫瑰，手有余香”的意思是说，当赠送他人玫瑰的时候，我们的手上也一定还弥漫着爱的芳香；当在给他人点亮一盏灯的时候，其实也将自己照亮了。

曾经有一位女子，丈夫出海远行，数年未归。由于思念，她每天都到海边岩石上守望。一天，天空乌云密布，女子照常来到海边。海上狂风大作，她远远望见一艘帆船在汹涌的浪涛中苦苦挣扎，最后开始慢慢下沉。女子来不及细想，飞快地跑回村里，召集村人去救助海难。当船上的人平安上岸后，女子不由悲欣交集——被救上岸的人正是她远行多年、日思夜想的丈夫。

战争年代，一支部队奉命去攻夺敌人的高地。枪林弹雨中，一位连长无意间瞥见一枚手榴弹落在一名小战士身边。他不顾一切地冲过去，把小战士压在身下。轰隆一声巨响，连长抬头再看时，惊出一身冷汗。就在他起身后的片刻工夫，一颗炮弹落在了他刚刚匍匐过的位置上，把那里炸出了一个大坑。而那颗手榴弹，敌人在将它扔出来时，不知什么原因，竟没有拧开盖子。

第二次世界大战正在激烈地进行，欧洲战场打得异常惨烈。兵不厌诈，战场上的情况真是变幻莫测。有一天，大雪纷飞，滴水成冰，盟军最高统帅艾森豪威尔将军乘车回总部参加紧急军事会议。忽然，将军看到一对法国老夫妇坐在马路旁边，冻得瑟瑟发抖。他立即命令身边的翻译官下车了解详情，一位参谋急忙阻止说："我们得按时赶到总部开会，这种事还是交给当地的警方处理吧！"艾森豪威尔却坚持说："等一警方赶到的时候，这对老夫妇可能早已冻死啦！"原来，这对老夫妇准备去巴黎投奔自己的儿子，但因为车子抛锚，前不着村，后不着店，正不知如何是好。于是艾森豪威尔立即把这对老夫妇请上车，特地绕道将这对老夫妇送到家后，才风驰电掣地赶去参加紧急军事会议。助人的双手比祈祷的双唇更神圣。艾森豪威尔的善心义举得到了意想不到的巨大回报。原来，那天几个德国纳粹狙击手虎视眈眈地埋伏在艾森豪威尔原来必须经过的那条路上，如果不是因为行善而改变了行车路线，将军恐怕就很难躲过那场劫难。

"福在积善，祸在积恶"。这句话不能理解成简单的因果报应，但从总体上看，却符合人类社会发展的客观规律。

善心只在一念间，而善心所结下的善果，芬芳馥郁，香泽万里，令人垂涎欲滴。谁说前人栽树只有后人乘凉？一颗种子落地，播种人总能在秋天的阳光里品尝到果实的甜美滋味。

海子在他的诗里说："从明天起，做一个幸福的人……陌生人，我也为你祝福，愿你有一个灿烂的前程，愿你有情人终成眷属，愿你在尘世获得幸福，我只愿面朝大海，春暖花开。"

从前有个国王，非常宠爱他的儿子。这位年轻的王子，过着衣来伸手、饭来张口的日子，要什么有什么，可是，他从来没有开心地笑过一回，常常愁眉紧锁，郁郁寡欢。

有一天，一位魔术师走进王宫对国王说，他能让王子快乐起来。国王兴奋地说："如果你能办成这件事，宫里的金银财宝你随便拿。"

魔术师带着王子进了一间密室，他用白色的东西在一张纸上涂了些笔画，然后交给王子，并嘱咐他点亮蜡烛，看纸上会出现什么。说完，魔术师走开了。

年轻的王子在烛光的映照下，看见那些白色的字迹化做美丽的绿色，变成这样几个字："每天为别人做一件善事。"王子依此去做，不久，他果然成为一个快乐的少年。

曾获诺贝尔和平奖，受全世界敬仰的德兰修女，由于和英国平民王妃戴安娜的死期相近，所以常有人将她们二人相提并论，但她们却是两个截然不同的类型。

德兰没有戴妃的风华绝代，她个子瘦小，相貌普通；她有的，是一颗美丽的爱心。戴妃在卫生、安全的医院里和艾滋病人握手，会有记者拍下照片刊登在报纸杂志上，让人歌颂她的爱心；可德兰却不知多少次在污秽、肮脏的街道拥抱那些患皮肤病、传染病，甚至周身流脓的垂死病人，把他们带回自己的住处，照顾他们，安葬他们，让人们享受她的奉献。

许多人一谈到德兰修女，都说她是个伟大的人，和她相比，自己实在太渺小了。可德兰修女却说："我们都不是伟大的人，但我们可以用伟大的爱来做生活中每一件平凡的事。"

德兰修女一生没有做什么惊天动地的大事，她所做的，是每一个普普通通的人都有能力做到的事：照顾垂死的病人，为他们洗脚、抹身；当他们被别人践踏如尘的时候，还给他们做人的尊严，仅此而已。

刘备曾教导儿子刘禅说："勿以善小而不为，勿以恶小而为之。"善良是一种巨大的力量，任何力量都不如善良的力量大。善良并不体现在礼物上，而在于一个人诚挚的内心。有的人能从钱包里掏钱出来送给别人，但他的心却冰冷漠然。用钱财表现出来的好心不仅不可靠，而且往往带来负面影响。或许，我们做人的境界还没有达到德兰修女那种高度，但是我们如果常存乐善好施、成人之美的善心，这个世界就会减少忧伤和怨叹。

方圆智慧

赠人玫瑰，手有余香，这便是幸福的味道。珍惜生活，磨砺人生，这便是生命的真谛。

与人方便，自己方便

一个人价值的实现，不能只顾及个人生命和利益的存在，并且，它也不由自己对自己的生存意义给予评判。个人不能离开他赖以生存的群体，不能离开由这么多群体所构成的社会；个人的生命价值是由他人、社会给予评判的。只有在一定的社会条件下，个人的人生价值才能得以体现。因此，一个人在自己的人生征途中时刻不能脱离集体、社会；个人必须为大众、为社会承担责任，作出贡献，奉献自我。一个人只有超越自己生命狭小的圈子，而热心投入到社会之中，才有可能实现自己的人生价值。

一年冬天，年轻的哈默随一群同伴来到美国南加州一个名叫沃尔逊的小镇，在那里，他认识了善良的镇长杰克逊。正是这位镇长，对哈默后来的成功影响巨大。

那天，天下着小雨，镇长门前花圃旁边的小路成了一片泥淖。于是行人就从花圃里穿过，弄得花圃一片狼藉。哈默不禁替镇长痛惜，于是不顾寒雨淋身，独自站在雨中看护花圃，让行人从泥淖中穿行。

这时出去半天的镇长满面微笑地从外面挑回一担煤渣，从容地把它铺在泥淖里。结果，再也没有人从花圃里穿过了。镇长意味深长地对哈默说："你看，给人方便，就是给自己方便。我们这样做有什么不好？"

每个人的心都是一个花圃，每个人的人生之旅就好比花圃旁边的小路，而生活的天空不仅有风和日丽，也有风霜雪雨。那些在雨中前行的人们如果能有一条可以顺利通过的路，谁还愿意去践踏美丽的花圃，伤害善良的心灵呢？

后来，哈默在艰苦的奋斗下成为美国石油大王。一天深夜，他在一家大酒店门口被黑人记者杰西克拦住，杰西克问了他一个最敏感的话题："为什么前一阵子阁下对东欧国家的石油输出量减少了，而你最大对手的石油输出量却略有增加。这似乎与阁下现在的石油大王身份不符。"

哈默听了记者这个尖锐的问题，没有立即反驳他，而是平静地回答道："给人方便就是给自己方便。那些想在竞争中出人头地的人如果知道，关照别人需要的只是一点点的理解与大度，却能赢来意想不到的收获，那他一定会后悔不迭。给人方便，是一种最有力量的方式，也是一条最好的路。"

有一篇叫《慷慨的农夫》的短文，说美国南部有个州，每年都举办南瓜品种大赛。一位经常获得头奖的农夫，在获奖之后，毫不吝惜地将得奖的种子分送给街坊邻居。有人不解，问他为何如此慷慨，不怕别人的南瓜品种超过他吗？农夫回答："我将种子分送给大家，方便大家，其实也就是方便我自己！"原来，邻居们种上了良种南瓜，就可以避免蜜蜂在传递花粉过程中，将邻近的较差的品种传给农夫的南瓜。这样，农夫就能专心致力于品种的改良。否则，他就要在防范外来花粉方面大费周折而疲于奔命。农夫的这个回答也是对“与人方便，自己方便”的注解。

宋朝的法演禅师曾给世人留下四诫说：“势不可使尽，使尽则祸必至；福不可受尽，受尽则缘必孤；话不可说尽，说尽则人必易；规矩不可行尽，行尽则人必繁。”利益是每个人都想享有的，如果你处处只想到自己的利益，就会众叛亲离；若过于孤立，则成功的缘分就渐渐疏离；不该得的财富你处心积虑想拥有它，到头来你会失去更多的利益和机会。

方圆智慧

善待别人，需要的只是一点点的理解与大度，却能赢来意想不到的收获。善待别人，是一种最有力量的方式，也是一条最好的路。这样做的结果，会比仅仅追求财富上的成功，或是个人的成就感，要来得更有意义。

♨ 人们需要的是尊重，不是金钱

一位商人在街头看到一个衣衫褴褛的铅笔推销员，心中顿时生起一股怜悯之情，钱扔进卖铅笔人的杯中，就走开了。

没有几步，商人忽然觉得，无缘无故给一个健康的，且是推销员一元钱似乎不妥，他赶忙折转身来，从卖铅笔人的摊位上拿起几支笔，他抱歉地解释说：“对不起，我忘了取笔了，希望你不要介意。”停了一会儿，商人又说：“你跟我都是商人。你有东西要卖，而且有明码标价。请你原谅我刚才的冒失。”

几个月很快就过去了，在一个社交场合，一位穿着整齐的推销商迎上商人，他双手替上名片，并自我介绍说：“您可能已经忘记我了，我虽然不知道您的名字，但我永远忘不了您。您就是那个重新给了我自尊和自信的人。我一直觉得自己是个推销铅笔的乞丐，直到您跑来，并告诉我是一个商人。”

商人万万也没有想到，几个月前一句普通的话竟能让一个自卑的人树立了自尊心，使一个穷困潦倒的人找回了自信心。一个自以为一无是处的人，看到了自己的优势和价值，终于通过自强不息的努力获得了成功。

不难想象，这位商人当初即使给年轻人很多钱，没有那一句尊重鼓励的话，年轻人也断不会出现人生的巨变，这就是尊重的力量。

法国著名的将军狄龙在他的回忆录中，曾讲过这样一件事。一战期间的一次恶战，狄龙带领第 80 步兵团进攻一个城堡，但遭到了敌人顽强的抵抗，步兵团被对方压住无法前行。狄龙情急之下大声对他的部下说："谁设法炸毁城堡，谁就能得到 1000 法郎。"

狄龙认为士兵们肯定会前仆后继，但是没有一个士兵敢冲向城堡。狄龙恼羞成怒，大声责骂部下懦弱，有辱法兰西国家的军威。一位军士听罢，大声对狄龙说："长官，要是你不提悬赏，全体士兵都会发起冲锋。"

狄龙听罢，转而发出另外一个命令，说："全体士兵，为了法兰西，前进。"

结果，整个步兵团从掩体里冲出来，最后，全团 1194 名士兵只有 90 人生还。

对于一个军人来说，如果用金钱驱使他们作战，无疑是奇耻大辱。在他们看来，他们的尊严受到尊重比生命还重要。尊重的力量，在关键时刻起到了决定性的作用。

方圆智慧

在很多时候，人们最需要的不是金钱或其他什么奖品，最需要的只是来自别人的尊重。一个人受到别人的尊重，会找回自信和自尊，从而能改变自己的命运或事情的结局。

♨ 尊重别人，就是尊重自己

学会尊重每一个人，无论一个人的身份和工作多么卑微，我们都应尊重他，这是我们应该具备的品质。要知道，尊重没有高低贵贱之分，而且尊重别人就是在尊重自己，敬人者人恒敬之。

现在，人们大都对商店售货员的服务态度感到不满，认为这些售货员不是冷淡，就是粗暴。可有一位老太太却说："我不抱怨那些可怜的售货员，他们有时也碰到很糟的顾客。可是，我总能得到很好的服务，他们对我都很友好，不过我是有意使他们这样做的。"

接着，她谈到了自己的方法："我走到一位售货员面前，微笑着说：'您能帮助我吗?'从来没人拒绝过我。"她脸上闪出顽皮的微笑。

她接下去解释自己的第二步骤："接着我马上说我对要买的商品一窍不通，我很需要售货员的帮助。无论我买一只纽扣还是一台冰箱我都这样说。每个售货员都很乐于帮助我，并且我挑多久都没关系。"

这位老太太处世成功的关键，就在于尊重人，使人觉得自己在对方心目中是有分量的，你既然尊重我，我也就不能怠慢你。

尽管罗斯福总统非常了解和喜欢英国人，但他却忍受不了英国官员不时流露出的傲慢。

一天，财政部长亨利·摩根索带给罗斯福一封英国财政大臣的信，信首称呼没有加任何官衔，而是很不礼貌地直呼其名："亨利·摩根索先生"。由于只顾看信里的内容，摩根索忽视了称呼上的名堂，但罗斯福却一眼看出了英国人显露出的傲慢神情。

当摩根索给他看他写好的回信时，罗斯福说："这封回信的内容写得不错，但你犯了一个错误。"摩根索有些惊慌失措，忙问："我犯了什么错误?"

罗斯福说：“称呼上应该直呼其名，与你收到的那封信的称呼应当一致，不要加任何官衔。”

罗斯福这一招果然很灵，英国财政大臣在他的第二封来信中，已经规规矩矩地加上了美国财政部长的官衔。

尊重应该是互相的，如果你不懂得尊重别人，又怎么能要求别人来尊重你？罗斯福以其人之道，还治其人之身，使傲慢的英国大臣受了一次教训。

方圆智慧

生理需求只是人们最基本、最单纯的需要，但我们不会永远安于最低级的需求。在生理需求被满足后，就会追求社会认同、他人认同和自身心理上的一些其他较高级的要求。当这一切获得满足后，我们尤其渴望获得尊重，希望人格与自身价值被承认，这也是人类共同的特质。

♨ 尊重所有人

在现代社会，已经没有比尊重个人更普通和重要的价值观了。

古时候，有一位国王在带领大臣们狩猎的途中，遇到了一个年轻的乞丐。国王见这个乞丐眉宇间透着一股英气，虽然衣衫褴褛，但掩饰不住身上的一种独特气质。于是，国王下马道：“年轻人，你愿意跟随我，做我的侍卫吗？我保证你衣食无忧。”

乞丐一听大喜，忙跪下磕头谢恩。

于是，国王把他带回王宫。这个乞丐经过一番梳洗并换上侍卫的衣服后，果然显得英气逼人，而且还具备一般人所不曾具有的智慧。两个月后，国王便升他为卫队长。

年轻人为了报答国王的知遇之恩，不仅带领士兵们尽心尽力地保护国王和维护王宫的安全，还积极地为国王出谋划策，向他建议极具价值的治国方针。

然而，围绕在国王身边的一些小人却对这位年轻人的受宠感到极为不满。他们轮番在国王耳边说："那小子不过是一个乞丐，您没有必要赐给他锦衣玉食。""让他滚得远远的吧。我看他现在骄傲得很，准是没安好心。"

国王在众人的挑拨下，慢慢地不再信任和重用年轻人了。有时，国王甚至在宴会上当着文武百官的面说："喂！小乞丐，如果没有本王，你现在肯定还是一个又臭又脏的乞丐，不！或者早已饿死，被野狗们分吃了。"或者是："小乞丐，过来学两声狗叫，让本王开开心。"每每此时，那些大臣便附和着国王的笑声，朝年轻人吐唾沫，或者是更为恶劣的嘲笑。

一天，那位年轻人不辞而别了。国王很是不解，心想："难道他不习惯王宫里的锦衣玉食，又回去做他乞丐了？"

的确，那位年轻人现在又是一个又脏又臭的乞丐了，但他离开王宫不是不习惯那里的生活，而是无法忍受国王对自己人格的侮辱，因此，他宁愿放弃优厚的物质生活，去当一个自由自在的乞丐。

尊重每一个人的自尊，是人性化的直观体现。无论对方的地位是高贵还是卑微，我们都应该百分之百地尊重对方。虽然人有富贵、贫穷之分，但在人格上，所有人都是平等的，不管你是国王还是乞丐。

方圆智慧

我们做人要给予对方足够的尊重。否则，即使你是国王，你也无法获得一个乞丐的真心爱戴。

♨ 积极主动地适应对方

一个人不可能总是生活在同一个环境中，即使是生活在同一个环境中，环境也会时常发生变化，如果不会适应变化的环境，只能归于失败。

举个浅显的例子。假如你想去东北开个菜馆，你可以不全卖东北菜，但最起码的东北四大炖菜你要保留，并且一定要请当地人做菜，因为东北人最爱吃的就是炖菜，哪怕是东北乱炖也比你那精工细做更符合当地人的口味。再比如，因为东北人豪爽、讲义气，所以你只要服务态度好，他下次肯定还会光顾你的菜馆；而假若你态度太差，即使给予他一定的打折，他也未必再来，因为他会认为你不够义气。

同样道理，你要想在四川开菜馆，假若川菜不十分拿手的话，你一定会亏得血本无归。由此可见，适应环境和适应别人多么重要。所以，无论在家里还是在社会上，我们不能只关注自己而忽视对方。很多时候，我们应该积极主动地适应对方。

一只公鸡早晨起来报晓，天亮，被主人捉住杀了。第二天，又一只公鸡起来报晓，天亮，又被主人捉住杀了。这样的情形一连持续了五天，这个人连续杀了五只公鸡。

邻居不解，问：“这些公鸡每天报晓都挺准时的，你杀它们干什么?”

那人说：“早晨我有晚起的习惯，它们却叫得很早。”

邻居说：“这不是它们的过错，报晓是公鸡的天职。”

那人说：“这个我不管，我需要的是和母鸡交配的公鸡，而不是报晓的公鸡。”

邻居说：“可公鸡是不能不报晓的，你难道不能用另外一种方式来解决问题吗?”

“这个很难，”那人说，“我曾想割掉它们的嗓子，后来又想扎上它们的嘴，可是这样太麻烦，而杀它们却很省事。”

“那你为什么不改变一下睡觉的习惯呢?”邻居疑惑地问。

“改变我的生活习惯？这怎么可能呢！”那人说，“我有这个习惯已几十年了，怎么会为几只公鸡而去改变呢？再说我是主人，它们应该符合我的需求，它们的行为与我发生矛盾时，受损失的只能是它们，怎么会是我呢?”于是那人一直保持杀鸡的习惯。

方圆智慧

在人生旅途中，总会遇到这样或那样的矛盾，是你去适应别人还是别人适应你呢，这实在是一个值得深思的问题。

不把自己的意志强加于人

人与人之间由于认识水平不尽一致，有时会因误解导致产生矛盾。如果我们能有较大的度量，以谅解的态度去对待别人，这样就会赢得时间，缓解矛盾。相反，如果度量不大，即使是小事，相互之间也会斤斤计较，最终伤害了感情，也影响了人际间的交往。

《如何使人们变得高贵》一书中说：“把你对自己事情的高度兴趣，跟你对其他事情的漠不关心互相作个比较。那么，你就会明白，世界上其他人也正是抱着这种态度！”这就是说，要想与人相处，成功与否全在于你有无偏见，能不能以包容的心，理解别人的观点。

一对小夫妻常为吃梨发生争吵。妻子怕皮上沾了农药有毒，一定要把果皮削掉，而丈夫则认为果皮有营养，把皮削掉太可惜。

有一次，这对小夫妻争吵时，被他们的老师赶上了。老师了解实际情况后，对那位妻子说："你先生这么多年都吃未削皮的梨，身体还很健康，你担心什么?"老师又对那位丈夫说："你太太不吃皮，你嫌她浪费，那你就把她削的果皮拿去吃了，不就没有事了?"

夫妻二人听着听着低下了头。

老师接着说："由于不同的家庭环境以及不同成长过程的影响，每个人的生活习惯会有所不同。因此，你们不要勉强对方来认同自己的习惯，同时你们也要体谅和适应对方的习惯。"

听了这几句话，夫妻二人恍然大悟。

偏见往往会使一方伤害另一方，如果另一方耿耿于怀，那关系就无法融洽。反之，受损害的一方具有很大的度量，能从大局出发，这样会使原先持偏见者，在感情上受到震动，使他转变偏见，正确待人。

一个年轻人的妻子近来变得忧郁、沮丧，常为一些小事对他吵吵嚷嚷，甚至打骂孩子。他无可奈何之下只好躲到办公室，不想回家。

有位经验丰富的长者见他这样，就问他最近是否与妻子争吵过，年轻人回答说："为装饰房间争吵过。我爱好艺术，远比妻子更懂得色彩，我们特别为卧室的颜色大吵了一架，我想漆的颜色，她就是不同意，我也不肯让步。"

长者又问："如果她说你的办公室布置得不好，把它重新布置一遍，你又如何想呢?"

"我绝不能容忍这样的事。"青年回答说。

长者解释说："办公室是你的权力范围，而家庭以及家里的东西则是你妻子的权力范围，若按照你的想法去布置'她的'厨房，那她就会和你刚才一样感觉受到侵犯。在布置住房上，双方意见一致最好，不能用苛刻的标准去要求她，要商量，妻子应该有否决权。"

年轻人恍然大悟，回家对妻子说："一位长者开导了我，我百分之百地错了，我不该把我的意志强加于你。现在我想通了，你喜欢怎样布置房间就怎样布置吧，这是你的权力，随你的便吧。"妻子听后非常感动，两人言归于好。

夫妻生活也和其他事情一样，对那些不尽如人意的地方，只有采取豁达宽容的态度，才能有助于矛盾的解决。

方圆智慧

世界本来就很复杂，什么样的人都有，什么样的思想也都有。如果你事事要求别人按你的想法去做，那只能失去朋友，自己堵住自己的路。

第三节　方圆融通，做人要活一点

圆通而不圆滑

做人须圆通，只有圆通才有方式方法可言。死守着一些规矩和原则，毫无变通之处，过于直率，不讲情面，过于拘泥于礼仪法度，不懂得根据具体的情况灵活把握，则会流于僵硬和刻板。

圆通就是通常人们所说的持经达权。它意味着一个人有一定的社会经验，对社会有一定的适应能力，能处理得好人与人之间的关系，对复杂的局面能控制得住。

圆滑这两个字，人们一般是不太喜欢的。那么，究竟什么是圆滑呢？它是指一些人在做人做事方面的不诚实、不负责任，油滑、狡诈、滑头滑脑。圆滑的人外圆内也圆，为变通而变通，失去原则。有圆无方失之于圆滑。离经而叛道，表面上看是对人一团和气，实际上已丧失了原则立场。

圆滑是一种“泛性”。它可以表现在做人的各个方面、各个层次之中：既可以表现在他的“政治行为”之中，也可以表现在他的“工作行为”之中，还可以表现在待人接物的细小事务之中。有成熟意义上的圆滑，如“老奸巨猾”，也有一般意义上的圆滑，如为了占小便宜之类的圆滑。

圆滑的人在回答问题时，不是直截了当地表达自己的立场和观点，而是含含糊糊，模棱两可，似是而非。比如：“请问要喝咖啡，还是红茶?”圆滑的人不是明白爽快地回答“咖啡”或“红茶”，而是这样回答：“随便”或“哪样都可以”。林语堂先生把这种表现称之为“狡猾俏皮”。他打了一个比方：假设一个九月的清晨，秋风倒有一些劲峭的样儿，有一位年轻小伙子，兴冲冲地跑到他的祖父那儿，一把拖着他，硬要他一同去洗海水浴，那老人家不高兴，拒绝了他的请求，那少年忍不住露出诧异的怒容，那老年人则仅仅愉悦地微笑一下；这一笑便是俏皮的笑。不过，谁也不能说二者之间谁是对的。

在对某些问题的判断和看法上，圆滑的人常以“很难说”或“不一定”之类的话来搪塞。每一句话都对，听起来很有道理，但是说了等于没说。在遇到什么重大的事或难办的事时，圆滑的人更是一般不会轻易表态。往往只在有了“定论”之后才发表他的“智者的高见”，事后诸葛亮的“妙语”比谁说得都好听。

圆滑的人一般都是“随风倒”的人。像墙头上的草，善辨风向，见风就转舵。这类人，没有是非标准，“风向”对他们来说是唯一判别的标准，谁上台了就说谁的好，谁下台了又开始说谁的不好。圆滑的人正所谓：“山中竹笋，嘴尖皮厚腹中空；墙上苇草，头重脚轻根底浅。”

圆滑的人，情感世界复杂多变。待人接物显得非常“热情”，充满了“溢美”之辞，然而只要你细细地观察，这类“热情”中不乏虚伪的成分。这类人，当面净说好话，可一转脸就变成骂娘的话了。这类人，怀揣一种肮脏的心理，设置一些圈套让一些不通世故的人往圈套里钻。甚至“坑”了人家还要让他人说一句感激的话。

方圆智慧

满脑子"圆滑"的人，看什么事情都觉得相当圆滑，连带看什么人都觉得丑陋、卑鄙。圆滑者可鄙，我们提倡做一个圆通而不圆滑之人。

♨ 协调而不讨好

社会无时无刻不充满着权力的较量，利益的纷争，性格差异的摩擦，你即使一点不去争，也有人与你争。甚至还有那么一种得寸进尺，想骑在别人脖子上的人，你退一尺，他就进一丈，你给他吞一个指头，他就要吞到你的手肘。在这样的环境中，一个人若想成就一番事业，花费的代价无疑是巨大的。良好的人际关系、融洽的环境氛围有助于一个人脱颖而出，发挥自己的聪明才智，实现自己的人生价值。对此，不同的人采取了不同的方法和策略：一种是讨好，一种是协调。

协调是着眼于自我调整，主观适应客观，个人适应集体，不断地使自己与周边的环境保持一种动态平衡。讨好与协调则不是一般方式方法上的区别，首先是它的着力点错位，不是强调主观、调整自我来适应客观，而是迁就和迎合他人的需要，来换取别人对自己的宽容或姑息。

讨好者的目的与动机并不是对称的，它不是通过调节个人与群体的关系，而是为了谋求狭隘的个人利益和需求，去讨好那些与自身利益有关的人，特别是那些有权有势的人。人都有一个弱点，喜欢听恭维话。对人说一些赞誉之辞，如果能言者由衷，恰如其分，适合其人，且不流于谄媚，将是一种得人欢心的处事方法，听者自然十分高兴，这未免不是好事。但如果不问对象，夸大其词，竭尽阿谀奉承之能事，不仅效果不佳，有时还会被别人称为马屁精，落个坏名声，而且，花费的代价大，成本高。因为他不能做到同时去讨好所有的人，为了不得罪人，他必须不断地讨好，这不仅加大了成本，而且活得很累，更主要的是毁了自己的前程。

习惯于讨好的人，是不讲究做人原则的，当面一套背后一套，在人前讲人话，在人后讲胡话，为个人私利所左右，为讨好他人而失去自己的竞争力。大凡有正义感的人，对两面三刀的家伙是非常反感的。

我们说要善于协调，并不是要人处世圆滑，不得罪任何一方；也不是要人当面一套、背后一套，当着张三说李四，碰到李四又说张三。其实，这种人是可鄙的。但一个人如果能在坚持大原则的情况下适当对一些无关大局的事作一点让步也是可以的，如果你能做到大家都喜欢你，那么在你的世界就是以你为中心的，你并没失去什么，且会有意想不到的收获。而且，你生活的环境气氛融洽，自己心中也快乐得多。

善于协调的人，一般人际关系都是十分融洽，在生活中也常常看到这样一种人，他们既不拉帮结派，又不是独来独往，他们是介于二者之间，既与这派有联系，又与另一派有瓜葛，你很难将他们划为哪一派，而且，很奇怪的是，这种人往往能同时为两派接受，办起事来左右逢源，得心应手，提高效率。

方圆智慧

要谋求生存和成功，营造良好的人际氛围，讨好不是良策，协调才是好办法。

♨ 把别人放在心上

我们要随时关心别人，协助别人去满足他的需要。希望自己被人人关心注意，是人类最大的需要。我们自婴儿时期起就发现了一个事实：我们的需要（如吃奶、除去潮湿的尿布等）都是在有人注意的情况下获得满足的。因为“有人注意”就形成了“将获得满足”的符号，于是小孩子只要看见母亲或是听到母亲的声音便停止啼哭，因为他已获得了安全感。此种印象一直保留下来，使每个人都渴望别人的关心。当我们知道四周的人对自己十分关心时，就感到安全了。

我们自己渴望别人关心，应当想到别人也有同样的需要。你愈关心别人，你在他生活中的重要性也越增加，自然地他也会转而关心你。

在法国有个孤独的老人，无儿无女，身体也不好，他决定搬到养老院，为此老人准备卖了他漂亮的住宅。

这所住宅很有名，所以大家都来买。住宅的底价是 8 万欧元，但人们很快就将它炒到 10 万欧元，而且价钱还在不断上涨。老人很忧郁。是的，要不是身体不行了，他是不会卖掉这栋他度过大半生的住宅的。

有个小伙子来到老人面前，弯下腰低声说：“先生，我也想买这栋住宅，可我只有 1 万欧元。”“但是，但是它的底价就是 8 万欧元，”老人淡淡地说，“而且现在它已经升到 10 万欧元。”小伙子并不灰心，他诚恳地说：“如果您把房子卖给我，我保证让您生活在这里，和我一起喝茶、读报、散步。相信我，我会用心来照顾您！”

老人站起来，叫人们安静下来。“朋友们，这房子是他的了。”小伙子出人意料地赢得了胜利。

这个小伙子为什么凭 1 万欧元就胜出了？道理很简单，因为他表示，他将用心照顾一个孤独的老人。我们知道，孤独的老人需要的就是别人的照顾和关心。虽然有人愿意出 10 万欧元购买他的房子，但老人最终在金钱和爱心之间选择了后者。那些真心关心别人的人，总能得到别人的回报。

不用怀疑，人最关注的就是自己。所以，你要求人办事要学会对别人表示关心。

有家餐厅，一群人坐着聊天，适逢餐厅员工下班，有位服务员推自行车时不小心摔了一下，只见经理快速起身跑了过去，扶起那位服务员关切地问：“摔伤了吗？要不要去医院看看？”服务员回答：“不用”。“你看腿都摔破皮了，去餐厅搽点药，歇歇再走吧。”经理小心地扶着她回到餐厅，然后去找药，找到药后又亲手替她擦上，还对她说如果不舒服，下午就不用来上班了，工资照发。那位服务员连声说：“不用，不用。”这种做法比发几百元钱奖金更能赢得这位服务员对工作的热爱。

对小事的处理能反映人的素质。公司上班大家相互见面打个招呼，问一声：“身体完全好了没有？要不要再多休息几天？”或者：“家里的事解决了吗？要不要帮忙？”这种简短的问话，能温暖人心。你心里关怀别人，但不说出来，别人又怎能知道？即使有些极端自私的人表面做出一些关切和问候，在一定程度上也能打动人心。

有些人和同事、熟人、朋友许久没见面了，但见了面后，却仍然还像平时一样，这样岂不令人伤心。试想如果你许久没上班，上班后别人见到你没有任何特别的表示，你心里一定会有这种感觉：我这么久没来上班原来他们还不知道，我在他们眼里太不重要了。既然你有这样的感觉，别人也一样。下次你遇见许久没见的朋友时，别忘了用惊讶、亲热的语气表达你的问候。“好久没见你了，干什么去了？”“好久没见了，真有些想你。”

方圆智慧

关心别人，意味着被他的兴趣所吸引，为他的高兴而高兴，因他的担忧而担忧。一个人只要对别人真心感兴趣，他必将赢得真正的友情，必将在需要帮助的时候获得毫不犹豫的帮助。

♨ 在背后说别人的好话

“在背后说别人的好话”是灵活做人的表现。对一个人说别人的好话时，当面说和背后说是不同的，效果也会不一样。你当面说，人家以为你不过是奉承他、讨好他。当你的好话在背后说时，会被人认为是发自内心的，不带个人动机的。其好处除了能给更多的人以榜样的激励作用外，还能使被说者在听到别人“传”过来的好话后，更感到这种赞扬的真实和诚意，从而在荣誉感得到满足的同时，增强了上进心和对说好话者的信任感。

我们平常的谈话实际上有百分之九十是闲聊。那种品质恶劣的人总是以议论人及诽谤人为中心，仿佛这个世界上人人都不行，只有他最行，或者通过指责别人的不是来抬高自己。这种人正是自尊心极低的人。他没有真本事去表现自己，只有借助于挑别人的短处来提高自己身价，这样的人令人齿冷。

玉华的公司长期和外贸公司合作做生意。外贸公司的大胖子徐经理可以说是他们的财神爷。

有天在公司里，玉华极力劝说徐经理和他们扩大贸易范围，费了九牛二虎之力也没能说服徐经理。徐经理刚一走，玉华就恼羞成怒地说：“你们看徐胖子，往公司大门口一站，蚊子都只有侧着身子才能飞进来；他那条短裤，肯定是他老婆用两个米袋子改的。”

结果徐经理忘了拿包，正好回来。虽然旁人不断给玉华使眼色，但他越说越得意，全然没注意到徐经理正在自己后面。过了一会儿，玉华才发现人们都不笑了，一回头，恰好看到徐经理涨得发紫般的脸，玉华当时的那种尴尬劲儿就甭提了。旁人赶紧打圆场：“玉华这个家伙，就是嘴巴讨厌。”玉华也急忙赔着笑脸道歉，说自己喜欢开玩笑。徐经理当时没吭一声就走了。

之后，虽然玉华多次请徐经理吃饭，想方设法赔礼道歉，但关系始终恢复不到以前的样子了，合作生意因此也少了很多。这就是背后说人坏话的代价。

做人有这样一条规则：判断别人时你自己也被别人判断。一个经常说别人坏话、挑别人短处、指责别人错误的人，只会让人感到其爱挑剔而难于与其相处，让人感到其品质恶劣而对其厌烦。如果你总是认为这个也不好，那个也不行，人人都有问题，那么只能说明你自己不善于与人相处，自己有问题。别人正是通过你对别人的判断，来判断你的为人。

喜欢听好话似乎是人的一种天性。当来自社会、他人的赞美使其自尊心、荣誉感得到满足时，人们便会情不自禁地感到愉悦和鼓舞，并对说话者产生亲切感，这时彼此之间的心理距离就会因一句好话而缩短、靠近，自然就为交际的成功创造了必要的条件。

背后说别人的好话，远比当面恭维别人说好话的效果好得多。我们在背后说的他人的好话，很容易就会传到对方耳朵里去。

假如我们当着上司和同事的面说上司的好话，同事们会说我们是在讨好上司，拍上司的马屁，从而容易招来周围同事的轻蔑。另外，这种正面的歌功颂德所产生的效果是很小的，甚至还会有起到相反效果的危险。同时，上司脸上可能也挂不住，会说我们不真诚。与其如此，还不如在上司不在场时，大力地“吹捧一番”。而这些好话，总有一天会传到上司耳中的。

有一位员工与同事们闲谈时，随意说了上司几句好话：“刘经理这人真不错，处事比较公正，对我的帮助很大，能够为这样的人做事，真是一种幸运。”这几句话很快就传到了刘经理的耳朵里。刘经理心里不由得有些欣慰和感激。而那位员工的形象，也在刘经理心里上升了。就连那些“传播者”在传达时，也忍不住对那位员工夸赞一番：这个人心胸开阔，人格高尚，难得。

方圆智慧

在背后赞扬别人，能极大地表现说话者的“胸怀”和“诚实”，有事半功倍之效。比如，夸赞上司，说他办事公平，对你的帮助很大，还从来不抢功，那么，往后上司在想“抢功”时，便可能会手下留情。当别人了解到你对任何人都一样真诚时，对你的信赖就会日益增加。

♨ 多在第三者面前赞美他人

当你直接赞美对方时，对方极可能以为那是应酬话、恭维话，目的只在于安慰自己。要是通过第三者来传达，效果便会截然不同。此时，当事者必定认为那是认真的赞美，没有半点虚假，从而真诚接受，还对你感激不尽。

德国历史上的“铁血宰相”俾斯麦为了拉拢一位敌视他的议员，便有计划地在别人面前说那位议员的好话。俾斯麦知道，那些人听了自己对议员说的好话后，一定会把他的话传给那位议员。后来，两人成了无话不说的朋友。

人往往喜欢听好听的话，即使明知对方讲的是奉承话，心里还是免不了会沾沾自喜，这是人性的弱点。一个人听到别人说自己的好话时，绝不会感到厌恶，除非对方说得太离谱了。说好话作为一门学问，有其奥妙和魅力，然而，最有效的好话还是在第三者面前说。

《红楼梦》里有这样一段话：史湘云、薛宝钗劝贾宝玉去做官，贾宝玉大为反感，对着史湘云和袭人赞美林黛玉说：“林姑娘从来没有说过这些混账话！要是她说这些混账话，我早和她生分了。”凑巧这时黛玉正来到窗外，无意中听到贾宝玉说自己的好话，不觉又惊又喜，又悲又叹。结果宝黛二人互诉心声，感情大增。

黛玉的前后变化为何如此之大？主要原因是：在林黛玉看来，宝玉在湘云、宝钗、自己三人中只赞美自己，而且不知道自己会听到，这种好话不但是难得的，还是无意的。倘若宝玉当着黛玉的面说这番话，好猜疑、好使小性子的林黛玉恐怕还会说宝玉打趣她或想讨好她。

设想一下，若有人告诉你，某某在背后说了许多关于你的好话，你能不高兴吗？这种好话，如果是在你的面前说给你听的，或许适得其反，让你感到很虚假，或者疑心对方是否出于真心。为什么间接听来的便会觉得特别悦耳动听呢？那是因为你坚信对方在真心地赞美你。

在现实中，我们往往会看到这样的现象：当父母希望孩子用功读书时，即使采用整天当面教训孩子的方法，还是很难获得一些效果，但是，假如孩子从别人嘴里知道父母对自己的期望和关心、父母在自己身上倾注了很多心血时，便会产生极大的动力。又如，当下属的人，平时上司在自己面前说了很多勉励的话，但还是没有多大感触，但当有一天从第三者的口中听到了上司对自己的赞赏后，深受感动，从此更加努力工作，以报答上司对自己的“知遇”之恩。

方圆智慧

多在第三者面前去说一个人的好话，是使你与那个人关系融洽的最有效的方法。假如有一位陌生人对你说：“某某朋友经常对我说，你是位很了不起的人！”相信你感动的心情会油然而生。那么，我们要想让对方感到愉悦，就更应该采取这种在背后说人好话的策略。因为这种赞美比起一个魁梧的男人当面对你说“先生，我是你的崇拜者”更让人舒坦，更容易让人相信它的真实性。这种方法不仅能使对方愉悦，更具有表现出真实感的优点。

♨ 让别人多赚几分

有人问小巨人李泽楷："你父亲教了你一些怎样成功赚钱的秘诀?"李泽楷说他父亲什么也没有教，只教了他一些做人的道理。李嘉诚曾经这样跟李泽楷说，他和别人合作，假如他拿七分合理，八分也可以，那最后拿六分就可以了。

李嘉诚的意思也就是说：他让别人多赚三分。所以每个人都知道，和李嘉诚合作会赚到便宜，因此更多的人愿意和他合作。你想想看，虽然他只拿了六分，但现在多了100个人，他现在多拿多少分?假如拿八分的话，100个会变成5个，结果是亏是赚可想而知。

"吃亏"主要有两种：一种是主动吃亏；一种是被动吃亏。

"主动吃亏"是指你主动争取"吃亏"的机会，这种机会是指没有人愿意做的事、困难的事、报酬少的事。这些事因为没有便宜可占，因此大部分人不是拒绝就是不情愿，而你主动争取去做，老板当然对你加倍赞许，并将你的这份情义记在心上，以后无论是升迁或是自行创业，他都有可能帮助你，这对你的人际关系大有帮助。最重要的是，你什么事都做，也可以磨炼你做事的能力和耐力，这样一来，你不但懂得的比别人多，进步得也比别人快，这是你的一种无形资产，别人绝对用钱买不到。

"被动吃亏"是指在未被告知的情形下，突然被分派去干一个你并不十分愿意的工作，或是工作量突然增加。碰到这种情形，除非健康因素或家庭因素，否则就应该接下来。如果仔细观察一下周围的环境，发现你完全没有抗拒的余地，那更应该"愉快"地接下来。也许你不太情愿，但在这种情势下，也只好用"吃亏就是占便宜"的想法来自我宽慰，要不然怎么办呢?至于有没有"便宜"可占，那是很难说的，因为那些眼前之"亏"也许是对你的一种考验，考验你的心志和能力，是为了重用你啊！姑且不论是否“重用”你，你虽然吃了点小亏，但磨炼出了自己的耐性，这对你以后做事绝对大有帮助。此外，你这种“吃亏”也会让人对你无话可说，不得不尊重你。

对于做人来讲，也有这个道理。做人比做事难，但如果你也抱着一种“吃亏就是占便宜”的心态，那么做人其实也不难。因为人都喜欢占便宜，你吃一点亏，让他人占一点便宜，那么你就不会得罪人，人人当你是好朋友！何况拿人手短，吃人嘴软，今天占你一点便宜，心里多少也会过意不去，只好在恰当时候回报你，这就是你“吃亏”之后所占到的“便宜”！

方圆智慧

做人不可以没有准则，也不可能不与他人打交道。自我与他人，各自做人的规则难免存在差别，有了差别，就会产生矛盾和冲突。两种或两种以上的做人准则碰在一起，要么立刻分开，要么有人肯吃亏，比较合理的是双方各做一点让步，各吃一点亏。

♨ 吃亏是福的真谛

让步与吃亏是社会活动得以进行的必要前提。为什么呢？在生活中，人们对处处抢先占小便宜的人一般没有什么好感，这样，他从做人上来说就吃了大亏。因为你已经处处抢先了，你从来不等别人想到你而总是主动跳出来为自己谋每一点你看在眼里的利益，那么你周围的人就再也不会主动为你着想了，反而要处处对你设防，那么，你岂不是吃了大亏？

而且，爱占小便宜的人，心情经常会处于比较恶劣的状态，因为你很爱占小便宜，日久天长，便宜不会总让你占尽，你就会觉得自己不满足，心中就会积存不满和愤怒，这对自己也会是很大的伤害。再有，太计较小利的人绝不会有什么出息，因为，你的眼光都集中到收集和占有眼前的每一点微小的利益上，它势必影响你向远处看、向高处看，去获取大的成功和利益。

所以，很多时候，吃点小亏对你自己的利益其实不会有什么损失。

《诗经》里讲敬、孝、慈、信，是人们交往的一个最好的准则。人际关系中，每件事情是无法做到绝对公平的，总是要有人承受不公平，要吃亏。既然吃亏有时无法避免，那又何必去计较别人的境遇比自己好？最明智的方法是避免与人比这比那，而把注意力放在自己身上。“他能做，我也可以做”，以这种宽容的心态去看待所谓的“不公平”，你就会有一种好心境，它也是你创造未来的最好生产力。不管你是做老板也好，还是做生意场上的伙伴也罢，手下的人跟着你有好日子过，他才会一心一意，因为他知道老板生意好了他才会好；生意场伙伴同你做生意总能赚到钱才不会朝三暮四，因为他晓得你赚你的，他赚他的，有钱就该大家赚。

做老板的多数抠门，生意人多少要算计。给员工工资福利多一些，成本就会加大，当然“吃亏”；给生意伙伴多几个点的回扣率，利润就会薄些，当然“吃亏”。可你让员工得到了实惠，你有肉吃他有汤喝，你得一分他获五厘，即使他不是全心全意为你，只是为了他自己该得的那一份，但他得到的同时你不是也收获了吗？如果你的生意伙伴知道，同你做生意一定会比同别人做得到的多些，而且不是一次，而是每次，他就没有朝秦暮楚舍你求他的道理。如果每一位和你做生意的伙伴都舍不得离开你，你的生意就没有做不大的道理。

有人主张一点亏不吃。这种想法是否聪明不敢说，但可以肯定的是，一点亏都不吃理论上可行，实际上不可能。小贩们卖东西常缺斤短两，钱是赚了些，可亏心；欠了人家钱赖着不还，还转移财产，钱财是落下了，可理亏；仗着有点钱、有些权，做很多不公道的事，无权无钱的人敢怒不敢言，歪风行其道，公理靠边站，这种人的权势也许越来越大，可他们亏了德行。

能想明白吃亏就是占便宜，而且能够身体力行，是一种做人的境界。

方圆智慧

人心是一杆秤，如果你能使自己做到不斤斤计较，对别人不过分苛求，待人宽厚，你周围的人就会信赖你、尊重你，你就会有一个宽松而和谐的生活氛围，你就会时时有很开心的感觉。这大概就是“吃亏是福”的真谛。

微笑是与人交往的通行证

微笑是一种令人愉悦的表情，是一种含义深远的体态语，在同人打交道时有很重要的作用。微笑可以大大地缩短人与人之间的心理距离，迅速增进亲近感。不管是和相识的还是不相识的人在一起，不管是去找人办一件事，还是想结识一位新伙伴，一个热情的微笑，都会像一缕霞光，给人以温暖，使人感到轻松愉快；而冷漠的、古板的态度，只会让人难堪，产生被人拒之于门外的隔膜心理。

“真诚的微笑，其效用如同神奇的按钮，能立即接通他人友善的感情，因为它在告诉对方：我喜欢你，我愿意做你的朋友。同时也在说：我认为你也会喜欢我的。”这是拿破仑·希尔的经验总结。

全美最成功的推销保险人士之一的富兰克林·贝特格说，他好多年前就发觉，一个面带微笑的人将永远受欢迎。因此，在进入别人的办公室之前，他总会先停留片刻仔细想想必须感激这人的事，然后带着真诚的微笑走进去。事实证明，他推销保险的巨大成功同这简单的技巧有很大关系。

微笑，它不花费什么，但却创造了许多奇迹。它丰富了那些接受它的人，又不使给予的人变得贫瘠。它产生于一刹那间，却给人留下永久的忘记。它创造家庭快乐，建立人与人之间的好感，它是疲倦者的休息室，沮丧者的兴奋剂，悲哀者的阳光。所以，假如你要获得别人的欢迎，请给人以真心的微笑。

有人做了一个有趣的实验，以证明微笑的魅力。他给两个人分别戴上一模一样的面具，上面没有任何表情，然后，他问观众最喜欢哪一个人，答案几乎一样：一个也不喜欢，因为那两个面具都没有表情，他们无从选择。然后，他要求两个模特把面具拿开，现在舞台上有两个不同的个性，两张不同的脸，他要其中一个人把手盘在胸前，愁眉不展并且一句话也不说，另一个人则面带微笑。他再问每一位观众："现在，你们对哪一个人最有兴趣?"答案也是一样：他们选择了那个面带微笑的人。

这个试验充分说明了微笑受欢迎，是成功的源头。

一位顾客从食品店里买了一袋食品，打开一看，都发霉了。他怒气冲冲地找到营业员，"你们店里卖的什么东西，都发霉了！你们这不是拿顾客的健康开玩笑吗?!"几个顾客闻声过来。

营业员面带笑容，连声说："对不起，对不起。没有想到食品会坏，这是我工作失误，非常感谢您给我指出来，您是退钱还是换一袋呢?"面对这诚恳的微笑，顾客还能说些什么呢?

一对闹了别扭的情侣又在公园见面了。男的沉默了半天，终于开口说："你……能原谅我吗?"言语恳切，表情紧张。女的看着他，羞怯地笑了。男的笑了，笑得很开心。

一些不懂得利用微笑价值的人，实在是很不幸的。要知道，微笑在社交中是能发挥极大效果的。无论在家里、在办公室，甚至在途中遇见朋友，只要你不吝惜微笑，立刻就会显示你意想不到的良好效果来。难怪有许多专业推销员，每天清早漱洗时，总要花个两三分钟时间，面对镜子训练自己的微笑，甚至将之视为每天的例行工作。

"笑是人类的特权"。微笑是人的宝贵财富。微笑是自信的标志，也是礼貌的象征。人们依据你的微笑来获取对你的印象，从而决定态度。只要人人都献出一份微笑，交友将不再感到为难，人与人之间的沟通将变得十分容易。

方圆智慧

微笑之所以动人，之所以令人愉快，在于这种表情能传递、表达可喜的信息和美好的感情。微笑总是给人们带来友好和热情，总是给人带来欢乐和幸福，带来精神上的满足。

>>> 第四章 <<<

方圆办事——规矩要方，方法要圆

每一件事的运作都有自己的规则，办事也必须遵守规则。比如必要的手续，无论繁简，该办就必须去办；比如签定的合同，无论难易，当履行的一定要履行；比如商人做生意时，政府的法令法规无论如何都要遵守。照规矩来，是使事情正常进行下去的必要保证，没有规矩，无论办什么事都会乱套。

办事重规矩，更重谋略。会不会把一件事办成功，关键看使用什么方法和技巧，只要有特殊的套路、明确的实施方案和清晰的目的，一切按计划运作，成功指日可待。

成功是每个人梦寐以求的事情。然而，成功不是天上掉馅饼，天下也没有免费的午餐，芝麻开门更是阿拉伯世界的神话。有成功的游戏规则，成功有成功的奥秘和学问。不断地追求，才有不断的进步；不断地实行，才有不断的成就；不断地积累，才有不断的提高；不断地提高，才能取得更大的成功。

第一节　形象塑造，方圆得体

好形象赢得充分信赖

仪表是展示自己才华和修养的重要外在形态。优雅的仪表，能够帮助一个人得到良好的社会声誉，能够为办事铺平成功的道路。我们应该随时随地注意自己的形象，给人留下良好的第一印象。

美国著名形象设计师莫利先生曾对美国《财富》排名榜前300名公司的100名执行总裁进行调查：97%的人认为懂得并能够展示外表魅力的人，在公司中有更多的升迁机会；100%的人认为若有关于商务着装的课，他们会送子女去学习；93%的人会由于首次面试中申请人不合适的穿着而拒绝录用；92%的人不会选用不懂穿着的人做自己的助手；100%的人认为应该有一本专门讲述职业形象的书以供职员们阅读。

通常，社会地位越高的人越关注自己的形象，在公司中位置越高的人越认为形象是成功的关键。因为这是为他们财富增值的有力法宝！一个人成功的个人形象要比他现在所拥有的金钱还要重要，这是因为金钱是不会自己升值的，而卓越的形象会让人在竞技场中如鱼得水。反正，糟糕的形象带来你的打击和损失是不可预料的。

麦克·乔纳斯是美国某公司的高层管理人员，2000年被委派到中国寻求合作伙伴。经人介绍，他与中国某部下属的王总首次见面。麦克被指引进入王总的办公室，看见一个中年男子穿着人造纤维的灰格子西装，一条花领带露在V领口的毛衣外面，在肆无忌惮地打电话，他鼻子里的黑毛毫无顾忌地伸出鼻孔，一口黄牙暴露无遗，他大声训斥电话那头的人，并且毫不客气地挂断电话。

麦克眼见如此老总顿感失望。王总与麦克象征式的握手，邀请麦克共进午餐，在座的还有麦克的助手（一个身材肥胖的同事）。就餐时话题无意进入了肥胖的问题，王总指责胖子是没有节制的饮食，强烈攻击旁人之所以胖是由于懒惰……最后，双方没有达成商业协议。

麦克谈到这段经历时说：他留给我的是一个可怕的恶劣印象。从我进门的一刹那，他的穿着、举止、冷酷的不带微笑的脸和那双拒人千里之外的死鱼般的手，都在告诉我这是一个冷酷的、没有修养的人。在餐桌上的表现，更印证了他不但没有修养，简直可以说是没有教养，不懂得一点为人的基本礼貌。我无法想象与这样的人合作会有什么样的可怕后果。我更不可思议的是这样的人怎么能坐到这个位子上，他早该被淘汰了。

成功学专家认为，这是一个两分钟的世界，你只有一分钟展示给人们你是谁，另一分钟让他们喜欢你。心理学研究发现，与一个人初次会面，45 秒钟内就能产生第一印象。并且这种先入为主的第一印象是人的普遍的主观性倾向，会直接影响到以后的一系列行为。

这也就完全可以解释这样一种职场怪现象：年轻漂亮、身材姣好的女孩和俊朗帅气、玉树临风的男生更容易得到想要的职位。有的人吃了相貌的亏，有的人却占了相貌的便宜。这是人类本性中的好美恶丑的体现，也是人的基本心理倾向。

美国勃依斯公司总裁海罗德说：大部分人没有时间去了解你，所以他们对你的第一印象是非常重要的。如果你给人的第一印象好，你就有可能开始第二步，如果你留下一个不良的第一印象，你必须花费更多的时间才能够抹去糟糕的第一印象。很多情况下，我们会相信第一印象基本上准确无误。对于寻求商机的人，一个糟糕的第一印象，就失去潜在的合作机会，这种案例数不胜数。

现在在摩根斯坦利工作的女博士苏珊，由于在面试时穿着朴素，自我展示能力平凡，结果能力被低估和忽视了。尽管她出色的计算机能力使她被公司雇用，但她留下的那个普通平凡的第一印象，却成为日后事业发展的障碍，也让她的上司感到十分遗憾。他说：她看起来像个再普通不过的女人，但是进入公司以后，她的专业能力是超乎我们想象的。可惜的是由于进来的时候给她的职位太低了，我们只能在那个基础上给她加薪。

实践证明，当你进入一个完全陌生的环境时，人们能靠直觉对你立刻做出至少十条总结，包括你的经济条件、教育背景、社会背景、家庭出身、婚姻状况、年龄、健康状况、艺术修养、精明成熟度、可信度、成功的可能性等。所以，在求人办事的过程中，一定要注意保持得体的形象。

方圆智慧

合乎场合的打扮可以使你在办事时无往不利。正式的工作环境中，应选择庄重、文雅的服饰。相反，在一些轻松、愉快的场合，或个人的业余文娱活动中，则可选择活泼、鲜艳、式样随意一些的服饰和装扮，使人感到富有生活情趣，不拘一格。

要对形象进行包装

在求人办事的过程中，成功人士无一例外地重视个人形象的打造。无论你认为从外表衡量人是多么肤浅和愚蠢的观念，但社会上的人们每时每刻都在根据你的服饰、发型、手势、声调、语言等自我表达方式在判断着你。无论你愿意与否，你都在留给别人一个关于你形象的印象，这个印象影响着办事的结果，决定着你的幸福感。

1960 年与肯尼迪竞选总统的老牌政治家尼克松似乎在资历上占有绝对的优势，但是却忽略了对自己外表形象的包装设计。以至于贵族家庭出身的肯尼迪评价他：这家伙真没有品味！

受到家族的影响，肯尼迪懂得如何利用自己的外在优势获取选民的信任。在与尼克松的电视辩论上，年轻英俊、风度翩翩的肯尼迪浑身散发着领袖的魅力，看起来坚定自信、沉着稳重，好似不仅仅能够主宰美国的政坛，更能够平衡世界的局面。

当他提出“不要问国家能为你做什么，问一问你自己能为国家做什么”的时候，激起了美国人民狂热的爱国潮——他是美国人理想的领袖形象。

1980年，里杜卡斯基与里根竞选总统，这个希腊籍的小个子民主党领袖，无论是外表还是声音，无论是演讲还是表演，在高大英俊、魅力四射的里根的衬托下，都显得不像个领袖。而演员出身的里根用自己的微笑、声音、手势、服装以及高超的演技，表现出了一个极具魅力的领袖形象，从而掩盖了自己在知识和经验上的不足。

克林顿是美国历史上丑闻最多的总统，但是他在每一次的事件中都能够安然过关，人们一次次地由于他富有魅力的视觉形象而原谅他的错误。相比之下，尼克松一次水门事件就被迫离开了白宫。

对于政治家们来说，获取选民信任的一个至关重要的条件就是看起来像个领袖。杰出的政治家深悟此道，他们会专门高薪雇请形象设计师，来为自己塑造一个能表现自己最佳形象的模式。古代哲人穆格发说：良好的形象是美丽生活的代言人，是我们走向更高阶梯的扶手，是进入爱的神圣殿堂的敲门砖。

形象有助于产生影响力。世界上成功的巨人们无一不在乎自己的形象。一个成功的政治家、企业领袖靠的不仅仅是自己的杰出才能，他们就像一个优秀的演员，不仅仅依靠自己能带给追随者的信念和对未来的承诺，更懂得形象的魅力，并能够准确灵巧地运用这种魅力，让追随者把他的形象与他们追求的未来合为一体。

一个人的形象比任何看得见的物质都昂贵，因为他是笔“无形的资产”！你是否有得体的形象不会有人来真的告诉你，没有人会这样对你说：我不愿意与你合作，是因为你在和我说话的时候一直在抖动你的腿！

哈弗商学院的《事业发展研究》中也提到：事业的长期发展优势中，视觉效应是能力的九倍。

杰克·韦尔奇定期查看职员的照片，那些肩膀低垂、睡眼蒙口、耷拉着脑袋的人，我就会毫不犹豫地把他指出来，说："这家伙看起来半死不活的，他能干好什么！为什么不把他调走？"他还以应聘者的外表来决定是否录用他们，在市场营销方面，他会用那些外表英俊、谈吐流畅的应聘者。

生活中有许多人知识渊博，头脑聪明，但因为不注意自己的外表形象，以致在办事时与成功擦肩而过。

卡特当选总统时的性格和形象作为农场主再合适不过了，但作为一个对世界影响极大的超级大国——美国的总统，再保持这种形象就不太合适了。遗憾的是卡特当了总统之后，对自己的形象没有做任何的调整。结果舆论方面开始发难了：他是否拥有作为美国总统所要具备的形象气质呢？在其后的执政生涯中他屡屡被对手或是并非恶意的人们诟病，还经常有人因为他的形象表现而给他起外号，一些媒体甚至由此别有用心地怀疑他的政治能力和智慧。

如果卡特努力改变自己的形象来适应新的变化，或许他能塑造一个更好的总统形象留在人们的记忆当中。同理，如果你希望别人帮助你，至少，不要让他一看到你就对你失去信心。

方圆智慧

你绝不需要像大人物那样细致地打扮自己，但最起码的，要保证你的形象得体、合理，不叫人生厌。

♨ 人人都在以貌取人，你怎么办

你对别人可以抱着不以貌取人的原则，但你无法阻止别人对你“以貌取人”。在竞争激烈的现代社会，我们为什么不利用一切有利条件来使自己在竞争中占有更大优势呢？而且穿着得体，也是对别人的尊重。

在我们今天越来越复杂、生活节奏越来越快的社会上，人们恐怕来不及有时间去认真地、深入地了解一个人，就根据对一个人的外表而产生对某人的印象。所以为了更好地适应现实，给和我们交往的人留下更好的印象，我们应该花一定的精力在自己的外貌上。虽然我们更要重视内在的实力，但如果你富有外在魅力，也会对你的事业有所助益。

中国唐朝任用官吏的原则是，在考试后还必须具备“身、言、书、判”四个条件才能在朝任官。身是指身体上的条件、言是指谈吐、书是指文笔、判是指下判决书的能力。但从“身”置于四大要素之首便可知，容貌为唐朝任官员重要的条件。我们今天的公务员选拔对外貌也有一定要求，也是同样道理。

在美国曾对留络腮胡、山羊胡、鼻下胡等男性的印象和每天剃胡子的男性作比较，调查结果发现留有胡子的男性得到“有男人味、成熟、美观、有权力、有自信、勇敢、度量大”等佳评。

林肯在总统大选期间，收到一位住在中西部的少女写的一封信，内容如下：“你的演讲的确令人感动。但是，你那股言辞尖锐的评论气氛过于强烈。如果能带点像父亲和家人谈天的轻松气氛，我相信一定能得到更多人的支持。而且我建议你，不妨留点胡子，这样也许能改善那种严肃的气氛。”

从小女孩的忠告开始，林肯留起胡子，果然那胡子削弱了不少尖锐的气氛。

苏联的斯大林是位身材矮小的领袖，他为了更受人注意，以蓄胡子来增加容貌上的特征。

根据心理学家的研究，外在的魅力确实与人际关系有莫大的影响力。有的外在魅力十足的人，让人产生“事业心强、办事牢靠、和蔼可亲、有远见、有自信、意志坚强、性情开朗、认真直率、城府不深、容易沟通”等好感。而民众很容易支持有外在魅力者的意见，对有外在魅力者所提出的报告也有高评价。

如果领导者具有外在的魅力，必然带给人亲切和有能力的感觉，也容易被认为具有优良的品行，在说服或交涉之际必占有利的地位。唐朝注重容貌的理由就在于此。

我们不妨费点心思好好研究如何才能给予别人良好的印象。到底哪些因素是别人注意的外在魅力？容貌就不说了，因为那是天生的，后天很难改变。我们就说说我们自己所能左右的方面，这主要包括服装和姿容。

先说说服装。俗话说；“人要衣装、佛要金装。”即使是同一个人，因服装的关系而给予别人的感觉就有相当的差异。有学者做了这样一个有趣的实验：让实验者故意放置一枚铜板在公共电话机上，然后观察下一位入电话亭者可能产生的行动。结果发现，穿衬衫打领带，服装整齐的男士会把铜板放回原处的比率较穿着随便者高。以女性做实验，所得到的结果情形也是一样。再以穿越人行道遇红灯的情况做实验，结果也发现，穿衬衫打领带和穿了外套的男性，虽然有闯越的情况，但比穿着随便者少很多。

以上所举的例子体现出，服装整齐的人比较容易带给别人信赖和威严感。因此，如果想要把握某人的情绪，除了按照规则行事外，适当的穿着也是不可或缺的条件。

再说说姿容。根据心理学家所做的问卷调查结果显示，认为从姿容上能够提高个人魅力的主要因素有“秀丽的头发、洁白整齐的牙齿、没有口臭、懂得咳嗽时应有的礼貌、具有关怀的眼神、流行的发型、品行优良、注重清洁”等要项，这也是大部分男女所共认的条件。

外在魅力除了身体上的特征外，“优美的举止”也很重要。对于戴眼镜的人来说，不论是男是女，都很容易被认为是有智慧、肯努力的象征。擦口红和不擦口红的女性作比较的话，后者较易被视为“稳重、有内涵、诚实”的象征。

另外仪表整洁庄重，也显出对别人的尊重。起码让人家的眼睛舒服，也显出比较重视会面的人。就像家里来客人，怎么也要收拾一下，使屋子整洁一些，否则就是不在乎别人的表现。

方圆智慧

一位哲人说过：“我们不仅应有美好的心灵，还应有美丽的外表。”先天的条件若无法改变，后天我们总可以努力使自己穿着打扮更加得体一些，这样对我们的事业甚至婚姻都会产生有利的影响。

♨ 形象由你自己决定

一个成功的形象，展示给人们的是自信、尊严、力量、能力，它不仅仅反映在对别人的视觉效果中，同时也是一种外在辅助工具，让你对自己的言行有了更高的要求，能立刻唤起你内在沉积的优良素质。通过穿着、微笑、目光接触、握手，一举一动，让你浑身都散发着一个成功者的魅力。

有一天，大哲学家亚里士多德参加宴会，那天宴会开始时他穿了一件普普通通的衣服出席，主人不知道他是谁，反应十分冷淡。于是，亚里士多德马上出去换了一件崭新的皮大衣，重新回到了宴会。主人的态度马上发生了变化，变得十分殷勤，他邀请的客人们也纷纷起来向亚里士多德表示敬意，过来向他敬酒。

亚里士多德眼见如此，马上脱下自己的大衣，拎着大衣说：“喝酒吧，亲爱的大衣兄弟！”许多人都奇怪地看着他，亚里士多德说：“你们不了解，我的大衣兄弟可是十分清楚，所有的礼节都是冲着他来的，他才是今天的客人。”

生活中，一个人的人际关系与形象有多大关系，似乎没有人能说得清。但是同一件事情，为什么有的人能圆满、得体地完成，而有些人却费大力而总也办不成？这里虽有一些偶然的因素，但也有必然因素的作用，那就是人们是否喜欢你，愿意帮助你，并与你合作。人们往往更乐意积极主动地甚至倾全力去帮助那些值得帮助的人。成功者的形象能吸引更多的投资与帮助，这就像股市投资者常常投资那些看上去能涨的股一样。

这个世界上并没有丑陋的形象，如果有，那必定是设计失败的形象。

毕竟，人的形象除了外在形象，更重要的是内在形象，通过内在形象的修炼能大大弥补外在形象的缺憾，让整体形象焕发光彩。

美国赫赫有名的马可法官天生就是一个畸形儿——歪鼻子，兔唇，三角眼，头骨变形以致前额鼓起一个大包，驼背，还是个拐子。开始，他也很自卑，后来他尝试着去帮助别人，并渐渐地被人们所接受。而且，人们的微笑和鼓励更增加了他的信心，他摈弃自卑、自轻，以新的形象、新的方式开始大步地走向自己的人生之路。在以后的岁月中，他不但像正常人一样娶妻生子，还努力奋斗，成为他所在州的法官，并因执法公正廉洁而广受人民拥戴。在他逝世以后，人们自动聚集在街上举行各种纪念活动，几天不散。今天，他已成为人们心中光明之神的化身。

同样，曾经扫荡欧洲大陆的拿破仑，身高只有 1.62 米，可他却在短短的十几年时间内建立了一个庞大的拿破仑帝国，令曾经十分强大的欧洲跪倒在这位“矮个子”脚下。列宁也只有 1.64 米的身高，却开创了一个伟大的时代。

这些出色的政治家，凭借自己的智慧，运用出色的才能，开辟了世界新纪元，让世人为之骄傲。

方圆智慧

不要挑剔自己的长相，不要对美限定固定的标准。不管父母生你什么样，

你都要活出自我来，并且“要使自己从内心来改变外貌”。

第二节　心理操纵，亦方亦圆

♨ 别怕给朋友添麻烦

很多人不肯寻求帮助的理由是怕给别人添麻烦，或是怕被别人拒绝丢了面子。其实你的心理完全不必这么脆弱。对于你的求助，大多数人还是很乐意帮忙的，给他们一个机会帮助你，他们也会感到开心。即便真的遭到拒绝也没什么，大不了还是自己动手。为什么不尝试一下呢?

小雨换了新工作，要搬到另一个城市居住。这份新工作需要她投入大量时间去熟悉，可新租来的房子还没有来得及粉刷和装修，她实在抽不出时间。这时她想到了好朋友妮妮，妮妮是个自由职业者，最近恰好工作不忙。最重要的是妮妮不断地更换居住地点，对装修房子经验颇多，可以趁机向这个能工巧匠多学几招。可是她一直在迟疑，始终犹豫不决：这事看起来不太合适吧? 让妮妮从一个城市飞到另一个城市，花好几天时间为我的新家干活。她为此做了一星期的心理斗争，终于鼓起勇气拨通了电话：

“妮妮，是我，小雨，我想问问你，你最近忙吗?”小雨把这句在心里默念了千万遍的话迟疑地说出来了。

“不忙啊，你有什么事吗? 说吧。”妮妮爽快地回答。

“哦，是这样，我想，你能不能、能不能过来帮我看看房子怎么装。要是你没时间就算了，真的没关系。”小雨一口气把这些说完，紧张地等待着答案。

"好啊，没问题，我正好出去散散心，就当旅游了。还有人管我食宿，多好。"妮妮愉快地回答。

听到这里，小雨心中的一块石头落了地，事情就这样简单?

事情就是这样简单，她根本不必如此紧张，因为最终这个决定取决于对方，你的要求是否可行，她自己会进行判断和决定。大部分的人都非常热心，尤其是你在过去曾经给予过帮助的人。如果你并不确信对方是否会答应，担心听到"NO"，那不妨先问问自己，你们的友谊是否已经足够坚固并经得起拒绝。

当然，如果不想遭到拒绝，你也需要适当注意一下表达方式。当你在寻求别人帮助的时候，要让对方感觉你寻求的帮助非常必要而且对你非常重要："这事可能有点麻烦，但对我来说真的很重要"，而且也要懂得给对方台阶下："我很理解，这件事对你来说可能有些难度。做不了没关系，我再想想别的办法"。

方圆智慧

在寻求帮助的时候，要做好准备，即让对方觉得日后当他们有困难的时候，你也一定不会袖手旁观。即便没有永远的朋友，也会有永远的利益。

♨ 求助不会破坏你的形象

日常工作中，向同事甚至老板寻求帮助，比如请他们延长一些工作的截止时间，或者询问反馈和意见，这并不会让你看起来能力不够，相反这表明你是一个很懂得团队合作、非常具有团队精神的人。也许你自己会感觉到自己的一点点脆弱，但这也表明你其实是想把工作做得更好。

小王刚被任命为部门经理，对他来说这个新职位有许多需要学的东西。因为没有经验，当下属有问题询问时，他往往会自己花费大量时间搜寻各种资料来解答。其实他自己明白，如果他问一下同级的其他经理或是一些老员工，问题解决得会更方便和快捷，自己也不用这么忙碌。但他没有这么做，因为他担心在自己任职的初期，向同事寻求太多的帮助，会让领导认为提升他是一个错误。

你一定会认为小王的担心是正常的，因为几乎所有人都认为独立完成工作会让人觉得更有能力。但不寻求同事的帮助其实是种资源浪费，事实上同事们都很希望其他人向他们寻求专业上的帮助。如果小王浪费太多时间在找资料这种琐事上，就不能腾出更多的时间来进行别的更紧急和重要的工作。要知道，适度地向同事求助，还可以迅速和他们建立起更好的关系。

你一定要这样想：偶尔向别人寻求帮助，是一种优点和明智的选择。因为这表明你能清晰地分辨自己能掌控和不能掌控的事情，并且懂得事先进行合理安排。也许，向别人求助，会揭露一些你自己并不得意或并不高兴的事情。但承认自己的不完美并不丢人，即便你不承认也没有人觉得你是完美的，给自己增加点烟火气息没什么不好，或许会让人觉得更亲近。

方圆智慧

学会适时地向别人寻求帮助将大大有利于扩大自己的社会交往。事实上，当你愿意放下架子，承认自己有那么一点点脆弱时，作为回报，别人会乐意给予你帮助。

♨ 塑造权威的表象

办事时，我们可以巧妙地利用权威效应来影响他人，制造一些权威的表象。给自己冠上一些权威的头衔，或者象征某种权威的身份标识，都能让人刮目相看，给他人以心的震撼，让人敬仰、信服，接受你，赞同你，改变自己的态度和行为来屈从于你的暗示和建议。

假如你眼部不适，到医院就诊，如果其他条件相同，有一位眼科专家和一位刚从医学院毕业的年轻大夫供你选择，你会选择哪个呢？相信你一定会选择专家。

假如你要报一个写作培训班，你是愿意上一个由著名作家来授课的班，还是愿意上一个刚从中文师范专业毕业的年轻老师的班？相信一般情况下，你会选择著名作家。

这些都说明，权威对我们的影响力非常大。有一个著名的心理学实验证明了权威的力量。

美国某大学心理系的一堂课上，一位教授向学生们隆重介绍了一位来宾——“施米特博士”，说他是世界闻名的化学家。施米特博士从随身携带的皮包中拿出一个装着液体的玻璃瓶，说：“这是我正在研究的一种物质，它的挥发性很强，当我拔出瓶塞，它马上会挥发出来。但它完全无害，气味很小。当你们闻到气味，就请立刻举手。”

说完话，博士拿出一个秒表，并拔开瓶塞。一会工夫，只见学生们从第一排到最后一排都依次举起了手。但是后来，心理学教授告诉学生们：施米特博士只是本校的一位老师化装的，而那种物质只不过是蒸馏水（没有气味）。

这个实验中，人们宁可相信权威，而不相信自己的鼻子。对于本来没有气味的蒸馏水，由于这位“权威”专家的语言暗示而让多数学生都认为它有气味。这就是权威的影响力，是权威效应的作用所致。

权威效应，是指一个人要是地位高、有威信、受人敬重，那他所说的话及所做的事就容易引起别人重视，并让他们相信其正确性，即“人微言轻、人贵言重”。

如果现在有一个普通的人对你说，你现在这个年纪吃一些什么补品会大有好处，你对他的介绍一定会心存质疑。但是如果这个人的头衔是国际营养学会高级研究员，你会对他的上述言论作何感想？当你知道他去年被授予了诺贝尔生物学奖，你又会对他上面的话作何感想？在很大程度上，你会相信他的话。实际上，你相信的首先是他的头衔，其次才是他的话。

我们中国人都讲究谦虚、卑下、不多嘴多舌，但是假如你有什么资格、身份、资历一定要表明出来，藏在心里没人知道，人家还会小看你，不把你说的话当回事，不把你当重要人来对待。就算没有，也可以制造一些。像华贵的衣服、好的办公地点、富丽的装饰、制服、名片等能够象征权威、象征身份地位的外部标识，同样能够获得人们的认可，使人们对其产生信任感。就是说，一种权威的象征与真正的权威一样，能够对人们产生足够大的影响力。

假如你自主创业，开一家公司，当你在市中心租了一套办公室，装饰豪华，并把几个获奖证书或奖杯陈列其中后，别人就会以为你财力雄厚，势力稳固，技术专业过关，对你的信任度就会直线上升，如果洽谈合适，很容易就能拍板成交。

假如你是新入行的推销人员，对你来说，最行之有效的快捷的投资之一，就是给自己买几件值钱的衣服。就算预算吃紧，宁可买下这两身衣服，也不去多买几身廉价服装。这有利于建立良好的形象，再加上你对所推销产品的专业性能和市场行情的准确把握和介绍，别人一定会更选择相信你，进而购买。

方圆智慧

你可以不是权威，但是如果别人感觉你是权威，那么他们就会由衷地相信你的话。

♨ 借助名人效应

这里所讲的“名人”，是频繁出现在媒体，曝光在大家面前的，是大家众所周知的。甚至只要是你的周围，身边的圈子里小有名气的人都可以算作是“名人”，而借助“名人”效应，最主要的就是这个“名”。

有位名叫艾布杜的人，本来穷困潦倒，身无分文，就是使用了这种手段，广求于天下，不但求来许多名人做朋友，还为自己求来了百万家财。艾布杜在签名簿里贴有许多世界名人的照片，再模仿名人的亲笔字，签写在照片底下，艾布杜带着这几本签名簿浪迹天涯，登门造访工商巨子和好名的富翁。

“我是因仰慕您而千里迢迢从阿拉伯前来拜访您的，请您贴一张玉照在这本《世界名人录》上，再请您签上大名，我们会加上简介，等它出版后，我会立即寄赠一册……”

被他拜访的富豪，一看到其中的照片和签名都是当代的世界名人时，会有什么反应呢？人都是好名利的，尤其是有钱人更爱虚名。因此，多数的人都心甘情愿地签下大名，并提供照片。又由于这些人有很多钱，而且喜欢摆阔，一想到能跟世界名人排名在一起，便感到无限风光。这样一来，他们就会毫不吝惜地付给艾布杜一笔为数可观的钱。每本签名簿的出版成本不过是一两美元。而富人所给的报酬，却往往超过上千美元。艾布杜整整花了 6 年的时间，旅行 96 个国家，获得 2 万多人提供给的照片与签名。这其中给他的酬劳最多的有 2 万美元，最少的也有 50 美元，总计收入大约为 500 万美元。

这个故事中的人正是巧妙地利用了“名人”效应，通过借助“名人”来实现自己的目的，因为对于一般人来说，那些所谓的“名人”在人们眼里更显得有声望，是具有特殊地位的群体。“名人”的一言一行都颇具影响力，而且在很大程度上是为大众所效仿的。

约翰逊是美国著名的出版家，有一次，约翰逊想招揽真尼斯无线电公司的广告。当时真尼斯公司的管理者是麦克唐纳，他是一个精明能干的总经理。约翰逊写信给他，要求和他面谈真尼斯公司广告在黑人社区中的利害关系。麦克唐纳马上回信说："来函收悉，但不能与你见面，因为我不分管广告。"

约翰逊并没有在麦克唐纳那官腔式的回信面前逃避，而是采取积极主动的态度。约翰逊认为从麦克唐纳的来信中，答案是再清楚不过的：他管的是政策，相信也包括广告政策。于是约翰逊再次给他写信，要求与他见面，交谈一下关于在黑人社区所执行的广告政策。"你真是个不达目的誓不罢休的人，我将接见你。但是，如果你要谈在你的刊物上安排广告的话，我就立即中止接见。"麦克唐纳回信说。

于是就出现一个新问题，约翰逊一直在想他们见面后该谈什么。翻阅美国名人录，约翰逊发现麦克唐纳是一位探险家，在亨生和皮里准将到达北极那次闻名探险之后的几年，他也去过北极。亨生是个黑人，曾经将他的经历写成书。约翰逊想这是个很好的机会，于是他让在纽约的编辑去找亨生，求他在他的一本书上亲笔签名，好送给麦克唐纳。他还想起亨生的事迹是写故事的好题材，这样他就从未出版的七月号《乌檀》月刊中抽掉一篇文章，并以一篇简介亨生的文章代替它。

到了那天，约翰逊刚步入麦克唐纳的办公室。麦克唐纳第一句话就说："看见那边那双雪鞋没有？那是亨生给我的，我把他当做朋友。你熟悉他写的那本书吗？""熟悉。刚好我这儿有一本，他还特地在书上为你签了名。"麦克唐纳翻阅那本书，接着，他带着挑战的口吻说，"你们的杂志，依我看，应该有一篇介绍像亨生这样人物的文章。"约翰逊表示同意他的意见，并将一本七月号的杂志递给他。他翻阅那本杂志，并点头赞许。约翰逊告诉麦克唐纳，他创办这本杂志就是为了弘扬像亨生那样克服重重困难而达到最高理想的人的精神和成就。"你知道，我想不出我有什么理由不在这本杂志上刊登广告。"最后，麦克唐纳说。

在与人交往，找人办事的时候，常常需要与人进行交流沟通。因此，谈话的重点对于办事能否成功显得至关重要。很多人常常为谈话的内容感到头痛，特别是在找人办事的时候，怎样引发他人的兴趣，寻找到共同点呢？在这个时候，你不妨主动出击，找一个双方都熟知的“名人”作为突破口，这样，就很容易与他人引发共鸣，而你所办的事也就变得容易了。

方圆智慧

只要牢牢抓住“名”，巧妙地加以利用，对你的事业、人生会起到如虎添翼的作用。

激发他的同情心

人心都是肉长的，只要你将受害的情况和你内心的痛苦如实地说出来，处理者是会动心的，从而获得他的支持。

当林肯总统还在一家律师事务所工作的时候，碰到了这样一个案子。一位老妇人向林肯律师哭诉她的不幸遭遇。原来，她是位孤寡老人，丈夫在独立战争中为国捐躯，她靠抚恤金维持生活。前不久，抚恤金出纳员勒索她，要她交一笔手续费才可领取抚恤金，而这笔手续费是抚恤金的一半。林肯听后十分气愤，决定免费为老妇人诉讼。

由于出纳员是口头勒索的，没有留下任何凭据，因而这位出纳员指责原告无中生有，形势对林肯极为不利。但是林肯在法庭上十分沉着、坚定，他眼含着泪花，回顾了英帝国主义对殖民地人民的压迫，爱国志士如何奋起反抗，如何忍饥挨饿地在冰雪中战斗，为了美国的独立而抛头颅、洒热血的历史。最后，他说：“现在，一切都成为过去。1776 年的英雄，早已长眠地下，可是他们那衰老而又可怜的夫人，就在我们面前，要求申诉。这位老妇人从前也是位美丽的少女，曾与丈夫有过幸福的生活。不过，现在她已失去了一切，变得贫困无靠。然而，享受着烈士们争取来的自由幸福的某些人，还要勒索她那一点微不足道的抚恤金，有良心吗？她无依无靠，不得不向我们请求保护时，试问，我们能熟视无睹吗？”

法庭里充满哭泣声，法官的眼圈发红，被告的良心也被唤醒，再也不矢口否认了。法庭最后通过了保护烈士遗孀不受勒索的判决。

没有证据的官司很难打赢，然而林肯成功了。这应归功于他的情绪感染驾驭了听众及被告的心理，激发了人们本性中具有的同情心。

以情动人，凡事皆可办成，面对求情者的眼泪和哭诉，听者就是铁石心肠，也免不了会动心。并不是说，凡求人办事都要摆出一副可怜兮兮的样子，流下几滴眼泪，而是说，当我们在求人解决问题时，应该调动听者的同情心，使听者首先从感情上与你靠近，产生共鸣。这就为你问题的解决与事情的办成打下了基础。

在普通的人际交往中，我们一定要记得：每个人都有同情心，它是人类天性中的一部分，是人性善良的根基。也许它会在人们越来越复杂的社会经历中，渐渐地躲进人的身后，藏进连你自己都不会察觉到的心灵角落里。有时它假装睡着了，有时它潜入深水海底不愿冒出来透口气。但是它永远不会消失，不会死去。

再冷漠的人，也有他的同情心；再狡诈、变态、唯利是图、利欲熏心的人，也无一例外地有着同情心，不过是被掩盖或者暂时冷处理。我们要知道这点，善于把握这点，诱发他的同情心，触动他的心灵薄弱点、敏感细腻区。

尼克松在参加竞选时，《纽约时报》突然发表了尼克松在竞选中秘密受贿的新闻，说得有鼻子有眼，对竞选形势造成了很大的不利影响。于是尼克松被安排做一次半个小时的电台讲话，以澄清事实。

尼克松走进演播室，面对全国听众，首先公开了自己的财务状况，公布了自己的财产，并告诉大家他是怎么花掉每一分钱的。然后用用真挚感人的语调娓娓道来：自己出身贫寒，年轻时在杂货店送货，补贴家用。半工半读念完大学后，做律师进入政界，成家立业。他和夫人是一对贫贱夫妻，勤勤恳恳，节俭度日，自己的小儿子曾经因为经济拮据而买不起皮大衣和小狗……听起来非常真实可信，甚至让人鼻子发酸，此刻，每一个选民，每一个听众的同情心都被诱发出来。

演讲结束后，有一百万人打来了电话、电报或寄来了信件，他的支持者大大增加，他一下子成了一颗政治明星。

人人都有一颗心，那是一颗貌似冷酷无情的心，实则是一颗满是同情的柔软之心。只看你如何以真诚轻柔的触角去触动它的薄弱点，从而以点带面，震撼他心，让他流泪。

方圆智慧

在找人办事时，激发对方的同情心是十分重要的，当你巧妙地点醒对方，触动他的心灵柔软带的时候，再难办的事情也能办得成。

♨ 满足对方的欲望

无论是伟大领袖，还是圣贤哲士、凡夫俗子，每个人都有弱点，都有被人利用的弱点。办事时，你掌握了对方的弱点而利用之，一切都将得心应手，称心如意。

人们无时不在为名而生存，无时不在为利而生存。世间有为名甚于为利的人；有为利甚于为名的人；有既为名又为利的人，有名义上是为名，实际为利的人；有名义上是为利，实际是为名的人。你需要做精到细致的观察，使利用的技巧有新的提高。

自从汉二年（公元前200年）五月开始，楚、汉在荥阳一带展开拉锯战，谁也没有占到多大优势。于是双方约定，以鸿沟为界，中分天下，其西归汉，其东归楚。

汉四年九月，项羽解围东撤，刘邦也要引兵西归。张良充分认识到此时的项羽因刚愎自用，到了众叛亲离的地步。于是，张良、陈平二人同谏刘邦，希望他趁机灭楚，免得养虎遗患。刘邦从谏，亲统大军追击项羽，另遣人约韩信、彭越合围楚军。

汉五年十月，汉军追至固陵，却不见韩信、彭越二人前来驰援。项羽回击汉军，刘邦又复败北。刘邦躲在山洞中，不胜焦躁，询问张良道："诸侯不来践约，怎么办？"张良是一位工于心计的谋略家，他时刻关注着几个影响时局的重要角色的一举一动，探索着他们心灵深处的隐秘，并筹划着应对之策。

当时，虽然韩信名义上是淮阴侯，彭越是建成侯，实际却只是空头衔，没有一点实权。因此，张良回答刘邦道："楚兵即将败亡，韩信、彭越虽然受封为王，却未有确定疆界，二人不来赴援，原因就在于此。您若能与之共分天下，当可立招二将。若不能，成败之事尚无法预料。我请您将陈地到东海的土地尽划归给韩信，睢阳以北到谷城的土地尽划归给彭越，让他们各自为战，楚军将会很容易被攻破。"刘邦一心要解燃眉之急，听从了张良的劝谏，不久，韩信、彭越果然率兵来援。十二月，各路兵马会集垓下，韩信设下十面埋伏大阵，与楚决战。项羽兵败，逃至乌江自刎。长达四年之久的楚汉战争，以刘邦的胜利而告终。

在处理韩信、彭越索要实惠这件事情上，张良做得十分周到，也充分利用了人性的弱点——好名、好利。划归一些封地给他们，就满足了他们的心愿，使他们各自为战，尽力而战。

人没有不自私的，与其让他为你办事，不如让他为自己办事。后者比前者的成功率要高得多。

周文王在渭水北岸见到了正在直钩钓鱼的姜太公，太公说，用人办事的道理和钓鱼有点相似之处：一是禄等以权，即用厚禄聘人与用诱饵钓鱼一样；二是死等以权，即用重赏收买死士与用香饵钓鱼一样；三是官等以权，即用不同的官职封赏不同的人才，就像用不同的钓饵钓取不同的鱼一样。姜太公接着说："钓丝细微，饵食可见时，小鱼就会来吃；钓丝适中，饵食味香时，中鱼就会来吃；钓丝粗长，饵食丰富时，大鱼就会来吃。鱼贪吃饵食，就会被钓丝牵住；人食君禄，就会服从君主。所以，用饵钓鱼时，鱼就被捕杀；用爵禄收罗人时，人就会尽力办事。”

一个人有特殊的欲望，这个特殊的欲望，就是他特有的弱点，你抓住了他的弱点，并满足了他的欲望，他就乐于效用，乐于效力。利用人们心中真正的欲望去制约他，让他为“我”办事，就没有不鼎力而为的。

方圆智慧

别人需要什么，就尽力给他什么，那他就会接纳你，当然也包括满足你的要求。

第三节 随机应变，名方实圆

因人而变

办事要因人而变，因人的性格而变。

1. 面对过分拘谨的人怎样办事

这类人的特征是，就算你很客气地和他打招呼、寒暄，很热情地与他交谈，他有时也会表现得很冷漠，不在乎你，不理会你。在交谈时，他通常不会注意你在说什么，有时甚至根本没听你在说。碰到这种人只要你花些时间，去仔细研究观察一下他的一举一动、兴趣爱好，注意从他的言行中寻找出他真正关心的事情出来，你就会得心应手。开始时，你可以随便和他闲聊，只要能够使他做出简单的回答或细微的反应，接下来就好办多了。你可以在他感兴趣的问题上，引导他充分地表达一下自己的意见，使他逐渐投入到与你交谈中，他便会打开话匣子，这时你的负担便会大大减轻，至于以后的事情那就不用多说了。你必须始终注意把握的一点是，每个人都有他感兴趣或予以关心的事情，只要你稍加留意，然后有意触及，他便会“滔滔不绝”地和你说话。

2. 面对爱好表现的人怎样办事

有这样一些人，不管遇到什么事都喜欢表现自己，发表一些自己的看法，也不管自己行还是不行，对还是错。如果他露了脸，他便会到处张扬，要是砸了锅，也不要紧，还有成千上万条理由可以拿来搪塞。总之，他忘不了表现自己。对待这种人，最好的办法是站在一旁静静地观看，因为有时你明知他会出纰漏，好心提醒他，他不但不领情，反而会认为你嫉妒他，甚至记恨你，等他真的出了问题更会怪罪你，说是你使了坏。这类人很少冷静，他们总是热血沸腾、跃跃欲试，做事不假思索、草率决断，甚至为了表现自己的“果断”而招致意料不到的损失。所以，当你遇到这种人时，一定记住不要阻止他的自我表现，偶尔做一次配角似乎并不算什么，同时为了避免由于这类人的草率和“果断”而造成的麻烦，最好在适当的时候牵制一下对方，或在必要的时候提醒一下他冷静从事。

3. 面对城府较深的人怎样办事

这些人不肯轻易让别人了解其心思和想法，故而圆滑，不愿被他人操纵或总想使人不知不觉中落入其精心编织的圈套。他们最大的特征是说话不着边际，一旦涉及正题便“王顾左右而言他”，使你产生摸不着头脑和不知如何应对的感觉。事实上，在他的不着边际和“王顾左右而言他”之间，他能迅速了解和掌握你的想法和动机，然后争取主动，使你处于被动和服从的地位，被他牵着鼻子走。也有些人纯粹就是为了逃避矛盾，保全自己，使自己永远立于旁观者的地位，这样你只会感到无从下手。对待这种人不妨以其人之道还治其人之身，彼此之间保持一种平等而互不干涉的局面。而当你必须要与这类人合作时，你有必要先花一番心思考去探察对方的真实想法，然后运用诱导的方式使其露出“庐山真面目”，或者干脆省力坦率直言，直截了当地说出自己的想法，并请其也实话实说。如此也可减去由揣测、诱导手段带来的情报不准确等麻烦。

4. 面对傲慢无礼的人怎样办事

有这样一类人，他们自视甚高，目中无人，总以一种傲视一切、举止无礼的面目出现在人们面前。如果你身边有了这种人，一定经常有不愉快的事情发生，而且周围的人都对这类人持排斥的心态，很显然这样的人是典型的最不受欢迎的人。不卑不亢，是对待这种人的第一个办法。不论这种人怎样盛气凌人，我们绝不自认卑微，或同样地虚张声势，这样的话，不但会白费神力，甚至会两败俱伤，带来不良后果。第二个办法就是少跟他啰唆！在这种人面前，说话应干净利落，少跟他啰唆，免得给他增添气势，无形中为他增加无礼的机会。

方圆智慧

我们在办事时应注意因人而异、视人而变，切不可不分场合，不顾人物性格，没有分寸地为所欲为；也不可在任何情况下总以同一方式“以不变应万变”。用固定招数对待每一个人，这样吃亏的是你，失败的是你，不得人心的还是你。

♨ 因事而变

办事要因事而变。只有因事而变，才能把事情办好。

1. 办事要分清轻重

汉宣帝时有一位宰相名叫丙吉。有一年春天，丙吉乘车经过繁华的都城街市中，碰见有人群斗，死伤极多，但是他若无其事地通过现场，什么话都没说，继续往前走。不久又看到一头拉车的牛吐出舌头气喘吁吁，丙吉忙派人去问牛的主人到底怎么回事。旁边的随从看见这一切觉得很奇怪，为什么宰相对群殴事件不闻不问，却担心牛的气喘，如此岂不是轻重不分，人畜颠倒？于是有人鼓起勇气请教丙吉。丙吉回答他："取缔斗殴事件是长安令或京兆尹的职责，身为宰相只要每年一次评定他们的勤务，再将其赏罚上奉给皇上就行了。宰相对所有琐碎小事不必一一参与，在路上取缔群众围斗更不需要。而我之所以看见耕牛气喘吁吁要停车问明原因，是因为现在正值初春时节，而牛却吐舌头气喘不停，我担心是不是阴阳不调。宰相的职责之一就是要顺调阴阳，因此我才特地停下车询问原因何在。"众随从听后恍然大悟，纷纷称赞宰相视事情的轻重而办的行动非常英明。

我们平时为了办好一件事，也要根据事情的轻重采取行动，应该知道什么是自己该干的，什么是可以委托他人干的，什么是不可以干的。

2. 办事要掌握火候

办事就像厨师烧菜，只有掌握火候，菜才不会烧焦。刘邦初定天下，封萧何为宰相，一时之间，有不少人都登门向他道贺，唯有一个叫召平的人提醒萧何："你的灾祸可能会从此发生。现在皇上离开京城率兵打仗去了，增封你为宰相，掌管护卫兵，一方面是为了讨好你；另一方面也是为了警戒你。如果你现在辞退增封，献出自己的财产做军费，皇上一定会很高兴，也会减少心中的疑虑。"萧何仔细一想，认为有理。于是，他照着召平的建议去做，把自己的子弟送到军中随刘邦作战，又把自家的资财捐输前方做军费，高祖果然高兴。黥布叛变的时候，高祖带兵亲自去讨伐，留在后方的萧何则全力抚慰百姓，巩固民心。有人见他这样投入，勤勤恳恳，非常担心，就劝他说："相国小心一家人遭杀身之祸啊！自从你入关十多年来，收揽民心，人们打心眼里敬重你，陛下知道你是众望所归，所以常常派人打听你的动向，唯恐你忘恩负义背叛他。你如果想保全家人的性命，从今天开始就要破坏形象，把声望压下来，才能让陛下安心。"萧何细一思量，认为他说得有理，便昧着良心，没收百姓土地，扰民、乱民，使百姓怨声载道，萧何的威信当然也下降了。更妙的是，萧何故意在小事情上斤斤计较，贪图小利，使刘邦看他胸无大志而放心。萧何称得上是掌握火候的办事高手。

王翦被秦始皇封为大将，统帅兵马60万，继李信、蒙恬之后，再次兵讨楚国，秦始皇亲自送他到灞上。王翦临行前请求赐给他极多的良田屋宅，始皇说：“将军已出兵，何必忧愁贫穷呢?”王翦说：“当大王的部将，即使有功亦不能封侯，故趁大王现在信任我的时候，臣要及时求赐园地以作为子孙的产业。”始皇大笑。王翦的军队到了关口后，又5次派使者回朝廷请求赐给良田。有人说：“将军的请求，太过分了吧!”王翦说：“这话不对。秦王粗暴又不信任人，如今倾尽全国武装士兵，全数交付我，我不多请田宅作为子孙基业以稳固自家，反要让秦王怀疑我吗?”王翦不愧为智勇双全的大将，内外都八面玲珑，对办事的火候掌握得分毫不差。

3. 办事要权衡利弊

人无远虑，必有近忧。聪明人办事，在注意其利益的同时，也不忽视与之相伴的害处，往往能兼顾利害得失。在这点上，我们不妨吸取古人的经验和教训。

汉魏时，朝廷对羌中鲜卑人归降的多安置在塞内各州郡。后来鲜卑人势力日益膨胀，经常在关内寻衅闹事，挑起民族矛盾，杀害地方官，侵扰附近村落，渐渐成为祸害。晋代时，侍御史郭钦给出了正确办理这件事的方案，他请求朝廷乘平吴的余威，把鲜卑人分散到内地或边疆，加强交通要塞，真诚地对待少数民族。朝廷对这个处理方案没有采纳，后来终于出现了五胡闹中华的混乱局面。

通常只有乘开国的势头才可扬威边疆，错过机会去办就很难有所作为。宋初不能立威于契，终使金、元外族之祸持续不断；明太祖朱元璋向北驱逐金、元，威风行于沙漠戈壁；明成祖朱棣定都燕京，多次征服胡人，并重修万里长城以御之，这样办事可谓深谋远虑。

北宋时，西夏主李继迁骚扰西部边疆，保安军擒获了李母。宋太宗想把她杀掉，犹豫不决，请枢密使寇准商议此事。商议定后，寇准回家路过相府，将结果告诉宰相吕端。吕端问：“这件事准备怎样处理?”寇准告之：“准备斩首，以惩戒凶逆。”吕端说：“如此未必合适。”他于是进见皇帝说：“从前项羽欲烹高祖父太公以示威于高祖，而高祖却说愿分得一杯羹。举大事者是不顾父母的，何况李继迁是个不孝之子呢。陛下今天杀其母，明日能抓住李继迁本人吗？如若不然，只能增添其对宋的仇恨。臣以为，应将李母安置于延州，好好服侍，以招来李继迁。他即使不降，也可用此事拴住他的心。”太宗听罢称赞，以此为理。后来继迁母死于延州，继迁死后，其子投诚。

《韩诗外传》中也有类似的故事。楚庄王欲动员大军攻打晋国，并武断地决定："此事我已决定了，敢再谏者死！”此时，孙叔敖挺身而出，冒死劝道："我院里有一榆林，前天，我在林中偶见一只蝉，正欲去饮露水。这时其身后却有一只螳螂，正做捕食之势。然而螳螂也没有发现有一只黄雀早已瞄上了它。同时，树下一孩童却正张着弹弓向黄雀瞄准。而那孩童忽略了脚边的一个大洞。他们都只为眼前的利益所惑而不顾身后的危险呀！现在晋国未衰，而大王欲讨之，情形不也是一样吗？”听了这段话，楚庄王终于收回了成命。

当人被某事某物所惑时，往往会不顾利害得失匆匆行动，从而不免受挫。相反，兼顾利害得失者，无论办什么事都不会陷入困境。

4. 办事要兼顾得失

有的人在办事时，无端生出许多烦恼，这都源于利害得失间的矛盾。如果单纯就事论事来讲，利害就是利害，得失就是得失，两者泾渭分明，水火不容，但是从人的生活整体而言，利害得失又是相互联系、密不可分的，甚至在一定的程度上，我们可以将其视为同一件事情。

春秋战国时期的宓子贱，名不齐，是孔子的弟子，鲁国人。有一次齐国进攻鲁国，战火迅速向鲁国单父地区推进，而此时宓子贱正担任单父宰相。当时正值麦收季节，大片的麦子已经成熟了，不久就能够收割入库，可是战争一来，这眼看到手的粮食就会让齐国抢走。当地一些百姓向宓子贱提出建议，说："麦子马上就熟了，应该赶在齐国军队到来之前，让咱们这里的人去抢收，不管是谁种的，谁抢收了就归谁所有，肥水不流外人田。”另一些人也认为："是啊，这样把粮食打下来，可以增加我们鲁国的粮食，而齐国的军队也抢不走麦子做军粮，他们没有粮食，自然也坚持不了多久。”尽管乡中父老再三请求，宓子贱坚决不同意这种做法。过了一些日子，齐军一来，把单父地区的小麦一抢而空。

为了这件事，许多父老埋怨宓子贱，鲁国的大贵族季孙氏也非常愤怒，派使臣向宓子贱兴师问罪。宓子贱说：“今天没有麦子，明年我们可以再种。如果官府这次发布告示，让人们去抢收麦子，那些不种麦子的人则可能不劳而获，得到不少好处，单父的百姓也许能抢回来一些麦子，但是那些趁火打劫的人以后便会年年期盼敌国的入侵，民风也会变得越来越坏，不是吗？其实单父一年的小麦产量，对于鲁国强弱的影响微乎其微，鲁国不会因为得到单父的麦子就强大起来，也不会因为失去单父这一年的小麦而衰弱下去。但是如果让单父的老百姓，以至于鲁国的老百姓都存了这种借敌国入侵能获取意外财物的心理，这是危害我们鲁国的大敌，这种侥幸获利的心理难以整治，那才是我们几代人的大损失呀！”

宓子贱自有他的得失观，他之所以在这件事上拒绝父老的劝谏，让入侵鲁国的齐军抢走了麦子，是认为失掉的是有形的、有限的那一点点粮食，而让民众存有侥幸得财得利的心理才是无形的、无限的、长久的损失。利害得失应该如何取舍，宓子贱做出了正确的选择。

5. 办事要从大局出发

顾全大局，舍卒保车在办事上是一种深远的谋略，是一种宽柔的智慧。许多仁人志士甘愿在名誉上受到玷污，而成就更大的事业。在顾全大局方面来说，名节就是卒，为了保全大局这个车，舍卒是不可避免的。

做人处世如此，办事亦如此。要做到顾全大局，就必须临危不乱，关键时刻不能患得患失于小利小益，要善于分清眼前利益，能够舍卒保车，为了更大、更长远的利益舍弃眼前的利益。在相对小的利益面前装糊涂、不动心，是每一位渴望大成功的人所必备的素质。

“爱出者爱反，福往者福来”，人世间的事情，有了付出才有回报，没有无回报的付出，也没有无付出的回报。付出越多，得到的回报越大。只想别人给予自己，那么“得到”的源泉终将枯竭。

春秋末年，齐国的国君荒淫无道，横征暴敛，逼取于民以至无度。齐国的贵族田成子看到这种情况后，对他的僚属说：“公室用这种榨取的手段，虽然得到了不少财富，但这种取是取之犹舍也。”仓储虽实，但国家不固，终是“嫁衣”。于是田成子制作了大、小两种斗，大开自己的仓储接待饥民，用大斗借出谷米，用小斗回收还来的谷米，“予民于惠”。于是齐国人民不肯再为公室种田效力而投奔于田成子门下，一时“民归之如流水”。田成子用这种大斗出小斗进的方式，借出的是粮食，收进的是民心，貌似给予，实则得到。果然，齐国的国君宝座最后为田氏家族所得。史学家范晔说：“天下皆知取之为取，而不知与之为取。”正是对这种得失观的一语道破。

得与失的互为转化之效果，有时也并不是马上就可以见到的，但懂得其中奥妙的人，会掌握取舍的主动权，让它发挥出意想不到的效果。战国时，齐国的孟尝君是一个以养士出名的相国。由于他待士真诚，感动了一个具有真才实学而十分落魄的士人，名叫冯谖。冯谖在受到孟尝君的礼遇后，决心为他效力。一次孟尝君要叫人为他到其封地薛邑讨债，问谁肯去，冯谖说我愿意去，但不知用催讨回来的钱买什么东西。孟尝君说就买点我们家没有的东西吧！冯谖领命而去。到了薛邑后，冯谖见到老百姓的生活十分穷困，尤其是听说孟尝君的讨债使者来了，均啧啧有怨言。于是，冯谖召集了邑中居民，对大家说：“孟尝君知道大家生活困难，这次特意派我来告诉大家，以前的欠债一律作废，利息也不用偿还了，孟尝君叫我把债券也带来了，今天当着大伙的面，我把它烧毁了，从今往后，再不催还！”说着，冯谖果真点起一把火，把债券都烧毁。薛邑的百姓没有料到孟尝君是如此仁义，一个个感激涕零。冯谖回来后，孟尝君问他讨的利钱呢，冯谖回答说：不但利钱没讨回，借债的债券也烧了。孟尝君大不高兴，冯谖对他说：您不是叫我买家中没有的东西回来吗？我已经给您买回来了，这就是“义”。焚券市义，这对您收归民心是大有好处的啊！

果然，数年后，孟尝君被人谮谗，齐相不保，只好回自己的封地薛邑。

薛邑的百姓听说恩公孟尝君回来了，全城出动，夹道欢迎，表示坚决拥护他，跟着他走。孟尝君至为感动，这时才体会到冯谖的“市义”苦心。这就叫“好与者，必多取”，小的损失可以换取大的利益。

方圆智慧

事情有难易之分，有大小之别。有的事情和自己的切身利益紧密相连就一定要去办，有的事情和自己关系不大则可办可不办。如果你觉得自己即将要办的事情无法办到，就不要打肿脸充胖子；如果你觉得自己即将要办的事情把握不大，就要小心谨慎，亦步亦趋；如果你觉得自己即将要办的事情可以办到，就要义无反顾地去办。

♨ 因势而变

所谓势，就是那些促成某件事成功的各种外部条件同时具备，即恰逢其时、恰在其地，几好合一，好的机会集体而成的某种大趋势。具体说来，这种“势”也就是由人、事等因素交互作用形成的一种可以助成“毕事功于一役”的合力。

这里的“人”是指具体办事的人，一件事不同的人办会办出不同的效果，即使能力不相上下的两个人，这个人办得成的某件事，另一个人却不一定能办成。这里的“事”是指具体将办之事。一定的时机办一定的事情，同样的事情此时该办亦可办，彼时却也许不可办亦不该办。可办则一办即成，不可办则绝无办成之望。

1. 有时办事要顺势而行

办事借势而起，借力而发，对成功人士来说轻车熟路。不少人希望以一己之力摇旗呐喊，造成对自己有利的态势，殊不知这样做容易得不偿失，真正高明的人必然是顺流风而行，乘势而行。许多看起来难办的大事，居然顺顺利利地办成了，就因为懂得乘势的缘故。

斯瓦罗斯基家族是奥地利的一个世家望族，祖祖辈辈都从事仿钻石饰品生产。在第二次世界大战结束之后，奥地利被盟军占领。因为在大战中，该公司曾接受纳粹德国的订单，为德军生产过望远镜等军用物资，因此斯瓦罗斯基公司差点被法军当局没收。罗恩斯坦是美国富商，当时他正在奥地利，当获知此事后，立即前去和斯瓦罗斯基家族谈判。罗恩斯坦主动提出，他可以去同法军交涉，设法不使公司被法军没收；但也有一个条件，如果交涉成功，斯瓦罗斯基家族必须将公司的销售权让给他，同时让在他有生之年，可从销售总额中提取10%作为报酬。

罗恩斯坦的条件虽然非常苛刻，但他所能提供的帮助，却也是十分有价值的。斯瓦罗斯基家族权衡再三，别无他法，只好接受了这一条件。罗恩斯坦与斯瓦罗斯基的谈判一结束，马上又去了法军司令部，要求法军撤销没收计划，他说："我是美国人罗恩斯坦，斯瓦罗斯基公司从即日开始已成为我的公司，该公司因而属于美国的财产，所以我拒绝法军的没收。"法军一听斯瓦罗斯基公司已经成了美国人的公司，顿时无话可说，只好同意罗恩斯坦的要求，撤销了没收计划。不久之后，罗恩斯坦设立了斯瓦罗斯基公司销售代理公司，其实这家代理公司只不过就是开发票，以确保10%的销售额能成为罗恩斯坦的利润而已。

2. 有时办事要逆势而行

当我们用一定的准则和规范对人们的行为进行引导与控制时，当我们对偏离目标的行为进行约束时，人们会产生一种内发的反向力量，使之更偏离正确目标的轨道。在办事过程中，因双方思想情绪的对立，你要他向东，他偏要向西；你从正面说理，他偏要反面理解。这种心理状况构成一种抗体，阻碍我们对别人的行为进行有效控制。

所以，有些时候办事要能利用对方的对立思想情绪，有意识地反过来说、反过来做，使对方与你唱反调，也能达到自己的预期目的。

明朝时，四川有个叫杨庵的人，中了状元为官后执法无情，刚直不阿，因此得罪了不少人。他还屡次上书直谏，因而又得罪了皇帝。在奸臣的挑拨下，皇上非常震怒，准备对杨庵治罪，把他充军到玉门关外。杨庵知道皇帝和一帮奸臣欲置自己于死地，便对皇帝说：“臣之罪，罪该万死，皇上要将我充军，这是对微臣的宽恕，不过请陛下答应我一个小小的请求。”“你有什么请求?”皇帝问。“宁去关外三千里，不去云南碧鸡关。皇上有所不知，那碧鸡关蚊子四两重，跳蚤有半斤，您切莫把我充军到那里。”皇帝沉吟不语，挥手让杨庵赶快登程。他心想，哼！你不想去碧鸡关，我偏要你去，让你尝尝四两大的蚊子和半斤重的跳蚤咬人的滋味。杨庵刚一出关，皇帝就传下圣旨，把他们发配到云南充军。

杨庵知道皇上不会饶恕他，发配充军已不能幸免，一帮奸臣更是落井下石，欲置之死地而后快。如果从正面请求，其结果会完全相反。碧鸡关即现在的昆明市，离杨庵的家乡很近，杨庵想回到离家乡较近的云南，于是杨庵就利用对方的逆反心理，提出与自己意愿相反的请求，结果遂了自己的心愿。

3. 有时办事要因势利导

孙子说：“兵形像水。”孙子认为，最理想的作战方式应该像水一样，水中隐藏着巨大的力量，却没有固定的形状，视容器的不同而改变形状。所以孙子以水喻兵，主张作战时要学习水的精神，因势利导。他说：“就像水没有固定的形状一样，打仗也不可能有固定不变的态势。须视敌人的态势自在地变幻战略，方能掌握胜利之机。”

将孙子这一理论导入办事中，就是要把握大的原理、原则，不可僵硬死板、墨守成规。

在林肯当律师时，有一次得悉朋友的儿子小阿姆斯特朗被指控为谋财害命，已初步判定有罪。他以被告律师的资格，到法院查阅了全部案卷。他了解到，全案的关键在于原告方面的一位证人福尔逊，因为他发誓说在10月18日的月光下，清楚地目击小阿姆斯特朗用枪击毙了死者。对此，林肯要求复审。在这场精彩的复审中，有以下一段对话。

林肯问证人：你发誓说看清了小阿姆斯特朗?

福尔逊：是的。

林肯：你在草堆后，小阿姆斯特朗在大树下，两处相距二三十米。能认清吗?

福尔逊：看得很清楚，因为月光很亮。

林肯：你肯定不是从衣着方面看清他的吗?

福尔逊：不是的，我肯定看清了他的脸，因为月光照亮了他的脸。

林肯：你能肯定时间是在 11 时吗?

福尔逊：充分肯定，因为我回屋看了钟，那时是 11 时 15 分。

林肯问到这里，就转过身来发表了一席惊人的谈话："我不得不告诉大家，这个证人是一个彻头彻尾的骗子。他一口咬定 10 月 18 日晚上 11 时在月光下看清了被告的脸。请大家想想，10 月 18 日那天是上弦月，晚上 11 时月亮已经下山，哪里还有月光? 退一步说，也许他对时间记得不够精细，时间稍有提前。但那时，月光是从西往东照，草堆在东，大树在西，如果被告的脸面对草堆，脸上是不可能有月光的。"

听了林肯合情合理的陈述，听众先是一阵沉默，紧接着掌声、呼声一齐迸发出来，福尔逊顿时傻了眼。

问清当时的情形，讲明道理以引导之，是论辩的常法，也是办事的方略。林肯步步为营，一点一点地营造有利于自己求证的局面，最终得出了福尔逊在作伪证的事实。因此说运用因势利导的方法，有时可以使复杂问题简单化，为人们之间的沟通提供方便。

方圆智慧

因势而变，就是在恰当的时机由恰当的人去办该办的事。

♨ 因时而变

在办事诸多因素中，对时机的选择与把握是至关重要的，它可以说是成功的灵魂，这就犹如我们平常发表对某件事情或对某件事做一个决策的看法一样，在许多事情的处理与运作过程中，即使你是一个地位显赫、举足轻重的人物，即使是你的意见很富有科学理性、意见绝对正确、决策十分果断准确，如果你想让你的意见或决策起到更大更有力的作用或影响，你也必须选择恰当的时机，因时而为。

1. 办事要把握时间

时不我待，办事时，如果你能在时间溜走之前就采取行动，那么，幸运之神就降临了。

成功道路上的幸运与倒霉往往与能否把握时间有关，有些人在错过时间后才顿足捶胸，那么他便注定只是一个十足的倒霉蛋；而有些人明白时间稍纵即逝，因而能及时抓住并把握机会，所以，他的一生都仿佛一帆风顺，心想事成。

20 世纪 50 年代，法国白兰地酒为了打入美国市场，利用美国总统艾森豪威尔 67 岁寿辰时机，通过不同媒介向美国人民宣布一则消息：“法国人民为了表达对美国总统的友好感情，特选赠两桶极为名贵的，酿造已达 67 年之久的白兰地酒为贺礼；贺礼将由专机送抵美国，白兰地公司为此支付巨额的保险费用；总统寿辰之日，将举行隆重的赠酒仪式，穿着宫廷侍卫服饰的法国人将把名酒抬入白宫，献给总统。”装白兰地的酒桶是法国著名艺术大师的精心杰作。美国各大报刊、电台连篇累牍地报道，抓住了千百万人的心，这两桶白兰地酒的传说，立即成了华盛顿市民的热门话题。名酒运抵华盛顿当天，机场至白宫的沿途街道，挤满了数以十万计的观众，盛况空前，国内所有报刊对赠酒仪式的报道几乎覆盖了头版的版面。就这样，法国白兰地酒在轰动的气氛中，挤掉所有竞争对手，大摇大摆，昂首阔步地走上了美国的国宴及市民的餐桌上，此乃把握时间的杰作。

2. 办事要面对现实

在1993年美国大选中，克林顿曾经说过一句话："我们要改变游戏规则……"而布什总统却说："我有丰富的经验！"也许布什落败的一个重要原因是输在"往后看"，而不是"向前看"。

很多人总是在遭遇很大危机的时候，才想到要改变，但走到这一步想挽回已经太晚了。所以，应该未雨绸缪，在最好的时候，在发展最快、最得意的时候，就考虑改变。

一般人最可怕的心态是习惯于某种固定的模式，认为："我过去做得很好啊！为什么要改变?"他们丝毫没有察觉，其实，失败就从现在开始。

我们应该相信，当愈多的人说"不"的时候，就是必须改变的时候。因为，绝大多数的人并没有预见未来，他们只相信现在看到的，认为现在已经做得很好了。而过去的成就只是留下脚印，而不是让你感到自满。如果你想改变，却遇到阻力，别人不相信你，最好的办法就是做给他看！

(1) 不满足于现状

一个民族最危险的是墨守成规，不敢变革；一个人最糟糕的是知足常乐，不求进取。要打造成功的资本，就必须破除知足常乐的旧观念。所谓"知足常乐"，就是满足自己的眼前所得，保持自己的安乐。这种处世态度，并不只是指日常生活不奢求，而是一种保守的生存哲学。

知足者的知足，不论是夜郎自大还是甘居中游，它不仅违背事物发展的规律性，也不符合人自身进步的内在要求。事物是不断变化、发展的，人生也总得有所发现、有所创造，不满足于已有的成绩。总是看到不足，以成绩为起点，向着更高的目标积极进取，就会不断达到新的成就，在日新月异的进步中得到安乐和幸福。生活的经验证明，"乐"不在于"知足"，而在于"不知足"；知足者常忧，不知足者常乐，这才是生存的逻辑。其次，"知足常乐"这种处世哲学背后所追求的快乐，是个人"知足"之乐，这样的知足一

旦得不到，就会产生对生活的不满、妒忌，甚至对人生失望。因为这种追求和满足的只是一个“自我”，如果这个“自我”不能满足，那么仅有的一点得意和快乐就会转化为痛苦。

当然，指出“知足常乐”的生存哲学的狭隘和片面，并不是说任何情况下都不能讲知足。知足还是不知足，要看具体情况。一方面，“知足”也可以使我们今昔对比，更加珍惜今天的进步和幸福，防止因物质享乐欲望的不知足而贪婪和堕落。但是，决不能离开自强、进步谈知足。对于“不知足”也要做具体分析，并不是任何“不知足”都是可取的。那种好高骛远、贪得无厌的不知足，同消极的自私的“知足”一样，也会破坏正常的生活秩序。

（2）不好高骛远

在生活中常有这种情况：有些人胸怀大志，但又有点好高骛远，总爱想入非非，不愿老老实实学习，踏踏实实行动。这样长此以往，便会成为一个空想家，最后啥事儿也干不了。

“宝剑锋从磨砺出，梅花香自苦寒来”。宝剑不经千锤百炼，怎么可能锐不可当；梅花“不经一番彻骨寒，哪得腊梅扑鼻香”。“天将降大任于斯人也，必先苦其心志，劳其筋骨，饿其体肤，空乏其身，行拂乱其所为；所以动心忍性，增益其所不能。”司马迁受宫刑而忍辱负重，终于穷20年之功，写成了“史家绝唱”——《史记》；杜甫一生颠沛流离，但始终以悲悯的心情关注社会，在艺术上精益求精，“两字三年得，一吟双泪流”，才有“诗史”、“诗圣”的美誉。要想成就伟大的事业，就必须付出艰辛的劳动。只怀抱空想、不付诸行动的人，一辈子也不可能干出惊天动地的事业。

好高骛远，脱离实际的人，注定他只能生活在虚幻之中，这种人没有坚实的基础，获得的只有空中楼阁，海市蜃楼，这是人生的悲剧，也是成功的陷阱。

（3）打破传统。

“有志者，事竟成”，这是创造性思考的根本，而传统的观念，比如“知足常乐”则是创造性成功计划的头号敌人。传统的观念会阻碍你的进步，干扰你进一步发展真正需要的创造性的能力。以下是对抗传统观念的方法：

——乐于接受各种创意。要抛弃“不行”、“办不到”、“没有用”等消极思想。

——要有实验精神。废除固定的例行事务，去尝试新的书籍、新的网站以及新的朋友，或是采取和从前不同的上班路线，或过一个与往年不同的假期等。

——主动前进。对每件事都要研究如何改善，对每件事都要订出更高的标准。

3. 办事要比别人先行一步

总是步别人后尘的人是办不了大事的。如此一来，成功永远属于别人，自己得到的只是残羹冷炙。聪明的人不随大流，目光独到，在别人还没“睡醒”之前就已经行动了。

在某一领域的“领袖”，几乎都是起步比较早的人，他们不一定比别人做得好，但是，因为起步早，他们有更多的机会调整错误。

早起的鸟儿有虫吃。卓越的成功者办每一件事时都要比别人早一步，都要比别人更迅速地掌握未来的动态、资讯和走向。“奥迪风波”也许可做这一观点的注脚。

1986 年，中国第一汽车制造厂决定向美国克莱斯勒公司提出合作意向，该公司没有做任何背景调查，便武断地认为中方的合作对象非它莫属，于是在谈判中提出了苛刻的条件和高昂的要价，致使谈判不得不中断。此时西德大众汽车公司董事长哈恩博士正在中国访问，得知这一消息后，便坦诚地表示愿与中国一汽合作。克莱斯勒公司董事长李·亚科卡听到了这个消息后，赶忙向中方表示只要一汽与他们合作，他们只象征性地收取一些技术转让费，可惜为时已晚，一汽已与德国大众签订合约，开始生产备受中国消费者青睐的“奥迪”汽车了。试想，假如当初亚科卡对形势估计得当，并当机立断，那么现在在中国大街上跑的就是克莱斯勒轿车而非“奥迪”了。

成功者都非常积极活跃，在他们心目中也许并没有很多明确的目标，但是他们感觉敏锐，变动得非常快，以行动作为自己的方向，尝试新的途径，接受新的信息，能先于别人下手，所以，经过一番奔波忙碌之后，必然能取得某些有价值的成就。

鬼谷子说："作战的方法贵在控制别人，而不是被人控制。"控制别人就把握了成功，被人控制就抛弃了成功。控制别人，贵在抢占先机。抢先一步容易控制别人，落后一步容易被人控制。项羽也说："先发制人，后发制于人。"要想创大业建大功，就要处心积虑抢占先机而不落于众人之后；就要使人追随我而不是我去追随人。

揭子《兵经百篇·先》中说："用兵作战要使自己先发制人，必须掌握作战的先声、先手、先机、先天。先声，即在声势上首先压倒敌人；先手，就是交战时抢先下手；先机，即把握作战的先行良机；先天，不用争夺而制止了争夺，不用争战而制止了战争，胸中早有了不战而屈人之兵的韬略。先发制人最重要，而在先发制人的各种手段中，又以先天最为重要。"什么事都能先人一手、先人一着就能取胜，等他人追赶的时候，你大步向前，又拉开了彼此的距离，因而你会永远处于领先的位置。要想永远领先，就要处处争先，永远争先。先人一手，先人一着，而不停留在这一手，这一着上，即使他人奋起直追，而你又大步向前，始终保持着原来的距离，你将永远领先。

方圆智慧

办事因时而为，就是要把握时机。说早了没用，说迟了徒然自误；说的场合不佳，效果不大，甚至带来负面影响，这就是"时"的作用。

因地而变

办事没有规律可言。办事者必须把握各种环境的不同而随时调整自己的办事策略，改变办事的手段和技巧。这里说的环境，包括社会环境、地理环境区域、学术环境、人际环境等。办事因地而变，才会成功。

1. 把握社会环境办事

人类社会是在不断发展中前进的。科学技术随着人类的不断发展而提高，而提高了的科学技术又促使人们产生出更高的生活要求以提高生活的质量。所以一个人只有不断地进步才能跟上社会的进步和发展，不可墨守成规而被固定的形式所束缚。

美国娱乐大王沃尔特·迪斯尼就是这样一个独具匠心、不墨守成规的人。他在创造了著名的米老鼠、唐老鸭的卡通形象之后，在头脑中构想出了一个全新的娱乐城。他观察到，来好莱坞观光的人，总带着一种失望的神态离去。很显然，娱乐公园里陈旧的设施、服务人员恶劣的态度、卫生状况不佳的环境，都严重地影响了游客的兴致。

沃尔特计划建一座名为“米老鼠”的娱乐公园，并把这一构思写在了1948年8月31日的日记中：“要在这个公园的外围建造一个小镇，把火车站设在这个小镇上。小镇既要有优美的环境，又要有完备实用的利民设施，还要在火车站的对面盖一座大楼作为政府机构所用。政府机构的侧面是一个消防队，另外还有警察局。当然这些都不是真正的，它主要是供孩子们参观而建立的，但它们在这个小镇上在必要的时候和‘真正的’一样履行他们的职能。”

沃尔特还构想了如电影院、歌剧院、饮食店、玩具店、宠物店、无线电及电视广播室、书店、玩具修理店、音乐商店、儿童服装商店、艺术商品店，以及食品摊位，还有供举行生日宴会的饭店等娱乐场所。

为了挽留游兴未尽的旅客和进一步增加娱乐性，沃尔特还计划在这个小镇附近建造一座“西部村”，这个“西部村”中有专门放映西部电影的场所以及小牧场等很多具有西部色彩的游乐设施。最重要的是“西部村”中必须要有一个“西部博物馆”。

他把这个世界的欢乐和希望充分地展示在了这座乐园之中，所有只在梦想中出现的东西都在这座乐园里变成了现实。

正因为沃尔特亲眼目睹了洛杉矶是怎样从一个阳光明媚的小镇变成了一座烟雾弥漫的城市，正是因为他讨厌这种灰蒙蒙阴暗暗的生活，所以他才萌生了恢复童年清新舒适生活的宏伟计划，并终于建成了一座环境清洁优美，能够启迪创造性、激活智慧的“未来城市”。

沃尔特终因独辟蹊径，不墨守成规的创造性而获得了美国人民的最高赞誉。1964年9月14日美国总统在白宫亲手授予他的勋章上刻着如下颂词：“作为一名艺术家，沃尔特·迪斯尼在娱乐方面，已经创造了一个民间的奇迹。”

2. 把握地理环境办事

公元前203年，韩信指挥汉军攻打齐国都城临淄时，遭到了项羽的部将龙且的抵抗，双方在潍水两岸相持不下。待观察了周围的地形后，韩信决定利用地形战胜对手。第二天，韩信渡过河流进攻龙且，当大军渡过一半时，他又擂响战鼓，撤回大军。龙且见此，以为韩信害怕了，便命令部队渡河追击。当楚军刚走到河中央，韩信急命将士把上游的沙袋扒开。大水顿时轰鸣而下，楚军被淹死大半，韩信趁乱杀死了龙且。至此，楚军大败，韩信攻下临淄，灭了齐国。

天时不如地利。楚汉两军对峙，中间被一条河流阻隔，一方利用河流而取胜，一方反被水淹而大败。河流无声，它能为谁服务，在于它被谁利用。韩信因地制宜，利用了河流的有利条件，打败了楚军。可见，因地制宜的原则十分重要。办事时，我们应充分利用地理优势为己服务。前些年，旅游业刚刚兴起时，有些偏远的城镇盲目开办娱乐场所，因宣传不力，游人稀少，结果经营萧条，入不敷出，这样办事就是没有考虑因地制宜的原则。

皖南山区有座石头山，山上的石头奇形怪状，20世纪80年代，当地村民把它开采下来，送到城里去卖，一家的年收入高达1.8万元。村民心里乐开了花。80年代末，村民们发现，城里人用他们开采的石头垒成假山，售价也很高。于是，这些村民也学着垒假山出售，也赚了不少钱，几年后，家庭年收入翻几番。村民们更乐了，他们同时也明白了靠山吃山，靠水吃水这个道理。随着山上的石头越开采越少，村民们认识到，他们不能轻易盲目地出售山石了，而应该有计划、有步骤地开发家乡资源，如今，山里的人正在利用山石资源积累起来的资金，办起了各种乡镇企业，使整个地区的农民很快走上富裕的道路。

这个例子很简单，但是主人公的做法却值得效仿。地势本无心，山水本无形，你不利用它来为自己办事，它也不会主动为你服务。如果你能很好地利用它，那么它就可以送给你许多财富。

捧着金碗讨饭，住在宝地喊穷，这是典型的不识地利。在办事中提倡因地制宜的思想是很有见地的。

3. 把握特殊环境办事

在现实生活中，时不时就有让人“尴尬”、被人莫名其妙地抛到不知所措境地的时候。倘若你没有思想准备，没有临场应急的经验和措施，你根本就不能从容、洒脱地应付意外的窘境，消除僵局。

一位身着便装的侦察员走进列车上的厕所。冷不丁，一个妙龄艳装的女郎一闪身也跟着挤进厕所，反手将门锁上：“先生，把你的手表和钱包给我。否则，我就喊你侮辱我！”面对这突如其来的场面，侦察员清楚地知道，厕所里没有其他人，辩解是毫无意义的；稍有迟疑，女郎就会反咬一口，立即使自己身败名裂。

陷入困境中的侦察员急中生智，张着嘴巴不停地“啊啊”，好似一个十足的哑巴，表示不懂女郎说的是什么。女郎赶紧打手势，侦察员仍然窘急地“啊啊”着。见此情景，女郎失望了，真倒霉，怎么碰上个哑巴！她转身正想离去，这时，侦察员一把抓住女郎，拿出钢笔，打着手势请她将刚才说的话写在手上。女郎欣然接受，接过钢笔就在侦察员的手上写道：“把你的手表和钱给我。不给，我就喊你侮辱我！”侦察员立即翻转手掌，抓住女郎说：“我是便衣警察，你犯了抢劫罪，这就是铁的证据！”女郎目瞪口呆，乖乖被擒。这位便衣警察就是靠勇敢和机智战胜了犯罪分子。

老诗人严阵和青年作家铁凝访问美国。一次参观一所博物馆，由于正值开馆时间，他们在广场上碰巧遇到美国两位老人在此休息。见他们是中国人，两位美国老人便主动上来交谈，说他们尊敬中国人，其中有一位老人为表达这种崇敬的感情，还热烈地拥抱了铁凝，并亲吻了一下，使铁凝十分尴尬，不知所措。另一人，就像犯错误的小孩一样，呆立在一旁。严阵赶紧走上前去微笑着说：“呵，尊敬的老先生，你刚才吻的不是铁凝，而是中国对吧?”一句话打破了僵局。那老人马上笑答：“对，对！我吻的是铁凝，也是中国！两种成分都有。”尴尬气氛在笑声中消失。

可见，在特殊的场合遇到紧急情况，应尽量以新内容、新话题把它引开，千万不能拘泥一头，执著不放，否则僵持下去，只能导致更为难堪的局面。相反，具体问题具体对待，融原则性与灵活性为一体，事情就好办多了。

方圆智慧

由于人的力量有限，办事时充分利用外在环境、外在条件所提供的优势，则可以取得更大的优势、更大的成功。

>>> 第五章 <<<

方圆管理 ——识人要方，用人要圆

天时不寒冷，无法了解松柏的特性；不通过艰难的事件，无法知道君子的优良品行。

一个有着高深才德而又能淡泊明志的人，可能会遭到那些热衷于名利的人的怀疑；一个言行谨慎而处处检点的真君子，往往会遭到那些邪恶放纵的小人的忌恨。一个有才德的君子，如果处在这种既被猜疑而又遭忌恨的恶劣环境中，显然无法展示出自己的才华。所以，此时用人者、交友者，识人须用心去观照，用气量去容纳，用胆识去启用，其眼光不可不远，其谋略不可不方。

“水至清则无鱼，人至察则无徒”。一条清澈无底的河流，往往不会有任何鱼虾的繁殖，同样，一个人如果太自命清高、孤芳自赏，不但交不到朋友，就连任何事业也很难有所成就，因为任何人都不愿与他来往，使他陷入了孤立无援的状态。

世间任何事情都没有绝对，人也是如此。人不可能个个都是圣贤，也并非个个都是笨蛋。人是地球上最复杂的动物，每个人都有自己的个性，每一种个性都有其优点和弱点，都有能适合他们胜任的岗位。高明的人总能抓住人性的优点，摸透人性的弱点，巧妙地引导和使用。如果能将各种不同个性的人放在各个不同的岗位上，就能发挥出意料不到的作用。俗话说：“士为知己者死，女为悦己者容。”用人要圆，才能使人才各显其能，各尽其用。

第一节　闻声辨思，识人有术

从身体姿势识人

生存状况为阐释人类的姿势提供了良好的实验机会。一个人在某一段时间内可能会同时发生许多动作，亦可能一个接一个地发生。比如：手臂交缠、脚踝交叠以及握起拳头的一连串动作，便是生动的例子。领导作为观察者，可以将自己尽可能置身于被观察者的立场，去体会对方的一举一动。

不同的姿势传达出不同的信息，它能表达积极向上、矜持、庄重、豁达、乐观、自信、尊敬、感兴趣等或与其相反的意思。为了更好地识人，领导在实际工作中应该具有丰富的非语言传播知识，即熟悉身体姿势所包含的内容。掌握这些知识，洞察对方的心理状态，对于开展领导工作将有很大帮助。

1. 站姿

一个人的站姿要显得健康、自信。标准的人体站姿应该是抬头、挺胸、收腹，两腿分开直立，像一棵松树般挺拔。人站立时的标准姿势表现为：抬头，两眼平视前方，嘴唇微闭，面带微笑，下颌微收；放松双肩，稍向下压；挺胸、收腹、立腰；双臂自然下垂于身体两侧，双腿直立，膝和脚后跟要靠紧。人站立时不良的姿态表现为：身体僵直，胸部外凸，板腰；垂肩，脊柱后凸，腹部鼓起；胸部下凹及垂肩，脊柱侧凸。此外，缩头探脑，佝偻双肩，双腿弯曲颤抖等站姿都会给人留下不良印象，无法显示出一个人的朝气及活力。

无论男性还是女性，站立姿势表现出挺、直、高，那他（她）便是具有了基本的美感。就男性来说，站立时身体各主要部位舒展，头不下垂，颈不扭曲，肩不耸，胸不含，背不驼，髋、膝不弯，这样他就做到了“挺”。站立时脊柱与地面保持垂直，在颈、胸、腰等处保持正常的生理弯曲，颈、腰、背后肌群保持一定紧张度，这样他就做到了“直”。站立时身体重心提高，并且重点放在两腿中间，这样他就做到了“高”。就女性来说，站立时头部微低，显示了她的温柔之美；挺胸，不仅使她显得朝气蓬勃，而且让人觉得她是个自信的人；腹部微收，臀部放松后突，表示她很在意女性曲线美。

在社交场所和任何人群集合的地方，人们三个一群两个一伙地站着谈话，其站姿各种各样。相对站立，这是两个人谈话时常采用的姿态，其中包括两种含义：一是亲密友好，一是彼此发生争吵。又有双人八字形站姿，表明欢迎别人加入。还有多人并肩站姿，说明几个人受到同一约束。

站立时，对方手臂的姿势也值得琢磨：手臂下垂时，表示他此刻的心理处于松弛状态，心态比较自然；手臂张开时，表示出欢迎和拥抱的姿态；手臂交叉时，既表现一种防卫心理，又具有一定的掩饰作用。即便是颇有声望的政界要人，或社会名声显赫的人物，在与陌生人打交道时，都会程度不一地采用这种姿势。用手握臂时，表示一种自制。有的人置身陌生人当中，为了掩饰不安的心情和缺乏自信心理，会采取这种姿态。手臂上举时，要么表示胜利，要么表示投降，要么表示敬礼、挥手、招手等特定的含义。

2. **坐姿**

在日常生活中，可以从坐的姿势看一个人，对他坐的位置、坐姿进行标记、分析，可以画出一张人心的“地形图”来。

座位的物理距离。这种距离的大小，可以表示主观上想侵犯对方身体领域的程度，从而能判断出他的一些心理想法，知道他想干什么。例如：一对以身相许或卿卿我我的情侣，即使在很宽阔的沙发里，他们也会靠近对方的身边坐下，这当然并不是没有足够的空间，而是反映了他们如胶似漆的心态。

又如，在大学的教室里，如果有人想积极参与讨论，这些学生大多数会坐在教室前面的位置上，反之，有些学生不常来上课，占用上课的时间出去打工，他们一定会坐在后头的，对于本科目不感兴趣的人，也会选择坐在后面。

座位的方向含义。座位的方向有两方面：一个是坐在对方的正对面或旁边，另一个是坐在背向房间的入口与里面的某处位置。坐在正对面或旁边，其表现的心理状态就不同，面对面坐着有一种距离感，这时，两人之间有一张桌子或什么东西之类的障碍物会感觉比较舒服。而坐在侧旁的时候，就没有如此的限制，大多数人采用亲密的距离并肩而坐，彼此朝着同一个方向，注视相同的对象，在这种情况下，很容易产生某种连带感。而面对面的坐姿，双方都处于可以观察对方的最佳位置上，很容易产生视线冲突，造成对峙的状态。

以深坐与浅坐的姿势来识破对方的心理。人一旦心情轻松，就会深坐在椅子上，同时伸出脚，很悠闲，表示不会立刻站起。心情紧张的人，则会浅坐在椅子上，同时两腿并拢，长期处于打算随时离开座位的状态。深坐的人希望自己居高临下。而浅坐的人，坐在位置上常感不安，无意识中会表现出一种服从对方的心理来。在这种人面前，千万不可显得自己太强大、傲慢，因为他们内心会有反抗。相反，你若表现出对他有一份友好或关心，他一定会在心里喜欢你、愿意与你接近，这为拓展以后的关系奠定了基础。

坐姿会表现出人的深层心理现象。有些人一坐下来就会跷起二郎腿，据说这种人深沉、不服输。不过，这是男人的情况，与女性稍有不同。女人大胆地跷起双腿，表现出她对自己的容貌或衣着服饰相当自信。这样的坐姿，很有把握吸引男人的注意，同时也表示她显示自己的强烈欲望，这种女人自尊心很强，热衷于做老板，她一面很轻松地跟男人来往，一面也不轻易倾心于一个男人。

3. 步态

人们行走的姿态——步态——是千姿百态、变化万端的，比如有消磨时间的散步、无精打采的慢步、大摇大摆的阔步、闲庭自得时的信步、节奏均匀的慢跑、风驰电掣的疾奔、老态龙钟的蹒跚、犹豫不决的徘徊、偷偷摸摸的蹑行、摇摇摆摆的跛行、姿态优雅的滑行、兴高采烈的蹦跳、心焦气躁的急走、故作姿态的扭摆、夸张行进的正步、急促小奔的碎步，等等。这些移动身体的步态，每个人在日常生活中都会用到一些。

每个人具有独特的走路姿势，能使他的熟人一眼认出来，是因为身体的结构而有所不同，但是步法、跨步的大小和姿势，似乎是随着情绪而改变的。假如一个人很快乐，他会走得比较快、脚步也轻快；反之，他的双肩会下垂，走起路来好像穿着铅底的鞋子一般。走路快且双臂自在摆动的人，往往有坚定的目标而准备积极地加以追求；习惯双手半插在口袋中，即使天气暖和时也不例外的人，则喜欢挑战而颇具神秘感，通常他善于扮演“魔鬼的拥护者”的角色，因为他喜欢贬低别人。

一个自满甚至傲慢的人走路时，他的下巴会抬起，手臂夸张地摆动，腿是僵直的，步伐沉重而迟缓，似是有意加深别人对他的印象。一个人在沮丧时，往往拖着步子将两手插入口袋中，很少抬头注意到自己往何处走。一个人在这种心情下，走到井边，说不定会朝里边望一望，借以转移目标，暂时忘记烦恼。走路时双手叉腰的人，看起来像个短跑者，往往他想在最快的时间内跑最短的距离，以达到自己的目标。他突然爆发的精力，常是在他计划下一步决定性的行动时看似沉寂的一段时间内所产生的。

无论站姿、坐姿、步态，形式是多种多样的。领导要注意观察对方的姿态，并能敏捷地解释其含义，明智地采取各种应变措施。

方圆智慧

两个人之间一次近距离接触，语言传播部分还不到35%，而非语言部分，即身体姿势则传递了65%以上的信息。

♨ 手势的妙用

人的行为中，手势也是十分突出的。演讲、教学、谈判、辩论乃至日常交谈，都离不开手势，手势是第二唇舌。

手势是加强说话感染力的一种辅助动作，但决不能代替说话。乱动手有两种情况：一是下意识的举动，如搔首弄姿，拉耳掰手，或甩甩铅笔，摆弄锁链之类，无非是掩饰一下内心的不安；另一种情况，有些人主观上为加强语气而特意采取的手势动作。但若用得不适当，双手无规律地乱摆，手势使用太多，则成为无意义的举动，反成为一个人轻浮或狂妄的表现，在社交上极不得体。手不随意乱动，充分显示稳重、诚实、温雅，则令人敬慕。使用手势并无一定规则，领导识人时只能从内心寻找依据。

以下是几种常见的手势：

仰手。即掌心向上，拇指张开，其余几指微曲。手部抬高表示欢欣赞美、申请祈求；手部放平是乞丐讨饭的动作，表示诚恳地征求意见，取得支持；手部降低表示无可奈何。

覆手。即掌心向下，这是支配的手势，意味着控制和封闭，带有压制的权威性和指挥性。美国总统布什、英国首相布莱尔、古巴领导人卡斯特罗习惯使用这种手势，非常符合各自的身份和地位。

切手。即手掌挺直全部展开，手指并拢，像一把斧子嗖嗖地劈下，表示果断、坚决、快刀斩乱麻等。

啄手。即手指并拢呈簸箕形，指尖向着听众。这种手势具有强烈的针对性、指示性，但也容易形成挑衅性、威胁性，只对相识或与演说者有某种关联时才使用。

剪手。即手切式的一种变异。掌心向下，然后同时向左右分开。这种手势表示强烈的拒绝。

伸指。即指头向上，单伸食指表示专门指某人、某事、某意，或引起听众注意；单伸拇指表示自豪或称赞；数指并伸表示数量、对比等。

包手。即五个手指尖相触，指尖向上，就像一个收紧了开口的钱包。这种手势强调主题和重要观点，在遇到具有探讨性的问题时使用。

推手。即指尖向上、并拢，掌心向外推出。这种手势常表示排除众议，一往无前的手势，显示坚决和力量。

抚身。即用手抚摸自己身体的一部分。双手自抚表示沉思、谦逊、诚恳；以手抚胸表示反躬自问；以手抚头，表示懊恼、回忆等。

握拳。即五指收拢，紧握拳头。这种手势有时表示示威、报复；有时表示激动的感情、坚决的态度、必定要实现的愿望。

手势还有如下特点：

能代笔描绘形象。人们常常用手表示物体的大小、高矮、长短等。戏剧中手势更多，开门、关门、骑马、上车，都可以通过手势表现出来。

能传达强烈的感情。手势可以表示强调，如欢乐时手舞足蹈；愤怒时紧握拳头；懊悔时拍腿顿足；勇敢时拍胸而应；痛苦时捶胸顿足；失望时双手捂脸。有的手势令人远远地感到他的热情和欢喜；有的手势却轻率得像个阿飞；有的手势漫不经心；有的手势使人觉得洋洋自得；有的手势告诉你他非常非常忙，正要赶着办一件紧急的事情；有的手势又告诉你他有要紧的事情要向你谈，请你等一等。

能指示方位或借代事物。问路时，人们常用手指指示方向；在人群中寻找某人时亦用手指点。另外，手势可代替数目，中国人吃酒划拳的手势就是以指代数。

方圆智慧

手势具有独特的作用。优美动人的手势，令人一看心中充满惊喜。柔和温情的手势，令人一看心中就充满感激。坚定果断的手势，好像有千钧之力。

破译身体语言的密码

人类发出的语言信息中无声语言占有较大比值。无声语比有声语内涵更丰富，更具有多变性、多意性和联想性。无声语的符号就像一幅色彩斑斓的图画。人们常说每个男人的心里都有一个林黛玉的形象，每一个女人的心里都有一个哈姆莱特的形象。这就是说，每个人在接触艺术符号的时候，都凭借着自己人生的经验去补充、去完善、去创造。到今天为止，学者们已发现并记录下了200万种非语言的信息。莫拉宾发现一个信息的传达是由7%的语言和38%的声音以及55%的非语言所组成的。戴维斯在《怎样识别形体语言》一文中也得出了相似的结论：信息总效果=7%文字+38%声音+55%面部表情。因此英国学者莫里思认为，“人类从里到外还是‘动物性的生物’——是一种以动作、手势、行动来表达和沟通的灵长类动物。”

1. 眼睛的无声语言

眼睛比嘴巴更会说真话。无论一个人心里正在打什么主意，他的眼神都会立刻忠实地告诉你：我在想些什么。

俗话中骂人常说：“滴溜溜的眼睛，四处转动；贼溜溜的眼睛，东张西望。”滴溜溜的眼睛，贼溜溜的眼睛，是女人和男人最不好的眼语。滴溜溜，表现了女人的轻浮；贼溜溜，表现了男人的狡诈。当一个女人对男人表示好感的时候，她的眼睛会说出嘴上不能说出的话，那就是睁大她充满活力的眼睛。当一个女人表示拒绝的时候，她就会用愤怒的眼神，轻蔑嘲笑的眼神、来表示她嘴上不愿说出的情感。当一个女人从上到下或者从下到上的眼光扫视一个人的时候，表示对对方的轻蔑和审视。

在说话进入正题的时候，当你看到对方灰暗的眼光，就应该想到对方有不顺心的事或发生了什么意外的事情；而当你和对方交谈时，对方的眼睛突然明亮起来，则表示你的话触动了他的心灵和兴趣。对方瞪着你不放，嘴里却不由自主地说："哎，事到如今，听天由命吧！"这种态度表示自己的谎言或罪过即将被揭穿时，不由自主地显示出一种故作镇定的姿态。当某人内心正担忧某件事而无法真正坦白地说出来的时候，他也会有这样的眼语。这种眼语可理解为有自卑感，或对方正想欺骗你。在说话进入正题的时候，对方时而移开目光直视远处，这种情况不是他根本不关心你说什么，就是他正在考虑事情。特别是你决定和她结婚的女性，在你谈到严肃的话题时，她时常把目光移向远处东张西望，可以判断，她内心正在进行着各种打算。

还有，如我们和上司打交道时，对其眼睛的观察，能够洞悉其内心的一切：上司从上往下看人，这是一种优越的表现——好支配人、高傲自负；上司说话时不抬头，不看人，这是一种不良的征兆——轻视下属，认为此人无能；上司久久地盯住下属看——他在等待更多的信息，他对下级的印象尚不完整；上司偶尔往上扫一眼，与下属的目光相遇后又向下看，如果多次这样做，可以肯定上司对这位下属还吃不准；上司友好和坦率地看着下属，或有时对下属眨眨眼，说明下属很有能力、讨他喜欢，甚至工作中出现的错误也可以得到他的原谅；上司的目光锐利，表情不变，似利剑要把下属看穿，这是一种权力、冷漠无情和优越感的显示，同时也在向下属示意：你别想欺骗我，我能看透你的心思；上司向室外凝视着，不时微微点头，这是非常糟糕的信号，它表示上司要下属完全服从他，不管下属们说什么、想什么，他充耳不闻。专家们的研究表明，有较高地位的人比地位低的人目光直接接触要少；而所有的人看地位较自己高的人次数和时间都较多。

2. 眉毛的无声语言

眉毛的功用是保护眼睛，但它还能传递心理行为的信息。人们的心情变化了，眉毛的形状也会跟着改变。眉毛的动作，大致有5种表现：

扬眉。当人的某种冤仇得到伸张时，人们常用“扬眉吐气”一词来形容这时的心情。当眉毛扬起时，会略向外分开，造成眉间皮肤的伸展，使短而垂直的皱纹拉平，同时整个前额的皮肤挤紧向上，造成水平方向的长条皱纹。扬眉这个动作，能扩大视野。但同时也要认识到，一个眉毛高挑的人，正是想逃离庸俗世事的人，通常会认为这是自炫高深的傲慢表现，而称为“高眉毛”。当一个人双眉上扬时，表示非常欣喜或极度惊讶，单眉上扬时，表示对别人所说的话、做的事不理解、有疑问。当我们面临某种恐惧的事件时，可以用皱眉来保护眼睛，也可以用扬眉来扩大视野，两者都对我们有利，但我们只能选择其一。一般的反应是：面临威胁时，牺牲扩大视野的好处，皱眉以保护眼睛；危机减弱时，则会牺牲对眼睛的保护，扬眉以看清周围的环境。

皱眉。皱眉的情形包括防护性和侵略性两种。防护性的皱眉只是保护眼睛免受外来的伤害。但是光皱眉还不行，还需将眼睛下面的面颊往上挤，眼睛仍睁开注意外界动静。这种上下挤压的形式，是面临外界攻击、突遇强光照射、强烈情绪反应时典型的退避反应。至于侵略性的皱眉，其基点仍是出于防御，是担心自己侵略性的情绪会激起对方的反击，与自卫有关。真正侵略性眼光应该是瞪眼直视、毫不皱眉的。最常见的皱眉，常被理解为厌烦、反感、不同意等情形。

耸眉。耸眉指眉毛先扬起，停留片刻，然后再下降。耸眉与眉毛闪动的区别就在那片刻的停留。耸眉还经常伴随着嘴角迅速而短暂地往下一撇，脸的其他部位没有任何动作。耸眉所牵动的嘴形是忧伤的，有时它表示的是一种不愉快的惊奇，有时它表示的是一种无可奈何的样子，此外，人们在热烈地谈话时，会做一些小动作来强调他所说的话，当他讲到重要处时，也会不断地耸眉。

斜挑。斜挑是两条眉毛中的一条降低，一条向上扬起，这种无声语言，较多在成年男子脸上看到。眉毛斜挑所传达的信息介于扬眉与皱眉之间，半边脸显得激越，半边脸显得恐惧。扬起的那条眉毛就像提出了一个问号，反映了眉毛斜挑者那种怀疑的心理。

闪动。眉毛闪动，是指眉毛先上扬，然后在瞬间再下降，像流星划过天际，动作敏捷。眉毛闪动的动作，是全世界人类通用的表示欢迎的信号，是一种友善的行为。当两位久别重逢的老朋友相见的一刹那会出现这种动作，而且会伴随着扬头和微笑。但是在握手、亲吻和拥抱等密切接触的时候很少出现。眉毛闪动除了作为欢迎的信号外，如果出现在对话里，则表示加强语气。每当说话者要强调某一个词语时，眉毛就会很自然地扬起并瞬即落下。

3. 嘴巴的无声语言

嘴巴本身就是传递有声语言的器官，但它同时也传递一种无声语言。为什么呢？因为嘴是人身上最忙碌的部位——笑、哭、咬、舔、接吻、吃饭、吸吮、品尝、咀嚼、吞咽、咳嗽、说话、吼叫、抽烟，等等。人的生存需要通过嘴巴输送粮食，交流需要嘴巴说话。同时，嘴巴也是脸上最富于表情的部位——张开闭合、向前向后、向上向下、抿紧放松，这 4 种基本方式可以组成五彩缤纷的嘴部动作。

人的嘴巴一举一动能够鲜明地表现人的态度来。一个人口唇部分的变化，主要有几种情况：张开嘴而合不上，是个意志软弱的人；口齿伶俐，吐词清楚的人有一副好口才；人的嘴唇往前空撅的时候，可能是防卫心理的表示；人在注意听说话时，嘴唇两端会呈现稍稍拉向后方的状态；嘴角上翘，这种人豁达、随和，比较好说话，易于说服；下巴缩起的人，干活仔细，疑心病很重，容易封闭自己，不易相信他人；下巴高抬的人，性格骄傲，优越感、自尊心强，目光望向你时，常带否定性的眼光或敌意；说话或听话时咬嘴唇，对方在自我谴责，自我解嘲，甚至自我反省；口齿不清，说话迟钝，但意气坚定，见解不凡，此人必定才能出众；说话时以手掩口，其人性格较内向，保守，不敢过多暴露自己，还有一种情形，表示对方存有戒心，或者在做某种自我掩饰；关键时将嘴抿成“一”字形的人，其性格坚强，交给他的任务他一定能完成，不管付出多大代价。

4. **鼻子的无声语言**

在谈话中对方的鼻子稍微胀大时，多半表示得意或不满，或情感有所抑制。鼻头冒出汗珠时，表示对方心理焦躁或紧张；如果对方是重要的交易对手时，必然是急于达成协议。鼻子的形状像鹰嘴，尖向下垂成钩状，阴险凶暴，鹰鼻而眼深者生性贪婪不知足。鼻子的颜色整个泛白，显示对方的心情一定畏缩不前。鼻孔朝着对方，表示藐视对方，轻视别人。鼻子坚挺的人性格坚强，决定的事情一定要做到。摸着鼻子沉思，说明对方正在思考方法，希望有个权宜之计解决眼前的问题。

有位研究身体语言的学者，为了弄清这个"鼻子"的"表情"问题，专门作了一次观察"鼻语"的旅行。他在车站观察，在码头观察，到机场观察。他旅行了一个星期，观察了一个星期。由此得出两点结论：第一，旅途是身体语言最丰富的表现区域。因为各种地区、各种年龄、各种性别、各种性格的人汇集在一起，而且都是陌生人，语言交流很少，但心理活动又很多，所以，大量的心态都流露于身体语言。他说："旅途是身体语言的试验室。"第二，人的鼻子是会动的，鼻子是有无声语言的器官。他说，根据他的观察，在有刺激时，鼻孔有明显的伸缩动作，这些"动作"，都是在发射信息。此外，据他观察，凡是高鼻梁的人，多少都有某种优越感，表现出"挺着鼻梁"的傲慢态度。关于这一点，有些影视界的女明星表现得最为明显。他说，在旅途中，与这类"挺着鼻梁"的人打交道，比跟低鼻梁的人打交道要难一些。

5. **头部的无声语言**

领导看人，往往第一眼接触到的就是对方的头部。头部略微上抬的男性，显得有精神和力量。头部略低，平视前方的女人，显得温柔文雅。头部的姿态也有许多含义，例如点头表示赞同或允许；抬头表示感兴趣或有意投入；摇头表示否定或怀疑；垂头则表示厌倦或精神萎靡；头上仰表示惊讶或与远处的人打招呼；交头接耳表示心不在焉；摇头晃脑表示自我陶醉；昂首侧目表示刚毅不屈；等等。

6. **肩部的无声语言**

肩部的动作可以表达攻击、威严、安心、胆怯、防卫等意思。美国的身体语言研究学者鲁温博士分析说，向后缩的肩膀表示因积压的不平、不满而引起的愤怒；耸肩表示不安、恐怖；使劲张开两手的肩膀代表责任感的强烈；向前挺出的肩膀代表责任重大引起的精神负担等。然而不论情况怎样，肩部均可特别视为象征男性尊严的部位。

除了男性以外，女性柔滑、狭小的肩膀属于女性娇媚的表现。第二次世界大战结束后，提倡男女平等时，曾经一度流行在妇女服装加入垫肩的“美国式时髦”。但是，那也只是主张男女平等的“坚强女性”最为崇拜的时尚。后来取而代之的是强调“女人味”的“法国式时髦”。这种演变的出现，是因为女性们感到柔滑狭小的肩膀更能展示自己的形态美。就像男人需要宽厚的肩膀显示威武一样，女人也要用她们的肩膀呈现娇柔。

7. **脚部的无声语言**

观察脚部的动作，可以知人心绪。在谈判时，当对方身体坐在椅子前端，脚尖踮起，呈现一种殷切的姿态，这是愿意合作，是积极情绪的表示。这时善加利用，双方就可能达成双赢的协议。说话时，身体挺直，两腿交叉翘起，这一姿势表示怀疑与防范。所以，在谈判推销商品或个人交往中，要注意那些“架二郎腿”的人。如对方坐在椅子上两只脚踝相互交叠，应注意此人是不是正在克制自己。因为人们在克制强烈情绪时，会情不自禁地脚踝紧紧交叠，交易场上或其他社交场合中，当一个人处在紧张、惶恐的情况下会做出这种姿态。领导对那些坐在椅子上跷起一只脚来架在椅臂上的人要引起警惕，因为这种人缺乏合作的诚意，对别人的需求毫不在乎，甚至还会带有一定的敌意。

方圆智慧

身体语言是一种无声语言，它是比有声语言更能表现一个人的情感和个性欲望的语言。美国心理学家爱德华·柯尔在他的《无声语言》一书中说：

"无声语言所显示的意义要比有声语言多得多，而且深刻得多。"

♨ 习惯动作流露出个性色彩

一个人的所思所想和性格特征都能在举手投足、点头微笑中暴露无遗，经验丰富的识人高手从一举一动中就能识别人心。下面这些习惯动作是识人高手长期观察的识人成果。

1. 手插裤兜者

双脚自然站立，双手插在裤兜里，时不时取出来又插进去，这种人的性格比较谨小慎微，凡事三思而后行。在工作中他们最缺乏灵活性。他们对突如其来的失败或打击心理承受能力差，在逆境中更多的是垂头丧气，怨天尤人。

2. 双手后背者

两脚并拢或自然站立，双手背在背后，这种人大多在感情上比较急躁，但他与人交往时，关系处得比较融洽，其中可能较大的原因是他们很少对别人说"不"。当过兵的人对双手后背这种习惯动作很熟悉。尽管部队规定在正式场合不许袖手和背手，但还是可以看到在非正式场合一群新兵聊天的时候，突然老兵班长来了，其往往就是背握着手，昂起下巴，在新兵中走来走去。把老班长这种动作换成语言来表示，就等于他在说："我是老兵，我是班长，你们得听我的。"这是相当自信的姿势。

3. 经常摇头者

经常"摇头"或"点头"以示自己对某件事情看法的肯定或否定。他们在社交场合很会表现自己，却时常遭到别人的厌恶，引起别人的不愉快。但是，经常摇头或点头的人，自我意识强烈，工作积极，看准了一件事情就会努力去做，不达目的誓不罢休。

4. 吐烟圈者

这种人突出的特点是与别人谈话时，总是目不转睛地看着对方，支配欲望强，不喜欢受约束，为人比较慷慨，哥们儿义气重，因此他们周围总是包围着一群相干和不相干的人。吐烟圈是朝上吐还是朝下吐，还能看出此人对某个状况是积极的还是消极的态度。一个积极、自信的人多半会把烟向上吐。相反，消极、多疑的人多半会朝下吐烟。若是朝下吐，而且是由嘴角吐烟时，表示出此人非常消极或诡秘。

5. 拍打头部者

拍打头部这个动作多数时候的意义是表示对某件事情突然有了新的认识，如果说刚才还陷入困境，现在则走出了迷雾，找到了处理事情的办法。拍打的部位如果是后脑勺表明这种人敬业，拍打脑部只是为了放松一下自己。时常拍打前额的人是个直肠子，有什么说什么，不怕得罪人。

6. 拍打掌心者

有的人与人谈话时，只要动嘴，一定会有一个手部动作，比如相互拍打掌心、摊开双手、摆动手指等，表示对他说话内容的强调。这种人做事果断、雷厉风行、自信心强，习惯于把自己在任何场合都塑造成“领袖”人物，性格大都属于外向型，很有一种男子汉的气派。

7. 言行不一者

当你给某人递烟或其他食物时，他嘴里说“不用”、“不要”，但手却伸过来接了，显得很客气的样子。这种人比较聪明，爱好广泛，处事圆滑、老练，不轻易得罪别人。

8. 触摸头发者

这种人个性突出，性格鲜明，爱憎分明，尤其疾恶如仇。他们经常做一些冒险的事情，喜欢挤眉弄眼，爱拿人当调侃对象。这些人当中有的缺乏内涵修养，但特别会处理人际关系，处事大方并善于捕捉机会。

9. 抖动腿脚者

喜欢用腿或脚尖使整个腿部颤动，有时候还用脚尖磕打脚尖或者以脚掌拍打地面，这种人很能自我欣赏，性格较保守，很少考虑别人。然而当朋友有困难时，他会经常给朋友提出一些意想不到的好的建议。

10. 手摸颈后者

当一个人习惯用手摸颈后时，是出现了恼恨或懊悔等负面情绪。这个姿势称为“防卫式的攻击姿态”。在遇到危险时，人们常常不由自主地用手护住脑后，但在防卫式的攻击姿势中，他们的防卫是伪装，手没有放到脑后，而是放到了颈后。女人伸手向后，撩起头发，来掩饰自己的恼恨情绪，并装作毫不在意的样子。

11. 摊开双手者

大部分的人要表示真诚与公开的一个姿势，便是摊开双手。意大利人毫无约束地使用这种姿势，当他们受挫时，便将摊开的手放在胸前，做出“你要我怎么办”的姿态。当做的事情出现了坏的迹象，别人提出来，那么摊开双手，表示他自己也没有办法解决，无可奈何。摊开双手，手掌朝上，有时耸肩的姿态也会随之而来。演员常常用到这个姿势，显示出角色的开放个性。

12. 解开外衣纽扣者

这种人的内心真诚友善，他在陌生人面前表达这种思想时，最直接的动作便是解开外衣的纽扣，甚至脱掉外衣。在一个商业谈判会议上，当谈判对手开始脱掉外套，领导便可以知道双方正在谈论的某种协定有达成的可能；不管气温多么高，当一个商人觉得问题尚未解决，或尚未达成协议时，他是不会脱掉外套的。那些一会儿解开纽扣，一会儿又系上纽扣的人，做人较优柔寡断，意志不坚定，犹豫不决。

13. 拍案击节者

这有两种情形。一种情形是，谈话时，一个人以手在桌上叩击出单调的节奏，或者用笔杆敲打桌面，同时脚跟在地板上打拍子，或抖动脚，或用脚尖轻拍，这种节奏并不中途停止，而是不断地嗒嗒作响，这些都是在告诉你他已经对你所讲的话感到厌烦了。另外一种情形是，一个人在看书、读报、看电视，尤其是看球赛之类突然拍案击节，表示他对故事情节或运动员的某个动作表示赞赏。这种人性格乐观，对烦恼不记挂于心。

14. 双手叉腰者

这种人希望在最短的时间内经过最短的距离以达到自己的目标，他突然爆发的精力常是在他计划下一步决定性的行动时，看似沉寂的一段时间内所产生的。这个姿势，就像他用V字代表胜利的符号一样，成为他的特征。不飞则已，一飞冲天；不鸣则已，一鸣惊人，就是这个意思。

方圆智慧

心理学家莱恩说："人们日常做出的各种习惯行为实际反映了客观情况与他们的性格间的一种特殊的对应变化关系。"这大概能为领导从日常习惯行为认识人才提供必要的理论根据。

假动作需要留意观察

假动作多见于说谎者。在求人与被求者面对面时，被求者有时为了表示拒绝，可能编个谎话来搪塞。当然，求人者并不知道他在说谎，除非谎言当场被揭穿。然而这种情况很少见，大多数人是在事后才知道。除非被求者惯于说谎，让人信以为真，否则总有一些动作或手势显现出他（她）刚才说了谎话，只是被求者没有留意观察而已。

通常的假动作有：

1. 掩嘴

这是一种明显未成熟、还带孩子气的动作。用拇指触在面颊上，将手遮住嘴的部位称作掩嘴。也许说谎者大脑潜意识中他不想说那些骗人的话，而导致了掩嘴这一动作。也有人假装咳嗽来掩饰其捂嘴的动作，分散自己的注意力。如果一个同你谈话的人常伴有掩嘴的手势，也许他正在说谎话。可当你讲话时，听者掩着嘴，也许说明听者觉察到你在说的话令他不满意。有时，这种掩嘴的动作可能会出现不同的形式：用指尖轻轻触摸一下嘴唇；将手握成拳状，将嘴遮住。

2. 触摸鼻子

有时，当一个人说谎后，会有一种不好的想法进入大脑，于是会下意识地指示手指去遮捂嘴，但是，到了最后的关头，又害怕别人看出他在说谎，因此，只是很快地在鼻子上摸一下，马上就把手放下来。当一个人不是在说谎，那么，他触摸鼻子时，一般要用手在鼻子上摩擦一会儿，或搔抓一下，而不是只轻轻触摸一下。

3. 摩擦眼睛

有些人在说谎时，会去摩擦眼睛以避免与人的目光接触。从男人来讲，摩擦眼睛较用力，如果是说大谎时，他会转移视线，如用眼睛看着地板。摩擦眼睛的女人，都是在眼的下方轻轻地揉。这样做一是为了避免动作粗鲁，二是怕弄坏了自己的化妆。为了避开对方注视，她们常常眼看天花板。

4. 拉衣领

有时，当一个人说谎时，会引起敏感的面部和颈部组织的刺痛感，因而就必须用手来揉或搔抓。说谎的人感到对方怀疑他时，脖子似乎都会冒汗，这时他会下意识地拉一拉衣领。

5. 搓耳朵

有时，这种手势暗示着听者没有听出谎言。搓耳朵的变化形式还包括拉耳朵，这种手势是小孩子双手掩耳动作在成人动作中的一种重现。搓耳的说谎者还会用手拉耳垂或整个耳朵朝前弯曲在耳孔上，后一种手势也是听者表示厌烦的标志。

6. 挠脖子

有时，说谎者讲话时用写字的那只手的食指挠耳垂下方部位。有趣的是这种手势要挠上 5 次左右。

一个说谎者，除了以上几种表现外，还有其他一些表现，如：平时沉默寡言，突然变得口若悬河，不自觉地流露出惊慌的神态，但仍故作镇定；言词模棱两可，音调较高，似是而非；答非所问，或夸大其词；故意闪烁其词，口误较多；对你所怀疑的问题，过多地一味辩解，并装出很诚实的样子；精神恍惚不定，座位距你较远，目光与你接触较少，强作笑脸；对于你的讲话，点头同意的次数较少，如此等等。

方圆智慧

辨认对方的假动作是一项非常重要的技巧，领导者掌握这一技巧，有助于识破对方的谎言。

从谈论的话题洞悉对方

客观地说，谈话的种类千奇百怪，如果要想知道对方的性格和气质，最容易着手的办法，就是观察话题与说话音本身的相关情况。

比如，他们谈话的内容不仅以自己本身的话题为主，也会涉及其家庭、工作以及与家庭有关的事情，常常在话题里出现的人物往往就是自己的身边人。

在交往的谈话中，女人们喜欢谈论别人的风流事以及自己丈夫的一些脾性，这种情况通常表明她们关心对方到了相当强烈的程度，甚至把这个男人当成是自己的化身，她们谈论这个男性的各种情况就像谈论她们自身一样。

1. 倾听谈话

以这种谈话方式出现的人，其表现是支配者的形象。这种人物的谈话从不涉及自己的事，或有关自己身边的人，他们的话题反而是涉及别人的一些琐事，或对方的隐事秘闻，甚至对对方的一举一动或每条花边新闻都捏着不放手，这是完全地侵犯别人的隐私。

像这样的倾听者，非常喜欢把话题的重点放在跟自己完全无关的人身上，这说明此人的内心是一种起支配的欲望。

也说明此人很难结交真正的知心朋友。只要关于别人的私事，即使对方跟他并不熟悉，也非常热衷于去谈论他们，这也表示内心的孤独和空虚。

从男女关系的角度来看，则表示你很关心对方，或者极度爱慕对方，是个忠诚的倾听者。

2. 不满的谈话

被压抑在内心深处的意愿，是非常之多的，一般会采用发牢骚或埋怨的方式表示出来。我们从这些埋怨的话题里，能够探究有关欲求不满的实质。

例如，在你发牢骚和抱怨的话题里，不少是关于上司的问题，从表面上看，你是对自己的顶头上司非常不满。其实，却是因为你的内心有一股极想出人头地的欲望，就好像火焰一样在热烈地燃烧着。无奈，自己偏偏没有这份才干，得不到上司的提拔。于是，就找出一套自欺欺人的逻辑，同时，为了使自己的心里能够接受这一套道理，便不得不责备上司的无能和嫉贤妒才，使自己的观点合理化。朋友和同事们很难接受这种抱怨，甚至反感这种怨天尤人的做法。

3. 怀旧的话题

在和别人谈话时，爱把话题引到自己的身上，吹嘘自己当年如何奋斗的经历，从某方面来分析，是不想直接表现出怨言和欲求不满的意思——没有采用愤愤不平的表达方式，相反地，却是以自吹自擂的方式表达出来。这可能你的升级途径遭受阻碍，或者无法适应目前所处的环境。所以你希望忘却现实，喜欢追忆往事来弥补现在的境遇。

但从你的话题里，别人仍会发现潜藏在你内心深处的一股无可救药的欲求和不满的情结。

4. **自我中心的话题**

分析一个人的内在表现时，他的潜在欲望不但隐藏在话题里，也存在于话题的展开方式上。在聚会上，大家彼此正在交谈时，突然有人竟然不顾别人的谈话，而突然插进毫不相干的话题，这是相当令人讨厌的一种转移话题的方式。

你是不是这种心血来潮的人？在和别人谈话时，经常把话题扯得很离谱，或者不断变换话题，让别人觉得你很莫名其妙。这表明你的支配欲和自我表现欲都特别强，根本不把对方看在眼里，而完全摆出我行我素的样子，觉得大家都得听从你的主张。

或许你是个行政长官或者一个公司的主管，你这样做的目的，不外乎是担心主导权落入别人之手，喜欢占据优势。

倘若你是个普通人，总谈些没有头绪的话题，或者不断改变话题，东拉西扯，给别人留下支离破碎的印象，这说明你是个缺乏理论性思考的人。

当然一个优秀的谈话者，是很少谈及自己的东西的，而是将对方引出来的话题进行分析、整理，不断地从对方身上汲取许多知识和情报。在一些情况下，有的人将全部注意力放在倾听对方的谈话上，从性格上讲，这一类型的人很能理解别人的心思，而且具有宽容的精神。

5. **爱用“我”的谈话**

语言可以表示一个人的教养，同时，语言对于一个人的性格形成也有重大的影响。语言的表达可以代表一个人的社会地位、阶层以及所处的地理环境，同时也能代表一个人所受的教育程度。当然，语言是自我表现的一种手段，而且在不知不觉中也能反映一个人的各种曲折的深层心理。

人们在谈话中首先就要使用人称用语，这是自我称呼的代名词。这个词不仅可以反映出说话者的意识，而且也能表征出各式各样有关性格的情况。例如我们在电视或报纸上常常看见大人物们的谈话，他们在每句话里不断用“我”这个字。我们可以从对这个字的使用发掘出说话者的真实个性。

当你平时与人交谈时，在使用第一人称时，是用单数还是复数呢？凡是爱用第一人称单数“我”的人，表示独立性或主体性极强，自信心一定很强，自我欲望也比较重。而喜欢使用复数代名词“我们”的人，大部分是没有个性的集团埋没型，或者属于附和雷同型。如果一些人在谈话时，开口闭口喜欢说：“我们……”这类的开场白，他们的心理状态就跟上述情况相符。

6. 爱用典故的谈话

喜欢使用名人的用语和典故的人，大部分都属于权威主义者。

使用借用语，不但是使用别人的语言来表达自己的意思，而且还透露一种超越自己以上的东西，一种自我扩张的表现欲。目的是为了加强说话的分量，同时表示自己见多识广，来抬高身份和扩大自己的影响。

喜欢借用名人的语句或典故，是狐假虎威式的权威主义，说明此人很憧憬权威，结果就养成了喜欢使用典故或借用语。如果一位女性常常借用母亲的话，来表示自己的意思。例如“妈妈说他是一位好人。”这无非是借重母亲的威望，来表达自己的观点。

不过如果过分借用母亲的话语，那也表示此人跟母亲是同一层次上的人，表明依赖心还太重。总的来说，这种人在精神上一直是处在母亲的怀抱里，给人一种乳臭未干的模样，至少可以说明在精神上还很幼稚。

7. 使用恭敬语谈话

一个人在社会生活中能处事得体，恭敬语一直担任着非常重要的作用。当然，如果故意使用不自然的恭敬语，表示在心理上有某种不平衡。

在一些无关紧要或熟悉的人际关系中，一般没必要使用恭敬语句。不过，当和你关系很亲密的人碰见你时突然用恭敬的语句，那么就不得不小心着点。比如你的配偶和你谈话时，突然使用亲切的措辞时，那么你就应当知道他的状态和平时不同。如果一位友人，突然对你表现得特别恭敬，那就可能和你的距离越来越远，甚至可能含有轻蔑与嫉妒的动机存在。一般来说，如果一个人过分使用恭敬语言，那么就表明有激烈的嫉妒、敌意、轻蔑和警戒心理。

恭敬语仅仅是礼貌用语，它会常常在无意识中拉开自己与他人之间的距离。从现实的观点来看，如果你听到对方不断地向自己说出毕恭毕敬的话，那么，你就要小心提防他的用意。

还应该注意的另一点是，当有人故意使用谦逊与客气的言语与你交谈，其实，他是企图利用这种方式和态度闯进你的心里，从而突破你的戒备防线，其真实动机在于企图控制你，以实现居高临下的欲望。

方圆智慧

我们可以通过一个话题，探索到对方的深层心理，其方式有两种：一是根据话题内容来推测对方的心理秘密；二是根据谈话展开方式洞察对方的深层心理，以了解此人的个性特征。

闻声辨思

生理学认为，声音中上佳者，应是始发于“丹田”的。丹田，在人身脐下三寸处（古之道家有上丹田、中丹田、下丹田之说，这属其一）。发于丹田的声音深雄厚重、韵致远响，是肾水充沛的表现。肾水充沛，身体自然健康，能胜福贵。同时，丹田之气充沛，丹田之声洪亮悦耳，易引起共鸣效果，给人舒服浑厚的感觉。那种发于喉头，止于舌齿之间的根基浅薄的声音，声气不足，给人虚弱衰颓之感觉，为肾水不足的表现。

《礼记》中曾谈到内心与声音的关系曰：“凡音之起，由人心生也。人心之动，物使之然也。感到物而动，故形于声。声相应，故生变。”对于一种事物由感而生，必然表现在声音上。因为人外在的声音随着内心世界变化而变化，所以：一个人如果内心平静，声音就会舒缓和顺；如果内心清顺畅达，声音就会清亮和畅；如果内心渐趋兴盛，声音就会偏激热烈。

有关闻声辨思这方面知识，《逸周书·视听篇》有四点内容可供参考：第一，内心伪善的人，说话声音紧张结结巴巴，这是心虚的表现；第二，内心诚信的人，说话声音清脆而且节奏分明，这是坦然的表现；第三，内心卑鄙乖张的人，心怀鬼胎，因此声音阴阳怪气，非常刺耳；第四，内心宽宏柔和的人，说话声音温柔和缓，如细水长流，不紧不慢。

不同的声音会给人不同的感受，经过心理学的调查，大致形成这样几种类型：第一，声低而粗。这类人生活在现实里，性格成熟潇洒，较有适应力。第二，声音洪亮。表示此人精力充沛，具有艺术家气质，有荣誉感、有品位、有热情。第三，讲话的速度快。代表此人朝气蓬勃，活力十足，性格外向。第四，外带语尾音。这种类型的人，精神高昂，有些女性化倾向，具备艺术家气质。

以上这四种类型的声音，不论在交易或在说服的工作上，都具有较为正面的作用。同样的，也会有产生负面作用的声音：第一，鼻音。大部分人都不喜欢这种声音。第二，语音平板。较男性化，较沉默、内向、冷漠。第三，使人产生紧张压迫的声音。这类人很自傲，喜欢用武力解决事情。

好的声音和谈话技巧能提高说服力。那些说话音粗而低，说话速度快，尾音明亮的人能给听众一种“这人值得信任，积极、潇洒、有领导才能”的印象。

方圆智慧

人的声音，和天地之间的气一样，有清和浊之分，清者轻而上浮，浊者重而下沉。

♨ 从声气中认识人

人类的声音包含各种要素，声调是很重要的要素之一，大的声音，同时也具有权力。发出很大的声音，可以让别人沉默下来。然而，小的声音有时候更能发挥效果，这是因为人们会注意去听。当然，声大声小在姿势辅助下效果会更好。

发声法对音质有很大的影响。若以鼻子产生共鸣，声音像是如泣如诉，也会给人傲慢的印象。但是，如果是以胸腔来产生共鸣的话，发声法亦随之改变，变得丰富、强力，响度也够。

讲话的速度也影响到会话。说话速度太快的人，一方面容易给人好像有某种急事、戏剧性的事件或热心投入的印象；另一方面会让对方感觉焦躁、混乱以及些许的粗鲁。说话缓慢的人，虽然给人深思熟虑、诚实的印象，但太慢也会变成犹豫不决或漫不经心，甚至还会呈现消极性的含义。

无论是在战场上、商场上，还是别的什么“场”上，领导从声气识人，也是很重要的。

1. 和声细气者

人们在请求、询问、安慰、陈述意见时常和声细气。它可以弘扬男性的文雅大度和女性的阴柔之美。尤其是在抒发情感时，和声细气的运用，更具有一种迷人的魅力。由于语音学中音素、音位的原理和人们说话时用声用气的心理状态及规律的不同，和声细气会让声和气宛如柔和的月光与涓涓的细流，由人的心底流出，轻松自然，和蔼亲切，不紧不慢，能给听者以舒适、安逸、细腻、亲密、友好、温馨的感觉。和声细气地说话的男人，为人必定厚道、宽容、襟怀开阔；和声细气地说话的女人，为人必定温柔、善良、善解人意。

2. 轻声小气者

轻声小气表现说话者的尊敬、谦恭、谨慎和文雅。在和别人交谈时，可以缩短人与人之间的感情距离，密切双方之间的关系。有时，它还能避免一些可能会招致的麻烦。但若用它来公开坚持意见、反驳别人、维护正义和尊严或表示强调则是不可取的。

3. 高声大气者

高声大气是人们用来召唤、鼓动、说理、强调和表达自己激动心情的声和气。它可以表现说话者的激情和粗犷豪放的性格。它通常用来表示极度的欢喜或慷慨激昂的情绪。张飞是《三国演义》中群众最喜爱的人物之一。他以粗豪、勇猛、爽直和坚贞的品质深深地吸引着读者。这个人物说话声音响如洪钟，具有浓烈的草莽英雄气质。在长坂桥一役，曹操率众军追赶张飞。张飞立马桥头，圆睁环眼，厉声大喝："我乃燕人张翼德也，谁敢与我决一死战！"吼声如雷，将曹军部将夏侯杰惊得肝胆碎裂，倒跌于马下，曹操回马而走。这段有声有色的传奇故事，凸现了张飞粗犷的草莽英雄气质。

4. 唉声叹气者

这种人心理承受能力弱，自信心不强，缺乏勇气，一旦遭到失败便灰心丧气，沮丧颓唐，乃至一蹶不振。《孔子家语》中记载了这样一段轶事。孔子去齐国的途中听到一阵十分悲哀的哭声，便对弟子们说："这个哭声虽然很悲伤，但不是悼念死人的哀声。"孔子随后迅速向前走，遇到了那个哀哭的人。孔子下车询问他的名字，知道他叫丘吾子，孔子问道："这里不是悲哀的地方，你为什么哭得这么悲伤呢?"丘吾子长叹一声，回答说："我一生有三大过错，至今年老才深深觉悟到，但追悔莫及，因此痛哭。"孔子不明白其话中的意思，便一再追问，丘吾子说："我少年时代爱好学习，周游天下，等回来时我的父母都死了，作为一个儿子竟不能为父母养老送终，这是第一大过失。我做齐国臣子多年，齐君现在奢侈骄横，我多次劝谏都不被采纳，这是第二大过失。我生平交友无数，不料到后来都绝交了，这是第三大过失。树欲静而风不止，子欲养而亲不在。去而不回的，是时间；不能再见到的，是父母。我是个大失败者，还有什么脸面活在这个世上？”说完，丘吾子便投水而死。人到了这种悲伤而自杀的地步，其哀情可想而知。而孔子从声气识别出丘吾子的哭声不是为了死者，而是有其他的原因，足见孔子识人之能。

方圆智慧

声来自发音器官的启动，可以在发音器官启动的时候听到；音来自发音器官的闭合，可以在发音器官闭合的时候听到。辨别声气的方法，最重要的是辨别人抒发喜怒哀乐之情时声的情状。

♨ 从音色中辨别人

《人体科学》杂志上说，人的声音是气流通过声带振动时发出的声波。人体对声波的感觉并不是没有限度的，人的听觉器官所能感受到的是频率2000赫兹到20赫兹之间的声波，低于20赫兹和高于2000赫兹的声波人是无法感受到的。

人的声音具有浓厚的感情色彩，能引起人复杂的心理效应。声音的强弱、快慢、高低、纯浊，都能显示出异常复杂的情感。《灵山秘叶》中有这么几句话：“察其声气，而测其度；视其声华，而别其质；听其声势，而观其力；考其声情，而推其征。”其中的声气，略同于声学中的音量，通过声气粗细，察看人的气度；声势相当于声学中的音长，声势壮者，声力必大；声华相当于声学中的音质音色，“声华”质美，则其人性善品高；“声情”相当于带感情的声音。人有喜怒哀乐七情，在语音中必然有所表现，即“如泣如诉，如怨如慕”。因此，由音能辨人之“征”。人的喜怒哀乐，必在音色中表现出来，即使人为极力掩饰和控制，但都会不由自主地有所流露。因此，通过这种方式来观察人的内心世界，是比较可行的方法。

1. 凝重深沉者

这种人才高八斗、言辞隽永，对人情事理理解得深刻而准确，对社会、对他人较负责任，有一定的可靠性。但由于人情事理的复杂性，使这种人能力得不到重用，抱负无法施展，如先秦时期的屈原。

2. 锋锐严厉者

这种人言辞锋锐，爱好争辩。谈话时他一旦逮住对方语言的漏洞就会不留情地反击，让对方无话可说。这种人看问题一针见血，眼光犀利，但由于急于找到并攻击对方的弱点，从而易忽略从总体上把握问题的关键，陷入舍本逐末、顶牛抬杠的处境而不能自拔。

3. 刚毅坚强者

这种人办事坚持原则，公正无私，是非分明，但是因原则性太强而显得不善变通，让人没有商量的余地。不过，他还是因为肯主持公道而得到了别人的尊敬。这种人在评判他人的价值时，不因个人恩怨而产生偏见，能做到公正无私，扬善除恶，光明磊落，实事求是，主持正义，扬善除恶。

4. 圆通和缓者

这种人为人宽厚仁慈，性格宏度优雅，具有圆通性，对新生事物持公正包容的态度。在语言上圆通能使一个人在交往时显得温和可爱，具有柔和的言辞和态度，不喜欢进行争论，怕伤了和气。拥有这种才能的人，总是"入乡随俗"，不在别人面前大露棱角，举止、言语无不八面玲珑。这种人可以从事任何职业，因为搞好人际关系是成功的必要条件之一，尤其是外交官，若不会交际与圆通，必然不胜其任。

5. 温顺平畅者

这种人说话速度慢，语气平和，性格温顺，权利欲望平淡，与世无争，易与人相处。但因为用意温软，而使自己长期处于一种怕事的状态，对外界人事采取逃避态度。如果他能遇上一个肯提携他的人，从旁帮他一把，教导他磨炼胆气，知难而进，那么，他就会成为一个能刚能柔的人物，会有一番大作为，令人刮目相看。西晋时王湛在父亲去世后居丧三年，丧期满，就居住在父亲坟墓的旁边。他的侄子王济每次来祭扫祖坟，从不去看望叔父，叔父也不去见他。偶然王济来，也只不过说几句客套话罢了。有一次，王济试探性地随便问了一些最近的事，王湛回答时措辞、音调都适当，音色温顺平畅，大出王济意料之外。他觉得叔父不再是从前那个胆小怕事，没有主见，意志软弱的人了。因此继续和他谈下去，越来越精粹入微。在此之前，王济对王湛全没有一点子侄和长辈间应有的礼貌；自从听了他的言谈后，不觉心怀敬畏，外表也肃穆庄严，于是留下来日日夜夜地相互谈论。王济虽然才华出众，性格豪爽，但在叔父面前，觉得惭愧弗如。有一次，王济听了叔父的谈话后，长长地叹了一口气，说："家里有名士，30 年来却不知道！"以前晋武帝每次见到王济，常常拿王湛当做取笑的笑柄，问他："你家里那位傻子叔父死了没有?"王济往往无辞言对。自从对叔父有了认识，当武帝又像过去那样问起时，王济便说："臣叔并不傻。"接着，就如实地讲了王湛的优点。武帝问："可以和谁相比?"王济说："在山涛之下，魏舒之上。"经王济这一番广告宣传，王湛的名声一天天地大起来，28 岁时他开始步入政界，终为人所知。

6. 浮漂燥热者

这种人易犯浮躁的毛病。他们做事情既无准备，又无计划，只凭脑子一热、兴头一来就动手去干。他们不是循序渐进地稳步向前，而是恨不得一锹挖出一眼井，结果事与愿违，欲速不达。

7. 激荡回旋者

这种人有强烈的好奇心，有独特的思维能力，敢于向传统挑战，敢于向权威说“不”。他们对事业开拓性强，经常弄出些奇思妙想，令人赞叹。他们在语言上的特点也与众不同，异想天开，独树一帜。他们的缺点是不能冷静思考，难以被世人理解，成为孤胆英雄。

方圆智慧

音，是声的余波、余韵。音跟声相去不远，它们之间的差异从细微的地方还是可以听出来的。

第二节 量才适用，因方而圆

选用优秀人才

商界名家柳传志曾经说过："领导人物好比是1，后面跟1个0是10，跟2个0是100，跟3个0是1000。"打一个不太准确的比喻，一个刚组建的小机构需要萧何、韩信、张良这样的杰出人才，而一个已具规模的单位更需要刘邦的知人善用。好的领袖人物需要有识人的眼光和用人的胆略，那么，选用什么样的人才更能获得成功呢？

1. 精英型

所谓精英，耶稣曾对他的门徒说过："你们是这世上的盐。"这有两层含义：一，为人类这碗高汤提味；二，清洗人类社会腐烂的伤口，虽让他感觉到痛，但是消毒。精英，作为一个知识群体，一种思潮，一个努力方向，让人仰止崇拜。

精英型人才，一方面努力工作，一方面又有更高的追求。他们有目标，有毅力，致中庸，尚礼义，追求进步，实践创新，勇于向失败挑战并能从失败中总结经验；能为人所不能为，为人所不敢为；身心平衡，头脑机敏；克制自己，关心他人；勇于认错，勤于进取，能屈能伸，不贪不侈。此类型人物前途远大。精英型人才，志向远大，眼界开阔，从不计较一些小的得失。他在工作时，不忘掉充实自己及广结善缘。除了完成自己的工作外，他也会帮助别人和指导同事。精英型人才，每到一个地方，不论时间长短，不论地位高低，都能不知不觉地影响别人，控制群体的行为。“虎行天下吃肉”，指的大概就是这种人。精英型人才，见识往往异于常人，思考逻辑方式也有个人特色。他在时机不成熟时可以忍耐，不论是卧薪尝胆或是从胯下爬过，都能忍常人之所不能忍。但是，一旦时机成熟，他便奋臂而起，如飞鹰冲天，没有人能与之争锋。

不是每一个精英都能成大功立大业的，但是，做人处事自有风格，不卑不亢、不急不躁是他的本色。

2. 大将型

“千军易得，一将难求”的感叹，深切地使人感到军事人才在决定战争胜败、国家兴亡中的重要地位和作用。大将在领导者与最基层执行者之间起着纽带和桥梁作用，衡量一个人才是否将才有五个标准：

不怕死。将才首先要有一种舍生忘死，身先士卒，敢于冲锋陷阵的精神，才能激发士兵甘抛头颅，愿洒热血，愈战愈勇；其次要有献身事业，以身作则的意识，只有自己把精力全部投入到事业之中去，才有资格向自己的部下提出更高的要求。

公、明、勤。不公则众人不服；不明则是非不清，没有明确的意图，会使人无所适从；不勤则军纪弛废，事务得不到认真、及时的处理。将才只有自身做到公、明、勤，才能带出一支过硬队伍。

薄名利。过分追求功名利禄的将才，必然不会很好地控制个人的欲望，当自己的晋升不能如愿时，就会怨气冲天，这样的将才再有才能，也会影响属下去争抢薪水的高低、待遇的优劣，进而导致为了蝇头微利而伤和气。

身心健康。为将之才上要沟通领导，下要联络士卒，既动脑又动手，十分操劳辛苦。如果身体虚弱的人，会因过度劳累而受不了，甚至染病而荒废军务；如果是缺乏精神支柱的人，就会因日久而产生厌烦情绪，离心离德，难胜重任。所以对于将才来讲，体格强健、精神饱满是很重要的。

义胆忠肝。如果说为将之才必须要同时具备以上四点要求有些过分的话，那么这第五点是绝对不可少的。因为将才有高下之分，也各有所长，有的人多谋善断，有的人沉着勇敢，有的人胸怀韬略，有的人身藏绝技，各自会发挥不同的作用，但无论何种人才，若没有起码的义胆忠肝，血气良心，则最终是无法使人信赖和依靠的。

纵观中国历史，大凡社会动乱、战火四起、军事斗争集中而又突出的时候，军事人才就特别受到国家和社会的重视。在中国历史上流传的“黄金台”、“招贤榜”、“求贤令”、“三顾茅庐”等人才佳话，都是其生动体现。

3. 开拓型

开拓型人才所具备的特点是：不安于现状，总在寻找新的开拓与进取，对现成的制度与做法敢于做大胆的改革、完善工作。这些人是“恒保野性，具有挑战意识的枪手”，是不可多得的创新人才。

勇于开拓创新是一种可喜的品质。但是，开拓必须具备三个特点：

首先，它必须是敢于创新、大胆改革、积极进取；其次，它必须顺应社会和经济的发展规律，并且在国家宪法和法律允许的范围内进行；最后，必须从实际出发思考问题、处理问题，具有大局观念和长远观念。这三点缺一不可。如果不能创新，则谈不上“开拓”；虽有创新，而违法乱纪，则是破坏性的行为，不是“开拓”；如果虽有创新，且又合法，但不切合实际，也只能是“空谈”，无法实现。

所以，考察一个人的开拓精神，必须从上述三点入手。不具备上述三个特点的“开拓精神”，是不可取的。

4. 明星型

在一个企业里，一些工作人员的特定才能不为人所知，被无故地浪费掉或未能得到充分的发挥，是常有的事。为了企业的利益，管理者应善于挖掘企业里的明星，使之早日为企业服务。

以下是明星型人才的几个特点：

他有雄心壮志。明星人才必然有取得成就的强烈愿望。他通过更好地完成工作，不断地去寻求发展的机会。

他能带动别人完成任务。注意是谁能动员别人完成工作任务的，因为这显示出他具有组织管理的能力。

有许多需要求助于他的人。如果你发现有许多人常听取他的建议、意见和帮助，那他就是你要发现的明星了。因为这说明了他具有解决问题的能力，而他的思想方法为人们所尊重。

他能迅速做出决定，是一个能迅速转变思想和说服别人的人。有才干的高级管理人员，能在相关信息都已具备时立即做出决定。

他能独立解决问题。如果他是一个很能干的人，他从不会去见老板说："我们有问题要汇报。"只有在问题解决了之后，他才会去找老板说："刚才有这样一件事情，我们这样处理，结果是这样。"

他比别人进步更快。明星人才能把上级交代的任务完成得更快更好，因为他勤于做"家庭作业"，他随时准备接受额外任务。他认为自己应更深地去挖掘，而不能只满足于懂得皮毛。

他勇于担当责任。勇于负责是一个明星型人才的关键性条件。

5. 硬汉型

硬汉型人才有个人原则，不轻易接受失败。他们的个性强烈，有本身的独立主见。他们说话直率坦诚，有时近乎尖酸刻薄，因此经常引起上司的不满和厌恶。公司上层人士亦不时因为这类人才毫无忌讳的批评而深感头痛和尴尬。在一些领导眼中，硬汉型人才是最难对付、最难管理的下属。不过这类下属优点比缺点多。譬如说，他们头脑清晰、行动敏捷、主意多多。他们全心全意投入工作，而且他们的性格亦能帮助他们把事情做好。

硬汉型人才从不把障碍放在眼内，对他们而言，今天不可能的事就是明天的常规。他们充满冒险精神，但又相当实际，不会因暂时挫折而令他们的情绪不好或一蹶不振，反而会使他们咬紧牙关，再闯难关。

不过硬汉型人才这种态度，肯定会惹来公司内不少懒散职员的讨厌，因为这样形成了强烈的对比，令他们很不好过、面目无光。

身为硬汉型下属的上司，若明知他们是可造之材，不妨给予他们一些私人辅导，改善他们的硬汉作风，使他们在处理、克服因机构变化造成的困难时更有技巧。

选择接班人是一门高深学问，反映出你作为一位领导者是否真正成熟。在瞬息万变的时代里，采取过于稳妥谨慎的措施其实最不安全。事物发展一日千里，领导必须反应快捷，不受传统束缚，才能创造新境界。在这一点上，硬汉型的人才是极具潜质的。

6. 专家型

专家型人才最大的优点就是精通本行，拥有高深的专业知识和技能，具有很强的排他性，他不但不容易为其他人所代替，而且，对于领导来说，拥有一位专家型下属是不可或缺的。正是下属的这种业务专长构成了对领导的帮助。权力并不是存于领导一人之手，而是分散在各行各业的专业人才手上。这些专家型人才在他自己的专业范围内所提的意见，必定具有一定的权威性，这种权威足以发挥较大的影响力，引起各方面的重视，就是领导也必须放下架子，洗耳恭听。正因为如此，这些专家型人才就拥有了相当大的影响领导的能力，成为事实上的领导。这种现象在我们的工作单位里也是常有的事。

一位叫做莫舍的美国行政学研究者认为，美国政府“在很多方面而今是在专家们（包括科学家们）的掌握之中”。并且，“在文官法律的广泛领域之内，专业精英对于决定人事政策、标准和规章等问题具有最有影响的发言权”。事实上，许多专业型政客正把美国的政府首脑弄得头昏脑涨，高深艰涩的专业词汇把领导人事实上排除在了业务大门之外，政府官员们越来越感到他们在专业人员面前正变得无所适从，只好言听计从，放弃控制的打算。以上所说，无非是要告诉那些专家型人才：业务可以给自己带来对领导的影响力，因此他应该利用这一有利条件，提高自己在领导心目中的地位，成为领导的心腹和助手。

7. **知识型**

达尔·尼夫在《知识经济》的导言中写道："在新的知识为基础的经济中，企业已不能通过用低技能、低工资的雇员不断重复生产商品来保证增长。今天，企业的发展领先创新，创新领先知识。最能利用其知识优势的个人将会增大其产品在整个产业中生产的份额。"企业要成为知识型企业，必须拥有知识型员工。正如彼得·德鲁克所说："知识工作者不能被有效的管理，除非他们比组织内的任何其他人更知道他们的特殊性，否则他们根本没用。"

知识型人才的特征表现为：

自主性。知识型员工是富有活力的细胞体，他们倾向于拥有一个自主的工作环境，不仅不愿意受外物控制，而且不能忍受远处上司的遥控指挥，他们强调在工作中积极地引导自我。

劳动具有创造性。知识型员工是在易变和不完全确定的系统中充分发挥个人的资历和灵感，应对各种可能发生的情况，推动着技术的进步。

劳动过程不容易监控。知识型员工是脑力工作者，而非体力工作者，他们的劳动过程是无形的，工作没有确定的流程步骤，其他人很难知道应该怎样做，因此不可能对他的劳动过程进行监控。

劳动成果难以衡量。知识型员工往往组成团队来工作，这样劳动成果就是团队智慧和努力的结晶，个人绩效难以量化。

成就动机强。知识型员工在工作时在意自身价值的实现，并强烈渴望得到社会的认知，他们热爱具有挑战性的工作，把攻克难关看成乐趣，认为这是一种体现自我价值的最好方式。

如何管理好知识型员工？

第一，建立宽松的工作环境，让知识型员工能够在既定的目标和自我考核的体系框架内自主地完成任务。第二，将8小时工作日和无休止的上下班扔进垃圾堆，重新设计可伸缩的工作时间和灵活多变的工作地点，使知识型员工能更有效地安排工作与闲暇，从而达到时间的合理配置。第三，对知识型员工实行特殊的宽松管理，激励他主动献身和创新的精神。第四，为知识型员工提供一份与其贡献相称的报酬，使其分享到自己创造的财富，而且要在充分了解员工的个人需求和职业发展意愿，为其提供适合其要求的上升道路。

8. 潜质型

潜质型人才有如待琢之玉，似蒙土的黄金，没有引起世人的重视，没有得到公众的承认，若没有独具慧眼的识玉者卞和是难以发现的。

千里马之所以能在穷乡僻壤、山路泥泞之中、盐车重载之下被发现，是因为幸遇善于相马的伯乐。千里马若不遇伯乐，恐怕要终身困守在槽枥内，永不得向世人展示其“日行千里”的风采。许多潜质型人才都是被“伯乐”相中，又为其提供了一个发展成长、施展才华的机会，才获得成功的。当你发现下属中有潜质型人才，应立刻善加运用，一刻的犹豫即是损失一刻利益；因妒忌而把他等同于平庸者看待，公司将会遭受损失而最终走向下坡路。

在发现优秀的潜质型人才后，注意做到以下几点：

一是鼓励他在公开场合阐明自己的观点和建议，这样做为的是增加他对你的信任，以及对公司的归宿感，表明他的建议受到你的重视，最后为了表现自己，他必更乐于创新。

二是视他为管理工作上的一项挑战，有些管理方法，对待水平较低的下属或许绰绰有余，甚至让人把你看成奋斗目标。而在优秀的人才眼中，你只是代表一个职位、一个虚衔，并不表示你的才干胜过所有的人，要他们全听你的，并不是一件很容易的事。

三是适时地赞美他的表现，不要担心他会被宠坏，在他杰出表现之后，要适时地加以称赞和鼓励。假如你对他冷漠，会使敏感的他以为你嫉妒他。因为卓越的人才都懂得鉴貌辨色，为免功高盖主、招你猜忌，他宁愿把创造性的建议藏起来，待有机会即另谋高就。

四是给他明确的目标和富有挑战性的工作，卓越人才行事都异于常人，但又有出乎意料的成功。你给了他们明确的目标和富有挑战性的工作，他定感到被看重而满怀工作激情。

五是对他突出的贡献给予特别的奖励，在你还没有给他更高的报酬时，一些特别的奖励是必要的。对于他对公司突出的贡献，如无特别待遇，动力就会减弱，但不表示他不再追求进步。

六是推荐一些对他有帮助的书籍，“学如逆水行舟，不进则退”。如果你将卓越人才的工作安排得密密麻麻，这样他就没有时间学习新事物；不断的工作将使他精神疲累。卓越人才并不是万能的，他也有不懂的事物。

9. 营销型

今天，营销是用人单位和求职者最青睐的职业，一直占据人才招聘排行榜前列。营销虽然成了市场最热门的职业，但供求双方并没有达到皆大欢喜的局面，许多用人单位认为，优秀的营销人员还太少。

营销人员走俏，从用人单位分析有以下几方面的原因：首先，对企业来讲，营销成为产品推向市场的生命线，营销的成败直接关系到企业的经济发展；其次，从市场大环境讲，这两年市场内需严重不足，社会消费能力没有显著提高，许多企业反映生意越来越难做，因而只有加大营销力度；再次，人们对营销的认识发生了很大的变化——以前许多人认为营销就是卖产品，现在企业则越来越清楚营销对于企业产品和企业形象的作用。

求职者青睐营销这个专业，除了用人单位的原因外，还有一个原因是，在一般人看来，营销这个行业只要能说会道，反应快、肯吃苦就行，并不需要太多的专业知识和专业技能，这也是一般层次的就业者和新毕业的大学生首选的职业。从北京市职业介绍中心的求职排行榜可以看出，排在第一位的营销职业的求职人数比第二位保险业务员高出近两倍。

营销求职者真正要想在市场上吃香，还要从心态和素质两方面提升自己。心态上，不要过分要求用人单位每月保证多少多少收入，先要显示出自己的能力。其实，营销这个职业最不会埋没个人的才能，你干得越出色，收入就会越多。从素质上，营销工作需要的是综合素质，营销工作本身所需要的知识，以及对开拓市场的领悟能力，都不是想象的那么简单。它需要投入这一行的人必须有一个自己先期充电的过程，这个过程中充电充得足不足，在一定程度上决定自己能不能胜任营销工作。

10. 有德有能型

这种下属同时具有一定的“德”与一定的技能。“德”具体表现为：较高的职业道德，能遵纪守法、服从领导；“能”具体表现为：一定的专业技能，一定的接受能力。

有德有才的员工：这种下属同时具备较高的“德”与较强的才能。“德”具体表现为：较高的职业道德，遵纪守法，服从领导，团结合作；“才”具体表现为：较强的专业技能，一定的学习能力。

德才兼备的员工：这种下属德才俱佳，且得到较为完美的组合。“德”具体表现为：高的职业道德，强的责任意识，稳定的心理素质，模范地遵纪守法，善于团结合作；“才”具体表现为：有胆识，有魄力，善学习，能创新，较强的专业技能，较高的协调能力与应变能力。

11. 黄牛型

默默地奉献的人最伟大，最坚强。这种人不沽名钓誉，像黄牛一样耕耘劳作，一步不停地朝前、朝前，再朝前。这样的人，在群体中是正义的支持者和庇护者，是正确的坚持者和引导者，只把自己投身到群体中去，任劳任怨地为群体奉献、牺牲，不计得失，只求协作，不计恩怨，只求公正。和这样的人共事，你会感到人格的力量是那么伟大：隔膜被默默地掀开，困难被默默地克服，矜持被默默地化解。

做默默地劳作的人不易，发现默默地劳作的黄牛型人才也不易。

黄牛型人才是我们目前乃至今后各项事业、各项工作不可或缺的。因为，首先，“黄牛”有埋头苦干的精神，脚踏实地，一步一个脚印，只知努力工作，不爱投机取巧，最有希望到达事业的目的地。其次，“黄牛”有坚忍不拔的毅力，既不怕风吹雨打、坡陡路险，也不怕征途漫漫、荆棘丛生，一如既往地任劳任怨，艰苦负重。

通常情况下，“黄牛”的功劳常被那些制造事端、夸夸其谈者所代替。这样，领导者变成了调解员，专门注意那些叫得最响的人，并帮助他们解决问题，最终使他们越发放肆。同时，领导者的精力被占用，也没时间去注意那些优秀的工作者，从而忽视了他们。

大多数人并不十分注重自己所付出的辛勤劳动，但他们确实在乎自己付出的努力是否得到承认。如果他们努力一番却无人所知，则会使他们感到被人利用，心理不平，从而心灰意冷。当这种情形发生时，他们会采取不再卖力或进行一些消极怠工的活动以示反抗。

将公司长远而宏大的计划重点指引给黄牛型人才，让他们感受到自己的努力与公司成败之间的内在关系，他们就会有工作动力，就会认可同事对他的帮助，就会自信地去处理那些棘手的难题，就会在工作中做得更漂亮。

激励那些黄牛型人才的另一种奖励方式是对他们的工作表现出真诚的兴趣，不仅仅把他们当做雇员，而且视为朋友或同事看待。听他们讲述自己的希望与担心、喜好与憎恶、欢乐与苦恼，时时准备帮助他们解决问题。在他们产生自我否定心理时，应重新唤起他们的自信心。

12. 复合型

复合型人才，也称为多功能型人才，其突出的特征是多才多艺、文武双全。复合型人才可从三个方面来理解：第一，从横向方面来理解，就是复合型人才的知识面宽，知识的融合能力高。具体说，应当包括多种科学知识的复合、多种专业技能的复合、多种能力素质的复合以及智力因素与非智力因素的复合。第二，从纵向方面来理解，就是复合型人才所掌握的知识既有高度又有深度，而且还有创新性。第三，从人才特征的角度来理解，不同类别、不同层次的人才，其素质复合化应当有不同的要求。

《用人兵法》一书提出了“人分三等”的观点，即“存人的人为一等人，存物的人为二等人，存钱的人为三等人”。存人的人为一等人，是因为管制型时代已经过去，沟通型时代已经到来，那些善于与人沟通、人际关系好、信息来源广的人才会成为成功者。存物的人是二等人，是因为他们不善与人交往，不注重人际关系的重要性，一味追求物质第一，他们在未来的时代里是难成大器的。存钱的人成了金钱的奴隶，他们只图金钱利益，不求精神生活，活在世上极度艰难。这类人尽管有钱，但到了数字时代，他们所拥有的只不过是一笔枯燥的阿拉伯数字而已，故这种人只能列为三等人。不同类别、不同层次的人才素质复合化应有不同的要求，比如，领导人才的素质复合化应该不同于管理人才和专业人才，而且在领导人才群体中高层、中层和基层领导的素质复合化内涵也各有所异。又如，管理人才素质复合化应当既不同于领导人才，也不同于专业人才。而在管理人才群体中，由于管理层次的不同，其素质复合化的具体内涵也应当有侧重。对宏观管理、中观管理和微观管理人才的素质复合化要求，都应根据不同管理层次对人才素质的不同要求确定不同的复合化内涵。

“三位一体”是对领导人才的素质复合化的特殊要求，就是既能存人，能存物，还要能存钱。既要当发明家，能够不断发掘新的思想和新的事物；又要当宣传家，通过有效的宣传方式使自己的新思想新理念能够让人们接受；还要当实干家，身体力行抓好新思想和新理念的贯彻实施。既有帅才统领三军、掌握全局之智慧，又要有将才行军布阵、冲锋陷阵之胆识，还要有相才协调八方、和谐人际之谋略。从狭义来讲，不同领域的领导人才“三位一体”的内涵也应有所区别。例如，企业领导人才，既要懂技术，又要善经营，还有会管理。技术开发单位的领导人才，既要能选课题，又要能带课题，还要能做课题。

13. 刺头型

在企业中，总会存在这样的人：他们十分聪明，但好动，有着鲜明的个性，不愿拘泥于形式，在新奇妙想方面有上佳表现，而且在企业中“兴风作浪”更有一套。

有人称这种人是企业中的最不安定分子，是企业中违反纪律，煽动狂热心情绪的捣蛋鬼，被经理统称为“刺头”。由于“刺头”的一些想法太离谱，工作的不安分守己，甚至公开煽风点火使员工与领导作对，领导往往对他们是恨得牙根痒，但又可惜他这块材料。

其实，与那些“人事秘书”相比，企业中的“刺头”应该算作企业中的积极力量，能为人际的真正和谐创造良好的氛围。本着人无完人的思想，有效利用“刺头”个性的特点，可为企业人际和谐的达成，自由创新氛围的形成发挥作用。

由于“刺头”开朗、好动个性，所以他们都有着尚佳的人缘，而且那天赋的“煽风点火”的本领使他很善于集结群众。企业人际的和谐需要人们在一次次的集体合作、活动的氛围中逐渐培养而成，刺头似乎成了这些活动的最好组织者。

“刺头”的新奇妙想有时看起来是太离谱，但这种创新的精神应当值得领导大力提倡。

企业的活力，需要每个成员创造性的活动，“刺头”在这里可算是“无冕先锋”。他们为企业注入了活跃的思维新风与自由谈论的绝妙气氛，为企业创新提供了良好的氛围。

“刺头”不拘泥于形式。这也许正是领导所担心的：这就意味着企业中的条条框框对他们毫无作用，企业会不会因为他们而乱成一团糟？然而，这正是领导的多虑，也正是领导把员工没有当成成年人的具体表现。

有的领导对公司企业中的那些条框恐怕很少过目。或许他们至今都不记和总则的第一个字，随着企业的发展，领导也许会注意到那些条框最终是流于形式了，在某种程度上反而还限制了人们创造性的发挥。“刺头”的出现，正是帮助企业扫除旧有观念，建立新秩序，领导只要合理利用他们的长处，企业的人际关系必然会呈现出一个自由、开放、和谐、团结的良好气象。

将“刺头”的才能充分利用起来，领导点石成金的本领也充分显现出来了。

14. 神童型

这类人才天生活跃，具备当主管的条件，只可惜他们欠缺了一项最重要的素质："普通常识"。

神童型人才性格开朗、大胆、乐观，在他们的字典中找不到不可能这些字，他们深信没有问题是不可以被克服的。

神童型人才对本身能力充满信心，但却忽视了别人会觉得他们的态度难以忍受。一般人的性格都趋向保守和稳健，但神童型人才则不同，他们不喜欢采取"守"的姿势，而乐于使用进攻型的方法去处理事情。难免惹起人家的不满，觉得他们过于激进和极端。

如果你有心培植神童型人才成为接班人，必须要令他们尽快成熟，向他们指出他们的弱点。换言之，你对神童型人才要做的是"成熟教育"。在这方面，他们的学习速度会颇为缓慢，理由是他们太过于以"自我为中心"，深信自己的那一套是最正确的。虽然神童型人才有不少缺点，但亦有很多优点，值得花点工夫去提携他们。这样做的时候，不妨用直截了当的方法，因为这类人才不大懂得欣赏弦外之意。

15. 智能型

智能型人才，才能亦有大小，而善用人才的领导应扬长弃短，使所有的人才都为我所用且各得其所。

我国南朝时候的丘迟，文笔特别能打动人，为了收复敌将陈伯之，上司让他写了一封《与陈伯之书》，言词恳切，推心置腹，劝陈伯之归顺。陈伯之看了这封信之后，深受感动，终于率军投降。丘迟不费一兵一卒，就收服了陈伯之。可见丘迟在文笔方面确有高小深之处，丘迟的上司这种用奇才的战术远胜过10万雄师。

过去，智者以心机而谋事，既是成事之因，也是败事之源，使用智者要胆大心细，视其特长，使用恰当。三国时诸葛亮就精于此道。

例如杨戏，很善于处理案件，论法决疑，颇有"信将"之才。尽管他很年轻，诸葛亮还是让他当了督军从事；

邓芝、董恢，能言善辩，机智善变，颇有"智将"之能，诸葛亮就让他们做说客，出使东吴，以结盟好姜维，兼有“智将”、“仁将”、“猛将”之长，忠于职守，思虑精密；又熟知兵法，深解兵意，是个担当重任、指挥全盘的角色，诸葛亮就委以中监军、征西将军的重职。诸葛亮魂断五丈原前，还留下遗言，让他承担北伐中原的重任。

事实证明，诸葛亮正是用智的高手，使所用之人，扬其所长，避其所短，充分发挥各自的作用，才得以经常立于不败之地。同样，刘邦也十分善用智才。他用智才能用其所长，就像把好钢用在刀刃，适得其所，锋利无比。当年之所以能战胜骁勇善战的项羽，很大原因就在于他善用人之所长。

例如张良“运筹帷幄之中，决胜千里之外”，是个出谋划策，当参谋作军师的料，刘邦就让他干出主意、想点子的差事。

萧何“镇国家，抚百姓，给馈饷，不绝粮道”，是搞后勤、当管家的一把好手，刘邦就充分发挥他这方面的优势，让他理财，掌管内政事务。

韩信“连百万大军，战必胜，攻必取”，对于用兵打仗的事十分在行，刘邦就使他带兵驰骋疆场，冲锋陷阵……

这样，一些各有所能，又能为人所用的人才组合在一起，就如一把锋利无比的尖刀，真乃所向无敌！

方圆智慧

火车跑得快，全靠车头带。选好“火车头”是各级领导的首要任务。适时适度地选拔人才、重用有能力的人才，不仅有利于本部门、本单位的发展，还可以利用这些被重用的下属，借以了解其他下属的思想状况，并据此有的放矢地做好下属的工作。

♨ 不求全责备

南宋戴复古在《寄兴》诗中写道：“黄金无足色，白璧有微瑕，求人不求备。”金无足赤，人无完人，任何人才都不可能十全十美。这种观点，中国古代不少文人学士曾用多种比喻加以表达。如《吕氏春秋·举难》中指出：“尺之木必有节目；寸之玉必有瑕疵。”屈原在《卜居》中写道：“尺有所短，寸有所长；物有所不足，智有所不明。”明代宋濂在《潜溪邃言》中也认为：“功有所不全，力有所不任，才有所不足。”一个人的功绩必有不全面的地方，能力必有不能胜任的地方，才能必有不足够的地方。既然人无完人，那么顺理成章的结论，是对人才不要求全责备。

美国南北战争时，有人告诉林肯总统，说他新任命的总司令格兰特将军嗜酒贪杯，难担大任。林肯却说：“如果我知道格兰特将军喜欢什么牌子的酒，我就会送若干桶给他和其他的将军们。”林肯是在肯塔基州和伊利诺伊州度过童年时代的，他当然知道贪酒可能误事，但他更知道格兰特将军是当时北军所有将军中最有才能的，只有他才能运筹帷幄，决胜千里。事实上，对格兰特将军的任命成了南北战争的转折点。这确实是一次有成效的任命，证明了林肯的用人政策，是在于求其人之所长，而不是在于求其人为“完人”。但是，这个用人之道是林肯通过艰苦的努力才学会的。在任命格兰特之前，林肯曾经接连任命过三四位将军，任命的标准是追求所用之人没有严重的弱点。而选用这些人的结果却是：尽管北军在人力或物力方面都占极大的优势，而从1861年至1864年这3年间，战争却没有任何进展。

不管任何人，如果他所使用的都是没有弱点的人，那么他所领导的机构，最多也只是一个平凡的机构。所谓完美无缺的人，实际上只不过是二等角色。才干越高的人，其缺点也越显著。在这个世界上没有人会在各方面都是突出的。用整个人类的知识、经验和才能来衡量，即使是最伟大的天才也是完全不合格的。世界上没有“完人”这回事，只是有些人在某一方面显得比别人“能干”一些罢了。

领导者对人才的求全责备，不仅不能知人，而且会陷害人才。历史上不少贤才之所以蒙冤，都是由于领导喜欢追究小过，如司马迁只不过为李陵说几句公道话，却被汉武帝处以腐刑，使他遗恨终生。苏轼因对朝政有意见而写几首讽喻诗，却蒙“乌台诗案”之冤，下半生都被贬逐，过着颠沛流离的生活。而在历史上，因皇上苛求人小过，别有用心的和溜须拍马之徒就趁机投井下石，极尽其吹毛求疵之能事加以诬陷，因此，贤才蒙受不白之冤的事就更多了。

有成效的领导者从来都不问这样的问题：“他和我相处得怎样?”而时常会这样考虑：“他做出了什么贡献?”他们也从来不这样问：“他不能做些什么?”而常会这样考虑：“他在哪方面做得出奇的好?”他们用人的原则只是寻求有某一方面特长的人，而不是在各方面都很在行或大致上过得去的人。知人用人，使他能在工作中发挥才能，这是理所当然的。因为所谓“完人”或者“成熟的个性”，其含义实际上都只不过是忽视了人的最特殊的天赋——尽其所能于某一项活动、某一个领域、某一种工作中的能力——我们不能要求一位物理学家（即使他有爱因斯坦那样的天才）在遗传学（或心理学、医学等）方面有同样杰出的成就。人的长处只能在某一个方面有所成就，顶多是在极少的几个方面达到“卓越”的境地。

如果你总是想方设法去对付手下人的弱点，结果必然使工作的目的成为泡影。公司、组织、部门是一种特殊的工具，可以用以发挥人的长处，并消除和减弱因人的弱点所造成的不利影响。能力特别强的人，是不需要也不想受一系列规章制度约束的，因为他们认为靠自我管理会工作得更好。至于我们中的大多数人，光靠自己是搭不成一个让自己的才能充分发挥出来的平台的，单干也是不可能获得多大成就的。“你想雇佣一个人的‘手’，而他总是‘整个人’一起来的。”一个人不可能只有长处而没有弱点。弱点总是会随着人的长处一起来到领导的身边。

方圆智慧

世界上既没有十全十美的人才，也没有一无是处的庸才。所谓的完美无缺的人，只不过是二流角色；才能越高的人，其缺点也越显著。在这个世界上没有人在每个方面都是突出的。

事业靠人才发展

对于人才，有两种基本态度：一种是妒贤嫉能。持这种态度的人，在看到别人比自己能力强的时候，心里就不舒服，总要想方设法压制人才，甚至不择手段地加以迫害。有人告诫说，如果在这种人的领导下工作，想要保住饭碗的话，千万不要表现得比他能干，否则，离“卷铺盖走人”的时间就不远了。当然，这里也不是成就事业的地方，走，也可能是上策。

另一种是尊重人才。持这种态度的人，视人才为宝中宝，求才心切，能够惜才、护才、用才。他不把人才与自己作比较，而把人才与事业作比较。事业需要人才，人才也需要事业，靠人才发展事业。

唐朝盛世，与尊重人才不无关系。唐太宗李世民，在开创大唐帝国的事业中，团结、任用了许多人才。西周时代，代行天子大权的周公，权势极大，但他求贤若渴，只要有人才求见，便立即接见，哪怕正在洗头、正在吃饭，也要握住头发，把嘴里的饭吐出来，去接见来人，生怕怠慢了人才。

三国时期的风云人物曹操尊重人才是很著名的。在曹操的事业中正是采取了大胆启用降将之才，借他山之石以攻玉的博大襟怀的大人才观的战术，使他在困境和厄运中化险为夷。事实也充分证明了这一点，除了尊重许攸外，曹操重视魏仲也让人刮目相看。曹操最初推举魏仲为孝廉，魏仲后来却参加了叛乱，曹操把他俘获后，因重其才又委之以河内太守，使魏仲感恩戴德，在以后管理整个河北军政大事中立下功劳。官渡之战中，曹操俘获了袁绍许多部下，曹操不仅不杀他们，还极力收揽、拉拢，甚至为他们开脱或隐藏罪过，尽量安抚。曹操和袁绍相比，二人都有在天下纷扰、意欲独霸一方的相似背景，袁绍一败涂地，曹操却赢得人心而建成大功，为魏国的建立打下了基础。

方圆智慧

研究任何一家大型企业都会发现，它们之所以能够发展、兴盛，靠的是公司里的人才，首屈一指的公司里有首屈一指的人才。

人比资产更重要

一个成功的领导者，不但要有横刀跃马、驰骋沙场的将才，也要有知人善任、统率三军的帅才。集众人之所长，依靠众人的智慧、力量，才能成就大业。

美国著名的女企业家玫琳·凯在她根据自己几十年管理经验写成的《经理成功之路》一书中曾这样写道："人比资产更重要。"美国通用汽车公司前总经理斯隆甚至夸出这样的海口："把我的资产拿走吧，但是要把我公司的人才留下，5 年后我将使拿走的一切失而复得。"

企业与企业之间的竞争，归根到底还是人才的竞争。只要有人才，有能人相助，我们便能学会原来不会的东西，做到原来做不到的事情。

成功的领袖，身边总有几员得力大将，有心腹、亲信。这些人更能对领导者的忠心耿耿，甘苦与共。春秋时晋公子重耳，由于受到国君迫害，不得不逃亡他国。跟从他一起逃亡的，就有魏双、狐偃等一批大臣。有一天他们逃到卫国，卫国公待他们十分傲慢。卫国有个大臣叫僖负羁，他的妻子对他说："我看晋公子身边的人，都有将相之才，将来晋公子必然复国，当上国君。"僖负羁因此善待重耳一行，重耳后来果然复国，是为晋文公。

领导最重要和最宝贵的财富就是人才，有了人才，就等于有了新技术、新产品，有了事业的创造力和革新精神，有了事业的生存竞争能力和经济效益。谁拥有最多最好的人才，谁就会在竞争的道路上跑得最快。"人才是事业最重要的资本"，是现代管理者的价值观念。

美国麦肯塞公司前主任鲍罗恩曾经这样说："成功的领导者总是用最简单的方法管理着最复杂的机构。第一，他们把人看做是组织的成员而不是雇员；第二，他们采用分工价值，而不使用严格的程序和控制来指导工作；第三，他们把'远大思想'观点置于企业策略之中；第四，他们乐于听取所有人意见。"如果将鲍罗恩的观点再做进一步概括，就是：成功的企业在经营和生产中贯彻以人为本的精神，使企业中的每个员工都把自己当成企业的主人。

方圆智慧

一个篱笆三个桩，一个好汉三个帮。一个领导再神通广大，也有"玩不转"的地方；要想让事业发达，买卖兴隆，没有得力的人才相助，是难以成功的。

用人不疑，疑人不用

信任是领导走向成功的第一步，要相信下属是忠诚的，相信彼此之间是精诚合作的，这对于领导工作有百利而无一害。

信任，不能把这句话仅仅放在口头上，要把它牢记于心，并时时处处做到这一点，这才是一个领导的英明之举。

在软件大国爱尔兰，各软件公司都变控制管理为信任管理，公司对员工更多地提供价值观的满足而不仅仅是物质上的满足。

在沃尔玛，每一个领导人都用上了镌有“我们信任我们的员工”字样的纽扣。这正是沃尔玛从一家小公司发展成为美国最大的零售连锁集团的秘诀之一。

要搞好现代企业，就要把信任作为企业最好的投资。信任是未来管理文化的核心，它代表了先进发展方向。著名的日本松下集团，其商业秘密从来不对员工保密，他们在新员工上班的第一天，就对员工进行毫无保留的技术培训。有人担心，这样可能会泄露商业秘密。松下幸之助却说，如果为了保守商业秘密而对员工进行技术封锁，员工会因为没掌握技术而生产更多的不合格品，加大单位的生产成本，这样的负面影响比泄露商业秘密带来的损失更为严重。而对于以脑力劳动为主要方式的单位（如软件业），其生产根本无法像物质生产那样被控制起来，信任也是唯一的选择。

相反，如果对员工不信任，就会成为管理中最大的成本。人们为不信任付出很高代价。不信任的直接后果是听不到团体中的创造性意见，甚至可能降低企业的生产能力。一旦消除不信任，工作就会明显改观。在把不信任转变为信任的过程中，领导者的作用十分关键。

在大多数单位里面，下属们通常用躲避或抵制作为对不信任的回应。另外一些人则把这种不信任一级一级往下传，这对业绩的改进没有任何帮助，尽管谁也不愿意这种情况发生，但总是有人自觉或不自觉地将企业推向“不信任”的陷阱。

克服不信任、否定态度和僵局的办法是：承认和尊重员工提出来的想法。不加挑剔地倾听意见，把每个想法都写在图表上。鼓励与会的每个人都提意见——不只是地位较高的人。促使大家敢想敢干，不因某种条件限制而停滞不前。不因为某种条件的限制而放弃任何可能性，等到开拓出充满希望的方向之后，再考虑这种限制。关键在于始终抱赞成态度，使员工们将精力放在问题的解决之上，并使之意识到自己的行为会对企业的业绩产生直接影响。

只有做到这些，目前花在不信任和回报不信任上的巨大精力，才可能被各方面用来发明新产品、解决新问题和采用新方法，并用以作出周全的决定。如果能使工作场所摆脱不信任，工作的局面会立刻有所改观。

方圆智慧

现代的企业是要创建一种以关系为基础的单位，是要创建以信任和相互尊重为原则的工作场所。

让员工为“幸福”工作

“不是为幸福而工作，而是工作本身就应该是幸福。”幸福并不只是存在于我们的感情生活中，它一样也存在于我们的工作中。工作的幸福与否，直接影响到了我们的生活质量；而生活的幸福与否，和工作幸福与否休戚相关。

员工们在心灵感受到幸福的状态下工作，远远要比在情绪低潮的状态下工作更高效。员工因感到幸福而更加热爱工作，因热爱而更加投入工作，这就是管理中越来越备受关注的“幸福经济学”。

日本的经营之圣稻盛和夫，很早意识到要满足员工在工作中的幸福感，并旗帜鲜明地提出经营的首要基本目的，就是——“追求使员工物心两方面都得到幸福”。

作为“心灵经营”的实践者，稻盛和夫开展了企业内部的联谊活动。活动以聚餐会形式每年举办 2 ~ 4 次，在重大庆贺项目时另有增加。联谊会上，干部与员工相互斟酒，互诉心声。每次，稻盛和夫总是持杯走到大家中间，询问大家工作情况、存在的问题，并坦诚地说出自己的看法，努力找到解决问题的办法。联谊会通过谈工作、谈家事、谈人生，使员工在平等和友爱环境中得到放松，化解了很多矛盾。此外，稻盛和夫把全体员工视为合作伙伴，让所有地员工都分得了京瓷股份。

稻盛和夫除了按照日本公司的一般惯例，每年冬夏两次定期给职工发放资金外，还在公司经营情况良好的时候，给职工发放临时奖金。而另一项具有重大意义的措施，则是实行“职工股份所有”制度，让每个职工都成为公司的股东。在京陶创立25周年纪念的时候，稻盛和夫还把他个人所有的17亿日元的股份赠与1.2万名员工。有时候，稻盛和夫还把本公司股票，作为对生产中有功劳者的奖励，或替代奖金发给大家。这样一来，京陶的干部和工人大多持有相当数量的本公司股票，公司的发展、股票的升值，直接意味着职工个人财产的增加。在1985年，他投入了所持京瓷公司的股票和现金等个人财产200亿日元成立稻盛财团，创设了“京都奖”。每年在全球挑选出在尖端技术、基础科学、思想艺术等各个领域取得优异成绩、做出杰出贡献的人士进行表彰，颂扬他们的功绩。在这种宗旨下成立的奖项，现在已经成为与诺贝尔奖匹敌的国际奖。

稻盛和夫的“心灵经营”让所有的员工都领悟到：公司的发展与自身的幸福紧密相连。

在“以心为本的利他经济学”的指导下，稻盛和夫以“让员工物心两方面都得到幸福”作为责任、“为了人类的发展贡献心力”作为根本目标，他所创办的企业成为日本发展最快、最有影响的企业之一。

物质和心灵，是员工幸福的来源。首先是物质的回报，哪里物质回报多，员工就往哪里去。因为，越多的回报给员工造成的幸福感就越大，心灵的向心力就越大。

克拉克是沃尔玛本顿威尔商店的司机，他于1972年加入沃尔玛之前曾在另一家大公司开了17年车，但他离开的时候只拿到700美元。克拉克加入沃尔玛的时候，公司向他承诺：如果工作满20年，他将至少从“利润分享计划”中获得10万美元。而事实上，到了1992年，克拉克的利润分享数额已经积累到了70万美元。当别人问他对沃尔玛公司的看法时，他说：“我为另一家众所周知的大公司开了17年车，结果离开时只拿到700美元。而在沃尔玛，我得到的却多得多，你们认为我对沃尔玛会怎么看?”

这就是“物质幸福”所带来的结果。下面，让我们再来看看心灵幸福所创造的奇迹吧！

在GE，杰克·韦尔奇是有名的“铁血宰相”，他决策迅速、果断，办事讲求效率和高质量，同时重视“底线”和结果。很多GE的员工甚至抱怨韦尔奇要求太严、工作压力太大，无论在生产上打破多少记录，韦尔奇总嫌不够。

“员工就像一只柠檬，被他把汁儿都挤干了。”对此，韦尔奇一笑了之。然而韦尔奇也有非常关心员工的一面，常常让员工感到心灵的感动和幸福。他喜欢以便条的方式与员工沟通，给人一种亲切感。韦尔奇刚刚放下笔，他的便条便通过传真机直接发给他的员工，而且两天内当事人将拿到便条的原件。

一次，一位中层管理者要在韦尔奇面前第一次汇报一项重要工作。这个经理知道，在这位董事长面前能够通过报告可不是件容易的事。许多时候，韦尔奇像野兽似的围着你转来转去。如果抓住破绽，他会突然发问，一个接一个，问得你直冒虚汗。当然，他满意的话，你就会得到意想不到的奖励。在汇报时，这个经理由于太紧张，两腿发起抖来。下来后，他坦白地告诉韦尔奇：“我太太跟我说，如果我的报告不能通过，我就不要回家了。”

在汇报完工作的当天下午，韦尔奇叫人送了一瓶最高级的香槟和一束红玫瑰给这位经理的太太，并在便条中写道：“你先生今天表现得非常出色，我们非常抱歉害得他和您在最近几周来备受煎熬。”

想象一下当天晚上，这位经理回到家里，他妻子为他开香槟的情形吧！

方圆智慧

关注“幸福经济学”，满足员工物心两方面的幸福。当你能很人性化地对待员工时，他们感受的是物质奖励所远远不能达到的。因为这样有一种让员工获得幸福感的心态，会使员工把经营公司的未来和经营自己的个人幸福紧密地联系起来，为公司的壮大发展全身心地投入。

♨ 对人才进行培训

在一家公司的培训室里张贴着这样一段话："我们对各位严格要求，是为了帮助大家养成容易成功的习惯，是爱大家；途径是最大的福利？工资？住房？医疗保险？轻松自在工作？非也！这些更像慢性毒品，让你拥有暂时的安逸舒适，实际上是废你的武功。提供培训，是让你拥有能力和知识，具备成功者的素质，这是你的无形资产、是最大的福利。"这段话传递的理念是：管理是严肃的爱，培训是最大的福利。

培训和开发活动，是人力资源管理的重要组成部分，是维持整个组织有效运转的必要手段。及时地、连续地、有计划地培训和开发组织内部的人力资源，是保持和增进组织活力的有效的途径。

培训是一个自治采取的促进内部成员学习的正式步骤，目的是改善成员行为，增进其绩效，更好地实现组织目标。培训管理从某种意义上说，是一个组织学习活动和提高学习效率的过程，是企业管理者和培训专家依据组织战略目标制定培训政策、筹划培训项目，并付诸实施的过程。从不同侧面看，培训有不同的含义。

1. 为实现组织目标服务

从培训开发和组织目标的关系看，培训过程首先应当有利于组织目标的实现。培训不是一种时尚，为培训而培训是不会收到良好效果的，必须从组织的功能着手，找出对员工进行培训的具体目标。如果一种培训活动不能对组织目标产生积极的影响，就没有理由开展培训活动。同时，对员工的培训和开发，必须是实现组织目标的有效途径。与可以帮助实现组织目标的其他方法和途径相比，要考虑培训是不是成本最小，或者障碍最小的方式。再者，既然要求培训支持组织目标的实现，那么培训活动应该从什么角度帮助实现组织目标？帮助的程度究竟有多大？这也是必须认真分析和解决的问题。因此，当组织实施一项培训计划的时候，必须详尽准确地分析培训所耗费的成本，所能取得的收益，这会纠正实际培训工作的偏差，使组织的培训活动有效地促进组织目标的实现。

2. 员工培训和开发活动是员工职业发展的推动器

现代人力资源管理认为，员工作为组织成员，不但要为实现组织目标而努力，同时也要努力使自己的人力价值增加，使自己的职业能力增加，把自己推向更高的职业发展阶段。为此，必须有一种可行的心理契约，即个人对组织的期望与组织对个人期望的承诺之间，需要一种心理契约，这是组织凝聚力赖以形成的基础。培训和开发活动强化了这种心理契约。真正有效的员工培训活动不仅能够促使组织目标实现，而且能够提高员工的职业能力，拓展他们的发展空间。因此，培训和开发活动是员工职业发展的推动器。

3. 培训是一种管理工具

不论何时何地，都应当把培训看成是一种管理手段，而且是一种有效的管理手段，因为它不是在消极地约束人的行为，而是在积极地引导人的行为。世界各地的企业每年培训开发活动的经费数以百万计，对这些巨额支出的效果，必须依据员工能否达到进组织所需要的工作能力决定。管理者期望通过培训和开发活动促进组织目标的实现，这一过程必须通过影响员工在特定工作情景下的行为选择完成。如果说接受培训之后的员工工作绩效有所提高，那就是通过行为目标和方式的改进实现的。把职工培训看成是一种管理工具，也就是要通过培训员工塑造员工的合理行为。

4. 员工培训和开发是一种重要的投资方式

与传统的人事管理不同，现代人力资源管理把员工视为一种资源。许多高科技公司没有巨额的物质财富，但拥有具有先进科技开发能力、娴熟管理技巧的员工，是公司赖以生存发展的最宝贵的资源。这种公司的发展壮大是难以阻挡的。微软等企业的成长已证明了这一点。企业的培训和开发活动，在增加受培训者人力价值的同时，也使企业所拥有的人力资本得以增加。在知识经济时代的信息社会里，企业资产的增加不仅意味着物质资产规模的扩大，更重要的是资本增值能力的提高，以及对物质资本吸引力的增加。而这些，离开人力资源都办不到。许多著名的跨国企业之所以舍得对员工培训进行大规模的投资，正是因为意识到了这一点。

方圆智慧

在未来的企业竞争中，对人力资本的投资包括员工培训投资，将是更有潜力、更有收益的投资方式，是保持竞争优势和提高竞争地位的重要手段。

重视培养接班人

十年树木，百年树人。培养接班人是领导工作极重要的一环。其他人才的培养可以在今天的竞争中处于有利地位，而接班人的培养则会使自己的事业在未来占据优势。领导者从身边的人中培养接班人，首先自己对他们都比较了解，知道他们各自的能力和品质；其次，培养的接班人对自己的事业最了解，可使自己的经营理念得以传承。

选择和培养继承事业的历史越悠久，领导人就显得越伟大。周文王、周武王建立的周朝，被他们的后代延续了 800 年之久。周文王和周武王被人称为英明的领导。

管仲是我国先秦时代著名的齐国相国，他辅佐齐桓公九合诸侯，一统天下，如果他在去世前能培养出“第二个管仲”来继承已经成就的业绩，不仅齐桓公不会丧生于竖刁、易牙、开方这样的小人之手，齐国霸业也会更加宏伟、延续的时间会更加长久，而管仲本人也会与周公齐名。又如杨坚开创的隋朝基业，也只延续了炀帝一代，他在历史上的影响不仅没有秦始皇那么大，而且和项羽、陈胜、吴广、张角等时代的豪杰之士的区别，也只是五十步和一百步之分而已。

1. 选择培养后继人才

一个超越时空的伟大理想、伟大事业，需要依靠超越时空的后来人去继承捍卫、发扬光大。但事业的继承捍卫、发扬光大与事业的开创者所选择的继承人有着密切的关系，选择培养后继人才是领导者重大的事情。

名扬古今的诸葛亮，不仅广揽人才、重用人才，还会千方百计地保护培养接班人。蒋琬，就是在诸葛亮的精心保护、培养下，才逐渐成为蜀汉政权中脱颖而出的人。

蒋琬，三国时陵湘人，字会焱。在刘备入蜀前，他只是一个州衙门里的小吏，做些缮写文书之类的事。刘备入蜀后，让他做了广都县令。由于他办事公正，勤勤恳恳，又颇为妥善，受到了同僚们的赞赏和百姓的拥戴，也引起了诸葛亮的分外关注。可是，有一次刘备因为有事到了广都县，蒋琬却因为喝醉了没有出来迎接，这使得刘备非常生气，当场就罢了他的官，并且判处了他的死罪。诸葛亮知道这件事后，马不停蹄地赶过来，奉劝刘备说：“蒋琬平时办事是非常谨慎的，工作很勤奋，办事很公正，并且他饱读诗书，博学多才，只要稍加教导，肯定是治理国家不可多得的人才！”刘备怒气未消地说：“他如此目无尊长，又怎么能治理百姓呢？”诸葛亮说：“这一次，只不过是他偶然的过失罢了，再说，蒋琬一贯是以安定百姓为本的，不善于官场上的迎来送往，您不能因为眼前的这一次小事而把他判处死罪啊！”

刘备看到诸葛亮为他讲情，说得合情合理，并且他一向都非常尊重诸葛亮，因此收回了成命，说：“既然军师都这样说了，我就饶了他一次吧。不过，死罪免了，活罪难逃。”于是罢了蒋琬的官。不久，诸葛亮又找了个机会，把蒋琬扶持起来，委以重任，并大力培养。蒋琬也发奋努力，立志精忠报国。后来，蒋琬做了尚书郎，还曾经代理丞相的职务。诸葛亮率师出征时，总是让蒋琬全权负责军需保障，而蒋琬也总能做到有充足的士兵和食物，以满足军队的需要，帮助军队解决了后顾之忧。

数年后，当诸葛亮打出岐山病危时，还特地给后主写信，称赞蒋琬的人品与才干，并且提议在他死后，让蒋琬来接替自己的职位。刘禅遵照诸葛亮的遗嘱，先是命蒋琬为尚书令，总统国事，次年又令蒋琬为大将军。蒋琬终于成为继诸葛亮之后蜀汉政权的中坚人物。

蒋琬遇到了孔明可谓是遇到福星了，没有孔明的精心保护、培养，纵使其有通天之能也是枉然。孔明对蒋琬也可谓是育之有术，用心良苦，先是为其求情，赦其死罪，后又寻找机会重用他，并大力培养，蒋琬才得以成为一个人物。

领导者对待人才也应学习诸葛孔明，对人才要能够容其小过，在必要时加以培养，这样才能使人才扬长避短，才尽所用。每一个接班人的成长发展，与领导者的教育和培养是分不开的。

2. 培养接班人要做好四件事

许多人相信每一代新的领导人是天生的而不是培养出来的，他们认为那些人一出生就是领导人，只等到年纪够大接管社会上适当的位子。结果，很多领导人只愿意制造追随者，同时期待新的领导人在时机成熟时就当场现身，却不知道他们限制了多少自己的以及他周围人士的潜能。正如美国著名企业资深顾问约翰·麦司威尔所说，生产追随者的领导人，他的成功仅限于其指示和个人影响所及的地方。当他不再领导时，他的成功也就结束了。另一方面，培养其他领导人的领导人，可以加倍他的影响力。即使他个人不再承担领导的责任，他的组织也会继续建构和成长。

李光耀是新加坡前总理，在他执政期间，十分重视接班人的培养。早在 1967 年，李光耀担任新加坡总理才 8 年，年方 44 岁，他就提出了接班人的问题，当时他称之为“创造一种自我延续的权力结构”，也就是后来的新加坡人民行动党提出的“自我更新”问题。它显示了李光耀作为一位国家领导人的远见卓识和国家建设思路。20 世纪 70 年代初，人民行动党开始在政府机构中广泛物色人才，吸收他们加入人民行动党，参加

1972 年 9 月的大选。前几年活跃在新加坡政坛上的第二副总理、人民行动党主席王鼎昌和环境发展部长艾哈迈德·马塔尔等人是这期间被选中的新秀。1976 年又是一个大选年，人民行动党从国有公司、政府拥有股份的银行中发掘人才，现任新加坡总理吴作栋就是这一年脱颖而出的。1985 年 1 月 1 日，新加坡由年轻一代担任重要角色的内阁组成，12 名内阁成员中有 7 人是 40 多岁，表明新老两辈人已进入交接阶段。李光耀虽然担任总理，但他已放手让年轻领袖充分发挥领导才能，以确保新老两代领导人交接工作顺利进行。1991 年，李光耀不再担任新加坡总理，进入幕后工作，但他依然在为新加坡的繁荣而做着贡献。

在李光耀培养新生代领导人这件事情中，美国前总统里根评论说："李的良好判断使美国许多领袖包括我（指里根自己）本人受益不浅。"

如果你正准备培养领导人，要做好四件事：

第一，维持积极的环境。

还不具备领导技巧的人，必须有一个积极的环境帮助他们成长。没有那种环境，他们会害怕成长；有了它，他们会愿意学习和尝试新事务。身为领导，提供环境，然后维持他们在你近旁，他们因此可以学习你的思考方式。

第二，高度信任他们。

他们在开始时可能犯很多错，培养他们可能是漫长的过程。高度信任他们，即使事情变得很糟糕，依然鼓励他们坚持做下去。

第三，一步一步授权。

你先陪着他们做，并以你的名义给他们权威。等他们获得经验运用你的权威，开始给他们自己的权威——先处理小事，然后处理较大的事，一步一步地在别人心目中塑立新领导人的形象，最后，人们会因为他们的权威而承认他们。

第四，运用他们的优点。

在培养领导人的过程中，充分运用他们本人的优点很重要。

方圆智慧

作为领导人，你必须使培养新的领导人成为必不可少的生活方式。当你过上了这种生活，你生活里的成功会以乘方的形式增加，你的影响才会超过想象。不培养领导人的领导人，有一天会发现他们的成功受到了阻拦。无论他们多么有效率、方法多好，都终将时不我予。哈瑞·弗莱斯说："我们只有培养他人，才能永远成功。"

♨ 好领导也是好老师

皮格马利翁是古希腊神话里的塞浦路斯王，他爱上了自己雕塑的一个少女像，并且真诚地期望自己的爱能被接受，这种真挚的爱情和真切的期望感动了爱神阿佛洛狄忒，阿佛洛狄忒就给了雕像以生命，雕像变成美少女后嫁给了皮格马利翁。

虽然这只是一个神话传说，但是，在现实生活中，由于期望而使"雕像"变成"美少女"的例子也不鲜见，这就是皮格马利翁效应，指的是：殷切的期望总会实现。积极的期望促使人向好的方向发展，消极的期望则使人向坏的方向发展。

美国心理学家曾做过这样一个实验：

研究人员提供给一个学校一些学生名单，并告诉校方，他们通过一项测试发现，该校有几名天才学生，只不过尚未在学习中表现出来——殊不知，这是从学生的名单中随意抽取出来的几个人。

有趣的是，在学年末的测试中，这些学生的学习成绩的确比其他学生高出很多。研究者认为，这就是由于教师期望的影响。

由于教师认为这个学生是天才，因而寄予他更大的期望，在上课时给予他更多的关注，通过各种方式向他传达"你很优秀"的信息，学生感受到教师的关注，因而产生一种激励作用，学习时加倍努力，因而取得了好成绩。

对少年犯罪的研究表明，许多孩子成为少年犯的原因之一，就在于不良期望的影响。他们因为在小时候偶尔犯过的错误而被贴上了“不良少年”的标签，这种消极的期望引导着孩子们，使他们也越来越相信自己就是“不良少年”，最终走向犯罪的深渊。

管仲在做齐国的宰相以前曾经负责押送犯人，但是，与别的押解官不同的是，管仲并没有亲自押送犯人，而是让他们按自己的喜好安排行程，只要在预定日期赶到就可以了。犯人们感到这是管仲对他们的信任与尊重，因此，没有一个人中途逃走，全部如期赶到了预定地点。由此可见，积极期望对人的行为的影响有多大。

在现代企业里，皮格马利翁效应不仅传达了管理者对员工的信任度和期望值，还适用于团队精神的培养。即使是在强者生存的竞争性工作团队里，即使许多员工虽然已习惯于单兵突进，我们仍能发现皮格马利翁效应是其中最有效的灵丹妙药。

麦肯锡公司的创建者鲍尔指出：领导者有三种责任：给员工自信和自尊，让他们自我感觉良好；保持员工的精神和士气；帮助员工了解自己的责任，让他们作为个体成长发展。

一个优秀的企业家，不仅要当好领导，更重要的是当好老师，要诲人有术。帮助员工建立自信，给人勇气，教人自立，是功德无量的善行，也是诲人的真谛。诲人不仅需要不倦，还需要有良苦用心，要教育员工相信“天生我材必有用”。

有一家公司有一位新招聘来的年轻员工，在编制计算机程序时，总也做不好，他自己都丧失了信心，准备到总经理那里去辞职，总经理亲切地鼓励他一定能干好，使这位年轻人备受感动，同时增强了自信，很快就完成了任务。现在，这位年轻人已成为企业的骨干。通过这件事情，这家公司的总经理说：“我个人生活的目标是快乐生活，因此，我也要把快乐传给别人。我给了这位年轻人认可，他就获得了快乐，并能影响他一生的生活，我也就更快活了。”

方圆智慧

人们通常用这句话来形象地说明皮格马利翁效应：“说你行，你就行；说你不行，你就不行。”要想使员工发展得更好，就应该给他传递积极的期望。

♨ 让员工发泄心中的牢骚

无论是“扁平化”管理、“金鱼缸”管理、“海豚”管理、“危机”管理，其共同特点都是要求人力资源管理工作者真诚地倾听员工的心声。倾听员工的心声体现企业以人为本的管理理念，能发挥人力资源的优势，激发员工的积极性，增强企业的凝聚力。

哈佛大学心理学教授梅奥提出：凡是公司中有对工作发牢骚的人，那家公司或老板一定比没有这种人或有这种人而他们却把牢骚埋在肚子里的公司或老板要成功得多。

美国哈佛大学心理学系为此曾组织过一次有价值的实验。实验的具体做法就是专家们找工人个别谈话，而且规定在谈话过程中，专家要耐心倾听工人们对厂方的各种意见和不满，并做详细记录。与此同时，专家对工人的不满意见不准反驳和训斥。这一实验研究的周期是两年。在这两年多的时间里，研究人员前前后后与工人谈话的总次数达到了两万余人次。

结果他们发现：这两年以来，工厂的产量大幅度提高了。经过研究，他们给出了原因：在这家工厂，长期以来工人对它的各个方面有诸多不满，但无处发泄。“谈话实验”使他们的这些不满都发泄出来了，从而感到心情舒畅，所以工作干劲高涨。

在日本，很多企业都非常注重为员工提供发泄自己情绪的渠道。松下公司就是如此。在松下，所有分厂里都设有吸烟室，里面摆放着一个极像松下幸之助本人的人体模型，工人可以在这里用竹竿随意抽打“他”，以发泄自己心中的不满。等他打够了、停手了，喇叭里会自动响起松下幸之助的声音，这是他本人给工人写的诗句：

“这不是幻觉，我们生在一个国家，心心相通，手挽着手，我们可以一起去求得和平，让日本繁荣幸福。干事情可以有分歧，但记住，日本人只有一个目标：即民族强盛、和睦。从今天起，这绝不再是幻觉！”

当然，这还不够。松下说：“管理者自己还得努力工作，要使每个职工感觉到：我们的管理者工作真辛苦，我们理应帮助他！”正是通过这种方式，使松下的员工自始至终都能保持高度的工作热情。

方圆智慧

疏导是治理拥塞的根本。人有各种各样的愿望，但真正能达成的却为数不多。对那些未能实现的意愿和未能满足的情绪，千万不要压制，而是要让它们发泄出来，这对人的身心发展和工作效率的提高都非常有利。

♨ 增强员工的归属感

诚然，公司这个“家”与员工自己的小家有所区别，自己的家有着一生一世的概念，公司这个家也许是有阶段性的，但是，如果加入了这家公司，就应把公司的利益和自己的利益结合在一起，个人努力了，公司发展了，员工也能得到好的回报。清华同方的管理者说过一句话：你不一定在清华同方工作一辈子，但在清华同方的工作会对你一辈子有用。

员工为自己的“家”做事，能不努力吗？这就不难解释为什么众多领导者处心积虑地留住公司人才，且利用一切机会网罗公司外部人才的原因。

做领导的强调员工“把公司当成自己的家”的时候，自己也要能“为员工创造一个家”。员工的归属感首先来自待遇，具体体现在员工的工资和福利上。衣食住行是人生存最基本的需求，买房、买车、购置日常物品、休闲等都需要钱，这都依靠员工在公司取得的工资和福利来实现。在收入上让每个员工都满意是一项比较艰难的事情，但是待遇要能满足员工最基本的生活需求才能在最基本的层面上留住人才。因此，待遇在人才领导中只是一个保健因素，而不是人才留或走的因素。

个人的期望是赋予员工归属感的重要内容。每个人都会考虑自己在企业中的位置与价值，更注重自己未来价值的提升和发展。个人价值包括技术能力、领导能力、业务能力、基本素质、交涉能力等，领导者提供机会帮助员工增强以上能力，是企业增强魅力、吸引人才的重要手段。

增强员工归属感还需要特别注重每个员工的兴趣。兴趣是最好的老师，有兴趣才能自觉自愿地去学习，才能做好自己想做的事情。作为领导者应该尽可能考虑员工的兴趣和特长所在。擅长做管理的，尽可能去挖掘、培养他的管理能力，并适当提供领导机会；喜欢钻研技术的，不要让其去做领导工作。

通用电气公司前总裁斯通致力于培养全体员工的“大家庭感情”的企业文化，公司领导者和员工都对企业特有的文化身体力行，爱厂如家。从公司的最高领导者到各级领导者都实行“门户开放”政策，欢迎本厂职工随时进入他们的办公室反映情况，对于员工的来信来访能负责地妥善处理。公司的最高首脑与全体员工每年至少举办一次生动活泼的“自由讨论”。通用公司像一个和睦、奋进的“大家庭”，从上到下直呼其名，无尊卑之分，互相尊重，彼此信赖，人与人之间关系融洽、亲切。

有一次，公司的机械工程师伯涅特在领工资时，发现少了30美元，这是他一次加班应得的加班费。为此，他找到顶头上司，而上司却无能为力，于是他便给公司总裁斯通写信，“我们总是碰到令人头痛的报酬问题。这已使一大批优秀人才感到失望了。”斯通立即责成最高管理部门妥善处理此事。

三天之后，他们补发了伯涅特的工资，事情似乎可以结束了，但通用公司利用这件为员工补发工资的小事大做文章。第一是向伯涅特道歉；第二是在这件事情的推动下，了解那些“优秀人才”待遇较低的问题，调整工资政策，提高了机械工程师的加班费；第三，向《华尔街日报》披露这一事件的全过程，并在美国企业界引起了不小轰动。事情虽小，却能反映出通用公司的“大家庭观念”，反映了员工与公司之间的充分信任。

组织气氛的建设是世界上难度很高的一项工程，不要简单理解为“主管请员工吃吃饭，员工主动与主管拉关系”，它需要主管、员工建立在自然诚信的基础上，历经一个足够的时间过程烈火磨炼，一段崎岖不平道路的跋涉，高压竞争环境的“锻造”，在融合组织内外知识经验的基础上，在外界势力共同作用下，形成共同美好的愿景，简明有效的组织构架、流程规范制度，自然的沟通交流学习习惯，公正的考核激励措施，具有强大感召力和凝聚力的团队组织，领导者及成员乐意为团队牺牲个人利益，每个成员都以身为组织一员而感到自豪，这样的团队才具有旺盛的生命力和爆发力。

方圆智慧

让员工感觉到个人的重要是归属感营造中的重要内容，任何人都希望别人喜欢他、认可他，让别人信服他，让别人觉得他重要。

第三节 号令方圆，恩威并施

以信义树立权威

《诗经》中一句诗用现代语言来说，意思是："白圭上的污点，还可以磨掉；语言上的污点，就难以磨掉。"说话守信，行为果敢；有命令就去执行，有禁规就去阻止；法度不轻易改变，制度不轻易变更。领导需要这样来立信。领导立信于上，百姓遵守于下；法令政策行于上，百姓官员行于下。领导示信于人，就能得到人才；示信于国家，就能得到国家；示信于天下，就能得到天下。

普鲁士陆军元帅布吕歇尔是一位诚实守信的将军。有一次，他率领大军在崎岖的山路上急急忙忙地行军，他必须尽快去援助威灵顿。战时一刻值千金，但此时士兵已经疲惫不堪，道路泥泞，部队实在难以快速前进。布吕歇尔不停地鼓励士兵们加油："快点，孩子们——向前、再快点。"士兵们已经汗流浃背，已经尽力了，已经不可能再快了，布吕歇尔还是不停地鼓励他们："孩子们！我们必须全速前进，我们必须准时到达目的地。我已经答应了我的兄弟部队，你知道吗？你们千万不可让我失信！"在他的感召下，士兵们一鼓作气，终于准时到达了目的地。

能够征服他人，并获取他人信任，就能成为一位好的企业家、好的领导人。而能够让他人动心的，只有他人本身的利害而已。要想掌管人作为己用，无论是大用还是小用，总要站在对方的利害观点上，为他人着想，这是一条铁定不移的大原则。

明太祖朱元璋曾经以大胆的行为，使敌人的精壮降兵，都变成自己的骁勇战士。在他起兵攻破采石矶后，长驱直入集庆，水陆并进，先攻破陈兆先的兵营，随即起用他们，在降兵中挑选精壮骁勇的士兵500人，直接归纳于军中，这500人都感到惊恐不安。朱元璋发现后，便筹划着怎样才能让他们信任而不怀疑，最后，决定采取先对他们信任，而后获取他们对自己信任的策略。在晚上让他们进入营区卫环侍候，自己也解甲就寝，而且把自己原来的人员调开，仅留冯国用一人侍睡在床前。此后，人心大定，都相信了他的至诚。攻打集庆时，冯国用就率领这500降兵，首先冲锋陷阵，在蒋山下打败元军，威逼城下。此后，各路兵马快速奔进，一举攻克南京，这500人为其确实出了大力，立了大功。所以说，没有威信，就不能役使人；没有威信，就不能使人服从。

言语忠信，行为笃敬，到哪儿都行得通；说话不忠实、不信用，行为不诚实、不笃敬，就是在本乡也行不通！

方圆智慧

君子一言既出，驷马难追；言必信，行必果，这是做人的学问，也是领导用人的学问。人无信不立。一个国家、一个单位、一个企业，没有信用就难以立起来。领导靠信义树立起来的权威，基础更牢固，更有持久性。傅玄在谈到信用时说："以信待人，不信思信；不信待人，信思不信。"以诚信待人，人必诚信；以欺诈待人，人必欺诈。

♨ 赏罚分明

赏罚分明，体现了褒扬贬抑，指示了人们行动的方向，强化正当的进取，弱化错误的选择。赏罚分明，给人以精神上的满足或抑制，它通过奖赏，肯定了人才的劳动价值乃至人生价值；通过惩罚，否定了一些错误行为和消极因素。

赏罚分明，是人的利益所在，如果赏罚不明，会产生相应的危害。商鞅说：赏罚不明，就好比任重道远而无牛马，济大川而无舡楫。他指出赏罚不明就等于失去了事业成功的基础和希望。唐代元结《辩惑》强调了赏罚并用的重要性："赏善而不罚恶则乱，罚恶而不赏善则乱。"

赏罚分明，必须讲究科学方法，必须遵循以下几项原则：

1. 赏罚据实

惩罚与奖励，是领导工作的两件利器。但是在做出惩罚决定时，其先决条件是弄清事实。只有事实清楚后，惩罚才会做到掷地有声，又稳又准。事实会被形式所掩盖，领导必须分清事实与怀疑之间的界线，必须创造让大家看来是公开、诚实、信任的气氛。事实的真相也是难以捉摸的，它并不是在一张纸上提供一套简单的事实，而是穿着多彩的外衣。我们很少能一眼看出真相，所以必须从不同的角度去看，如果从单一的角度去看问题，难免出现失误。

为了成功地做好事情，必须首先弄清事实，不受外界各方面的影响。如果故意误导，带有偏向，不将事实弄清，领导的威信将大大受影响。不但受到惩罚的人满腹委屈，其他明白真相的人看在眼里，也会替他鸣不平。

对待事实问题，还必须区分事实与观点的不同。很多人容易将这两者混淆。例如，他们喜欢将"某人懒惰"，"某人没有竞争性"等作为事实。某人很少主动帮助别人是事实，但这并不意味着他就是懒惰者。关键是要抓住核心的事实，能够面对挑战和展开详尽的调查。弄清了核心的事实，才能更好地做出有效的决定。

核心的事实是存在的有形的东西，是实际发生的东西。这些有形的东西可以用确切的语言来描述，也可以用数字来衡量。某人上周迟到了3次，这是事实，但某人总不守时，却不一定是事实；某人昨天失去了一批订单是事实，但他干不成任何事情则不一定是事实。

弄清事实，也需要建立一种关系与信任。这意味着领导能准确地判断谁可信，同时也意味着不能以个人的信任和观点来掩盖我们面前真切的事实。弄清事实才能下定决心是奖是惩，才会有的放矢，才会威服于人。

2. 赏罚一致

惩罚和奖励的目的都是为使人更努力地工作。但有时候，由于某些制度或程序的障碍，造成所需要的行为与所惩罚或所奖励的行为之间不一致，因此也无法达到最初目的。

一位年轻的工程师想请3天假去陪家人郊游，但他的领导没有批准，因为部门最近的工作很紧，工人们每天都要加班，连星期六也不能休息。有一天，这位保持最高迟到记录的工程师又晚到了30分钟。领导对此十分生气，警告他："如果你再迟到一次，我将让你停职3天并扣除工资。"你猜第二天谁迟到了？还是这位工程师！那位工程师听到这一警告，为这一难得的机会而沾沾自喜——他终于可以实现自己郊游的愿望了。于是第二天，他故意去得很晚。如其所料，他被停工3天，扣除3天工资，但他可以出去与家人一起郊游了，满足了自己的需求。那位领导也自以为做得正确，他"正确"地维护了管理制度，但部门的工作还是无法按时完成。

以上事例中领导者按常规办事的做法，造成了惩罚行为与惩罚效果的严重脱节。这位领导者敲的警钟最后还是没有敲到实处，反而正中那位工程师的下怀。奖励也是一样，有时造成奖励行为与奖励目的的脱节。领导奖励什么行为，将会得到更多这种行为。虽说赞扬与抚慰是经常性的行为，但也应注意不要奖励所不该奖的。如果那样，领导将不会得到自己所希望的东西，而是得到所奖励的东西。譬如不慎奖励了一个人，此人投机取巧的工作瞒过了领导的眼睛，那么这种投机取巧行为被纵容滋长起来。

3. 赏有信，罚必果

“信赏必罚”是领导者遵循的御人法则。信赏必罚的重点在及时和适度。立刻施行，大家才会知道效法和警惕。所谓“适度”，就是奖惩的程度要适当。大功大赏，小功小赏；大过严惩，小错薄罚。

在公平的范围内处理得让人心服口服，奖惩才有意义。如果因为私心，小功给大赏，或是大过而薄惩，引起的后果可能比不处置还严重。

4. 功过不抵

赏罚分明，不但指对不同的人该赏则赏，该罚则罚，还指对同一个人的不同事件该赏则赏，该罚则罚，决不能功过相抵。理由是：

第一，任何人都有其功，也有其过，如果功过相抵，就容易导致功过混淆，毫无界限。公元1126年，金兵攻陷宋朝京师洛阳，宋徽宗、宋钦宗两个皇帝被金人掳走，北宋灭亡。在金兵的逼迫下，朝廷众官打算立张邦昌为国君，但遭到秦桧等人的坚决反对，秦桧因此也被金人俘虏。秦桧的这个举动称得上是大功，一时受到全国上下的赞誉，可是，秦桧到金国后，一反前态，除了替宋徽宗操刀写乞和书、投靠金人外，还卖国求荣，陷害抗金英雄岳飞，留下万世骂名。此刻，是否能因秦桧有前功而赦其后罪呢？历史做出了公正判决：秦桧罪不可赦。

第二，功过相抵，容易造成特权。有的人因为做出了成绩，或立有功勋而得到一官半职，如果功过可以相抵，那么各级官吏必享首惠，又加上大权在握，“官官相护”，官僚特权必然更加肆无忌惮，法律、制度、规章在他们面前也必然荡然无存。

所以，要做到功过不相抵，必须：功过分明，各施赏罚。若有大功于前，按律行赏；又有大过于后，按律施惩。一个大功臣杀害无辜的人和一个地痞无赖杀害无辜的人，应该用同一条法律制裁，而不应考虑昔日的功劳。杀人偿命，自古而然。反之，若有大过在前，理应施以惩罚，又有大功于后，也应按律行赏。

方圆智慧

“在法律面前人人平等，在纪律面前一视同仁”，以这样的原则来用人，领导不因个人情感而行赏罚，则赏罚分明，事半功倍。

♨ 奖励标准就是价值标准

有功劳的，一定要奖赏，否则谁肯卖力奉献？有过失的，一定要惩罚，否则谁会谨慎处事？切实做到赏罚严明，团体的纪律才能获得有效维护，团体中的每个成员才会尽心尽力。相反，做好事得不到奖赏，做坏事受不到惩罚，每个人就可以放心大胆地胡作非为，那么整个纪律会遭到破坏，管理会陷入混乱。

有一家生产煤气热水器的企业，销售成绩一直不理想。老板认为原因是价格定得偏高，他决定降价 20%，于是召集销售人员开会宣布这一决定，大多数销售员赞同老板的决定。

只有一个人表示，问题不是出在售价上，而是售后服务网点分布不合理以及服务态度不够好。老板听后不以为然，仍坚持自己的决定，并宣布将按销售额给推销人员分红。在降价后一个月左右时间内，销售量果然大增，有关人员也得到了可观的分红奖励。但随后销售便直线下降，原因正是售后服务跟不上，用户纷纷投诉，甚至写信向媒体投诉。他们的竞争对手趁机推出新型产品，广布服务网点并承诺如果售出的产品有问题，维修人员会在 24 小时内到场解决。结果这个企业的市场份额，被竞争对手夺去了大半。

可见老板只奖励那些顺从听话的员工，而忽视那些有真知灼见、持不同意见的员工，会给企业带来的危害，甚至可能是致命的。以上的例子还说明，人们会积极去做受到奖励的事情而不考虑是否是正确的。因此老板们千万不要把奖励问题当成一件小事。从这个意义上来说，把正确的奖励视为最重要的领导原则，并不为过。

在办公室和车间里可以看到这样一些员工，他们往往提前半小时上班，而过了下班时间，他们看上去还在那里工作。老板看到这种情况真是喜上眉梢，因此，一有机会，就会优先提拔这些员工。可是如果仔细观察一下，就会发现这些员工在上班的时候可能并不是紧张地工作。当老板不在的时候，看报，聊天，甚至干私活，一旦老板出现，他们立即看上去在一本正经地工作，这在有些企业已经形成一种风气。而另一些员工，一般总是按时上下班，并且工作起来效率高，一方面是精神集中，一方面是巧干，最后总能较好地完成任务。但是往往下班时间老板来巡视时，他们已经离开了。老板这时只看到了那些仍然在岗位上工作的人，便对已经走的人心生不满，当然也就更谈不上奖励他们了。这种现象应当引起老板的深思。一位专家说过："如果你不能在八小时工作时间内完成你的工作，那么不是你被分配太多的工作，就是你的能力不够。"

中国古人早就发现：上有所好，下必甚之。楚王好细腰，国中多饿死。作为一个领导者，不论是古代的君王、官吏，还是今天的总裁、经理，你奖励什么、惩罚什么，无疑就是向人昭示你的价值标准。你的下属、员工，或者认同你的价值标准，努力做你希望他做的事，成为你所希望他成为的那种人；或者不接受你的价值标准，离开你的企业；或者就是阳奉阴违，投机取巧。

作为一个领导者，建立自己正确的即符合企业、组织根本利益的，明确不是模棱两可、摇摆不定的价值标准，并通过奖罚手段的具体实施，明白无误地表现出来，应该是领导工作的头等大事。

方圆智慧

要求人们做出什么行为，与其仅仅停留在希望、要求上，不如对这种行为作出明明白白的奖励来得有效。

一箭双雕，手腕高明

恩威并用是高明的领导手段，用好了，不但能增加领导的威信，还能提高领导的亲和力。平衡的情绪、永远保持愉快的笑容，是服众的最重要法则。

冯异是汉光武帝刘秀手下的一员战将，他不仅英勇善战，而且忠心耿耿，品德高尚。刘秀转战河北时，屡遭困厄。在一次行军途中，弹尽粮绝，饥寒交迫，是冯异送上仅有的豆粥麦饭，才使刘秀摆脱困难。冯异治军有方，为人谦逊，每当诸位将军相聚，各自夸耀功劳时，他总是一个人独避大树之下，因此，人们称他为“大树将军”。

冯异长期转战于河北、关中，甚得民心，成为刘秀政权的西北屏障。这自然引起同僚的妒忌。一个名叫宋嵩的使臣曾前后四次上书，诋毁冯异，说他控制关中，擅杀官吏，威权至重，百姓归心，都称他为“咸阳王”。

冯异对自己久握兵权，远离朝廷，也不大心安，担心被刘秀猜忌，于是一再上书，请求回到洛阳。刘秀对冯异的确也不大放心，可西北地区却又离不开冯异。为了解除冯异的顾虑，刘秀便把宋嵩告发他的密情送给冯异。这一招的确高明，既可解释为对冯异深信不疑，又暗示了朝廷早有戒备。这一招使冯异连忙上书自陈忠心。刘秀这才回书道：“将军之于我，从公义上讲如君臣，从私义上讲如父子，我还会对你猜忌吗？你又何必担心呢？”

刘秀对告密信的处理，只做出一种姿态，表示不疑罢了，而真正的目的，是给冯异一个暗示：我已经注视你了，你不要轻举妄动。这既是拉拢，又是震慑，一箭双雕，手腕可谓高明。

方圆智慧

好领导难做——为什么难做？原因就是作为领导既不能不做好人，又不能老做好人，必须恩威并用。下属不对的地方，固然应当责备，而对他表现优越之处，更不可抹杀，要适时给予奖励，下属的内心才能得以平衡。领导在下属面前偶尔做做好人是应该也是必需的，但是不能老做好人，否则下属就会肆无忌惮，胡作非为。

必要时采取非常手段

成功的领导者多以温和的和富有人情味的方法管理部下，以询问、鼓励、说服等方法带动他们前进。因为用奖励或肯定的方法使某种行为得以巩固和持续，比用否定或惩罚的办法使某种行为得以减弱或消退更有效。大多数受过教育的人喜欢做别人请求他们做的事，而不愿做别人命令他们做的事。而且从长远观点看，批评过多会损害他人的自尊心，使工作效率下降，给人的精神造成伤害。

但在必要的时候，为了加强管理，领导必须采取强硬手段。一些得力的管理者，当他们不得不解雇某人时，他们并不因为内疚而变得犹豫不决。他们很可能平时有爱心，关心人，可是一旦要采取坚决措施，便变得冷酷无情。

有一个例子。一家大生产公司下属的一个分公司一直存在严重的经营问题，于是一名新经理被派去负责，并告知要尽快“扭转局面”。新经理用了几周时间对公司总部给他收集的大量有关工厂现状的资料进行研究后，决定马上进行重大改组，以挽救此分公司。他自己的第一次登台亮相便采取了大胆的必要的措施。

他带来 4 名助手和 3 个装满了有关公司及生产资料和分析材料的手提箱，在赶赴分公司之前的两小时之内才通知分公司的管理部门，一到便立即召集分公司的40名高层经理开会。会上，他简要地概括了他对公司现状的分析意见、他此行所负的使命以及他认为公司今后的基本发展方向，明确指出公司目前的经营行为很不令人满意。接下来，他当场解雇了4名高层经理并限令他们2小时之内离开公司；明确宣布如果谁试图阻挡他对公司的拯救行动，他将不惜一切毁掉他的前程；最后他宣布他的助手将安排他与公司每位经理会晤，从第二天早上7点开始。这样，60分钟的会议结束了。在随后的关键的6个月中，那些留在公司的人积极与他合作。

这是以快刀斩乱麻，坚决果断采用强硬手段解决问题的一个成功范例。这个经理为“扭转公司局面”而采取了极端措施，他的强权统治可能导致他手下经理们的集体辞职而使公司瓦解。但他仍然那样做了，因为他觉得除此以外再没有什么办法能使大家立即配合他的行动。有时候，使用说服的方法太费时间，而且一旦人们不听从劝说，说服的方法将完全失效。

方圆智慧

一些在领导工作上感到顺手的上司并不常用以权势压人的方法，因为他们知道这样做会冒一定风险，会引发一些问题。无论手段多么高妙，高压统治最终还会招致他人的抵制和报复，极端手段是在极端的情形下采取的。

♨ 掌握白脸黑脸术

作为领导者，有时会处于一种两难的境地：对下属要求过严，以铁腕手段管理下属，事事要求过高，下属的一点小错都不能容忍，就会使下属对自己敬而远之，甚至产生逆反心理，造成工作难以执行；对下属要求过宽，以怀柔政策管理下属，遇事睁一眼闭一眼，下属犯了错误不予严惩，自己就会失去威信，下属就会对你的命令阳奉阴违、敷衍塞责，也会造成工作难以完成。

孙子强调，为将者必须做到爱护士卒如同对待自己的儿子那样，只有这样，士卒才可以共赴危难。但是他又认为“慈不带兵”，关心爱护士卒又要掌握一定的度，必须刑罚严明，秋毫无犯。领导别人不是只拿着指挥棒对下属指指点点，耀武扬威、颐指气使，逼迫下属听从命令，更不是像个小媳妇似的那样哄求下属去做事。领导是一门艺术、一种智慧，需要辅以一些为人处世的经验和方法。对待下属，有时既要唱白脸，又要唱黑脸，掌握了白脸黑脸术，当能屈能伸，能柔能刚，亦宽亦严，亦恩亦威，才能真正树立你的“官”威，统御下属。

清朝乾隆皇帝对知识分子使用的“棒子和胡萝卜”的政策堪称空前绝后。

乾隆在位期间，大兴文字狱，有案可查的竟有七十余次，远远超过他的先辈们，只搞得文人仕士人人自危。几篇游戏之文，几句赏花吟月之词，也往往弄出个莫须有的罪名，使用这样无情的棒子乾隆巩固了自己的地位。

但乾隆并没忘了“送胡萝卜”的重要，对知识分子采用怀柔政策。他规定：见了大学士，皇族的老老少少们要行半跪礼，称“老先生”，如果这位大学士还兼着“师傅”，就称之为“老师”，自称“晚生”。同时，一方面大搞正规的科举活动，不断网罗文人仕士加入为朝廷服务的队伍；另一方面特开博学鸿词科，把那些自命遗老或高才、标榜孤忠或写些诗文发泄牢骚的文人，或不屑参加科举考试而隐居山林又有些威望的隐士，由地方官或巡游大臣推荐上来，皇帝直接面试。这种活动搞了三次，录用24人。被录用者春风得意，自然也感激皇恩浩荡；落榜的百余人，也无面目自命遗老孤忠去讽刺朝政。

乾隆对被自己亲自面试的录用者关心备至，如其中有个叫顾栋高的人，录用时年岁不小了，当时被授予国子监司业之职，到年老辞官时，乾隆亲自书写了两首七言诗加以褒美。后来，乾隆下江南，又亲赐御书，越级封他为国子监的祭酒。

乾隆对待知识分子的策略，可说是黑厚待下理论的精髓体现。既要对下属的过错严惩不贷，又要让下属死心塌地地为自己卖命工作。精明的领导要懂得赏罚分明、宽严得体、恩威并施，尤其要软硬兼施，达到既纠正其错误，又让其心存感激的目的。

美国一家公司有一位高级主管，由于工作严重失误给公司造成了1000万美元的巨额损失。为此，这位主管心里非常紧张。第二天，董事长把这位主管叫到办公室，通知他调任另一同等重要的新职，这位主管大吃一惊，非常惊讶地问道："为什么没有把我开除或降职?"董事长平静地回答："若是那样做的话，岂不是在你身上白花了1000万美元的学费?!"

这出人意料的一句激励话，使这位高级主管从心里产生了巨大动力。董事长的出发点是：如果给他继续工作的机会，他的进取心和才智有可能超过未受过挫折的常人。后来，这位高级主管果然以惊人的毅力和智慧，为公司作出了卓著的贡献。

作为下属，当出现失误后，肯定会有自责心理的，同时也会怀疑自己会不会因此失去上司的信任。因为下属明白，上司对他失去信任将意味着什么。所以，在这个时候，上司在批评斥责之后，别忘了补上一两句安慰或鼓励的话。因为，任何人在遭受上司的批评之后，必然垂头丧气，心中难免会想：我在这个单位彻底完啦再也上不去啦！结果必然是更加自暴自弃。

但是这时假如作为上司的你能够既打又哄，适时地利用一两句温馨的话来鼓励他，或在事后私下对其他下属表示：我是看他这个有责任心，所以才严厉要求他。如此，受到斥责的下属必会深深体会到“爱之深，责之切”的道理，肯定会更加发奋努力。

经营管理大师松下幸之助就是一位个中高手。他认为：“上司要建立起威严，才能让部属谨慎做事。当然，平常还应以温和、商讨的方式引导部属自动自发地做事。当部属犯错误的时候，则要立即给予严厉的纠正，并进一步积极引导他走向正确的路子，绝不可敷衍了事。所以，一个上司如果对部属纵容过度，工作场所的秩序就无法维持，也培养不出好人才。换句话说，要形成让职工敬畏课长、课长敬畏主任、主任敬畏部长、部长敬畏社会大众的舆论。如此人人才能严于律己，才能建立完整的工作制度，工作也才能顺利进展。如果太照顾人情世故，反而会造成社会的缺陷。”

上司要赢得下属的心悦诚服，一定要恩威并施。

所谓恩，则不外乎亲切的话语及优厚的待遇，尤其是话语。要记住下属的姓名，每天早上打招呼时，如果亲切地呼唤出下属的名字再加上一个微笑，这名下属会感到，上司是看重我的，我要加油努力！对待下属，还要关心他们的生活，聆听他们的忧虑，对他们的起居饮食都要考虑周全。

所谓威，就是必须有命令与批评。一定要令行禁止，不能始终客客气气，为维护自己平和谦虚的印象，而不好意思直斥其非。必须拿出做上司的威严来，让下属知道自己的判断是正确的，必须不折不扣地执行。上司的威严还体现在对下属布置工作，交代任务上。一方面要敢于放手让下属去做，不要自己包打天下；一方面在交代任务时，要明确要求，什么时间完成，达到什么标准。布置了以后，还必须检验下属完成的情况。

方圆智慧

宽严并重，恩威并施，才能管理好下属，发挥他们的才能。

第四节　制度讲方，授权讲圆

修路理论与制度建设

依靠制度管人是所有成功领导的特征。用流行的说法，制度就是用法治代替人治。规范与制度是不可缺少的管理软件，也是领导工作得以正常运转的基石。

著名管理咨询专家刘光起先生说：“管理就是管出道理，道理就是规则规范。”这里所讲的规则规范，指的就是管理中的各项规章制度。中国传统文化中“不以规矩，不能成方圆”的思想，也阐释了规章制度的基础性作用。

约翰和亨利到一家公司联系业务。这家公司的办公室在一幢豪华写字楼里，落地玻璃门窗，非常气派。可是，由于玻璃过于透明，许多来访客人稍不留意便头撞在高大明亮的玻璃大门上。不到一刻钟，竟然有两位客人在同一个地方头撞玻璃。

亨利忍不住笑了，对约翰说：“这些人也真是的。走起路来，这么大的玻璃居然看不见，眼睛到哪里去了？”

约翰并不赞同亨利的说法，他说：“真正愚蠢的不是撞玻璃门的客人，而是设计者。如果不同的人在同一个地方犯错误，那就证明这个地方确实存在缺陷。应该考虑怎么修正缺陷，而不是嘲笑那些犯错误的人。"

于是约翰向该公司的经理提了意见，在这扇门上贴上一根横标志线，从此再没有来访客人撞到玻璃门了。

这个故事涉及“修路原则”，即当一个人在同一个地方出现两次以上同样的差错，或者，两个以上不同的人在同一个地方出现同一差错，那一定不是人有问题，而是这条让他们出差错的“路”有问题。此时，人作为问题的领导，最重要的工作不是管人——要求他不要重犯错误，而是修“路”。

管理进步最快的方法之一就是：每次完善一点点，每天进步一点点，每个人每一次都能因不断修“路”而进步一点点。这里所讲的“路”就是制度和规范，“修路”就是指制度建设。

“修路”理论告诉我们，领导工作最重要的不是直接去管人，而是去制定让人各行其职的制度——修筑让人各行其道的路。

方圆智慧

单位、企业或公司是由各类人员组成的组织，而人复杂多样的价值取向和行为特质，要求领导营造出有利于组织理念和价值观形成的制度，并约束、规范、整合人的行为。

♨ 公司制度的热炉法则

管理学上著名的热炉法则是指，制度就像一个很烫的炉子放在那里，只要有人一碰到这个炉子，就会尝到它的利害。热炉法则形象地阐述了管理要依靠制度。

热炉火红，不用手摸也知道炉子是热的、能灼伤人的——警告性原则。领导者要经常对下属进行规章制度教育，以警告或劝诫他们不要触犯规章制度，否则就会受到惩处。

当你碰到热炉时，立即就被灼伤——即时性原则。惩处必须在错误行为发生后立即进行，决不拖泥带水，决不能有时间差，以便达到及时改正错误行为的目的。

不管谁碰到热炉，都会被灼伤——公平性原则。

热炉法则的具体应用表现为：每个单位都有自己的“天条”及规章制度，单位的任何人都要去遵守这些制度，否则就要受到惩罚。

柯达全球副总裁叶莺对此有过很形象的比喻，她说，你要到一个日本人家里去的话，就非得脱鞋不可，不管你脚下的鞋有多贵、多新，即使连地都没沾，也还是要脱，这是一个入乡随俗的规矩。针对新员工必须遵守的行为规范问题，这位《财富》500 强中首位华人女性副总裁观点鲜明——“你要进入到我柯达的‘新房’，你必须要听我柯达的声音，这是绝对的。”还有一句是：“你要玩我的游戏，当然要跟着我的游戏规则。”

希望集团的治厂方针是“以慈母般的关怀善待员工，用钢铁般的纪律治厂”，一向为外界所称道。总经理陈育新用他近 20 年的企业管理经验证明：在严厉基础上的宽容效果才好，在宽容之后的严厉才更有力度。他认为：必须让员工明白，宽容是有限度的，并且宽容只会发生在提高认识之后。

到海尔参观过的人都知道，这家企业的员工走路都被要求靠右行，在离开座位时则须将椅子推入桌下，否则，都将被课以罚款……企业作这样的规定，用意无非是希望全体员工在心目中形成一种强烈的观念：制度和纪律是一条不可触摸的“高压线”。

古人讲：“不以规矩，不能成方圆。”“不奋发，则心日颓靡；不检束，则心日恣肆。”制度规范作为组织管理过程中约束全体组织成员行为、确定办事规则、规定工作程序的各种章程、条例、守则、规程、程序、标准、办法，必须严格执行。实施制度化管理，才能使组织步入规范、科学、系统的轨道，形成良性循环。反之，任何有悖于制度规范的行为和个人，都将使组织蒙受损失，发展受到阻碍。为什么有些企业会在经历了辉煌后不幸夭折，究其原因，其中最重要的一条是制度规范的执行不一、朝令夕改，更有甚者将企业领导者的个人权力凌驾于制度规范之上，犯了管理的大忌！

方圆智慧

现代企业持续经营的秘诀在哪里？现代企业最终要靠制度管人，而不是靠人管人。

从整肃纪律入手

不管你要做什么，一旦开始，就要从整肃纪律入手。

战国时期的西门豹是一个纪律严明的代表人物。他性情急躁，射箭射不中靶心，就把靶心捣碎；下围棋输了就把棋子咬碎。魏文侯见他有才能，就派他当邺县县令。西门豹在邺县的业绩除留在我们记忆中的纠治“河伯娶妇”的陋习外，还革新吏政，使邺县渐渐富裕兴盛起来。

但魏文侯却常听到有人告发西门豹，说邺县官仓无粮，钱库无钱，部队少装备。魏文侯亲自去视察，果然如此。魏文侯很生气，责问西门豹怎么搞的。西门豹说："王者使人民富裕，霸者使军队强盛，六国之君使国库充足。邺县官仓无粮，因为粮食都积储在百姓家里；钱库无银，因为钱在百姓兜里；武库无兵器，因为邺县全民皆兵，武器都在他们手中。"说完后，西门豹就上楼敲鼓。第一阵鼓声之后，百姓披盔戴甲，手执兵器赶来集合。第二阵鼓声之后，另一批百姓推着装满粮的车，集合到楼下。魏文侯见识了西门豹的业绩，龙颜大悦，就示意西门豹停止练习。西门豹又不同意，说："民可信不可欺，今天既然集合起来，就不能随便解散，否则，老百姓会有受骗的感受。大王可不能重蹈千金一笑的覆辙。燕国经常侵我疆土，掠我百姓，不如让我去攻打燕国。"魏文侯同意后，西门豹便带兵攻燕，收回了许多失地。

任何公司或组织都需要一套完整的纪律规范。要建立良好的规范，就必须找出某个范围，先集中精力整顿，之后要做的便是下决心惩罚那些再不遵守公司规定的人。这可以用罚薪或是加班等方式，到必要时应不惜开除人——只要你能保证处事公平合理。

当然，在纪律松弛的情况下，操之过急、采取过分强硬的措施可能也会引起下属的怨恨，这种怨恨和不满反而会影响领导，引发其他许多问题。总之，关键是把握好一个度的问题。

方圆智慧

领导者的气势有多大，就看他纪律性有多强；组织的竞争力也体现在他的纪律性上。一个好的领导者必定是懂得自律的人，而且也一定是可以坚持及带动团队遵守纪律的人。

♨ 管理和纪律的统一体

美国一跨国公司从创立开始就非常强调“纪律”，处处都有清楚的规定，每天早上的上班制度，就是最好的例证。每天上班时间从早上8点整开始，8点零5分以后才报到的就要签名在“英雄榜”上。即使前天晚上加班到半夜，隔天上班时间仍是上午8点。这和当时嬉皮士盛行、个人享乐主义凌驾一切的美国精神，有些背道而驰，可是却延续至今，始终如一。

公司强调准时上班最主要的目的，是希望确保每件事都能够准时开始，像公司会议、报告、专案进度以及最重要的“交货时间”。任何一个不守时都会影响团队中其他成员，对公司资源造成浪费，因此准时成为纪律要求的第一条规范。

创业期的公司总裁是推行纪律管理的最大功臣，他本人严守纪律的个性，也经常博得别人的赞扬。他和别人约会，从不迟到。除了准时之外，他的耐力和意志力也令人震惊，一旦决定要做什么，他必须排除万难，全力以赴，不看到最后结果决不罢休。他严格强悍的作风，使整个公司的管理纪律严明，从制造、工程、财务，甚至行销部门，每件事情都有清楚的规范，甚至连公司留言都分为不同等级，人人都以此标准而行。许多公司重视人性管理，以重视员工为口号，只有这位总裁强调纪律胜于一切，这种注重企业自主管理的经验和方法，使该公司的企业文化独树一帜。

地处江苏泰州的春兰公司，在几年以前还是个连年亏损的镇办企业，但今天它已成为中国最大的空调生产基地之一，曾经连续三年被评为全国500家最佳经济效益企业、全国500家工业企业和全国最大300家外资企业之一，其销售收入、实现利税、全员劳动生产率、人均创税等主要经济指标均居全国同行业之首。

在春兰公司，员工迟到一分钟就罚款 50 元，为此有人认为春兰的管理太严。然而，春兰公司一举成为中国最大的“春天工程”靠的正是“铁的条例、铁的纪律、铁的管理”，这就是春兰公司成功的答案。

1. 铁的条例

春兰公司的决策者认为，生产力在松散中耗费是许多企业的致命弱点，要建世界一流的企业、出世界一流的产品、创世界一流的效益，就必须从人的初级行为开始进行严格管理，以法治厂。为此，春兰公司先后制订了干部职工行为规范、劳动管理等 18 项管理规章制度，对职工在企业内外的行为规范做了详尽的规定。同时，公司成立了总监察室，有权对各类违纪行为予以处罚，并建立公司、部、科三级监察网络，实施违纪监督；还建立了三级逐层考核机制，考核结果记入本人档案。春兰的许多条例以严著称。以迟到为例，迟到 1 分钟罚款 50 元，第一次迟到给以劝告处分，第二次迟到给予警告处分，3 次以上给以开除处分。受一次劝告处分，年底评选先进、晋级、分房都受到影响。铁的条例使春兰员工养成了遵守纪律的习惯，有些职工为了按时上班，不惜坐出租车赶时间。

2. 铁的纪律

在春兰公司，从总公司、中层干部到车间工人都有目标管理责任制，各司其职、各负其责。在规章制度面前人人平等，如有违反，不管是谁，一律按章办事。例如按规定，春兰职工进入公司必须佩戴身份卡。一次一位高级职员忘了带身份卡，被拒之门外，他只好回家取卡，结果因迟到 4 分钟而受到劝告处分，并扣除了当月全部奖金，一年的所有评比资格全部取消。尽管春兰公司对“罚”一丝不苟，但绝大多数人心情舒畅，因为大家已形成了一个共识：“对犯规者有情，就是对企业无情”。铁的纪律严出了效果，近年来全公司旷工为零、犯罪为零、偷拿公物为零、暗干私活为零。

3. 铁的管理

春兰的教育、劳动、技术质量等数十项现代管理都是铁的，尤其是铁的质量管理。公司将质量意识渗透到全公司每个部门、每个人。每个上岗的一线工人都要经过严格的技术业务培训，考试合格后才可上岗操作。春兰公司的所有质量管理全部纳入了法制轨道，公司颁布了《技术管理条例》、《技术管理违纪处罚分类细则》等质量法规，一切违反技术操作规程、工艺流程要求的行为都要视情节轻重受到劝告、警告直到除名处分。同时，公司还加强了质量的外延管理，派遣质量管理人员进驻协作厂家，现场监督配套零部件产品的质量。

没有这“三铁”，就没有春兰今天的成功。

方圆智慧

一个企业的成功，不仅取决于严密的制度管理，更在于全体员工的参与意识和自主管理水平。许多著名企业适应时代要求，采用了由“制度管理”向“自主管理”的现代管理方法，逐步实行由制度约束下的“要我干”向高度自觉的“我要干”的转变。

让人人成为老板

J·C. 朋尼公司创始人詹姆斯·致许·朋尼说：“领导最可靠的自杀途径就是固执地不去学习如何授权、何时授权及授权给什么人。从员工角度而言，授权蕴含着更大的信任和更多的机遇，更意味着挑战。它犹如兴奋剂，振奋人的精神，更似一粒火种，点燃人们内心那把渴望燃烧的激励的火把。”

授权，用一句通俗易懂的话来说，就是领导者将应属于下属的权力授给下属，对领导者来说，授权是应该掌握的一项基本的领导技能，是信任下属能力的表现。

授权是一种重要的用人艺术，是分层管理的需要，是成就事业的必要手段。大胆授权对领导者来说，既是必要的，也是有利的，它可以使领导者从琐碎的日常事务中解脱出来，专心处理全局性的重大问题；可以提高下属的工作积极性，增强责任心，发挥其特长，提高工作效率。

丽晶酒店享有盛誉的不只是全球众多的连锁旅馆，更因为它一流的服务品质。同时，丽晶酒店还有一项为人津津乐道的策略运作。比如，某位顾客住进一家丽晶酒店，发生了令他不满意的事情，不论是房间里的小酒吧不断散发的臭味还是其他因素，只要他探出头对走廊上的服务员发出抱怨，就会得到回应；不论他是对哪一位服务员提出抱怨，结果都会是一样的，每一位旅馆的工作人员都可以像老板那样去处理他的抱怨。

丽晶酒店的经营理念是："让人人成为老板。"在丽晶酒店，工作人员做事时不需要向上级请示，不必请教经理，也不必翻阅工作守则，他们直接分辨问题，用适当的方式加以处理。他们每个人都拥有一笔酒店提供的预算授权他们做这样的工作，这笔不少于500美元的预算可以立即启用，不需要开支票，马上就可以补偿顾客的抱怨。

另外，如果酒店中小酒吧很脏，他们会立即派人来清理，倒一杯表示敬意的酒，然后免费赠送一听饮料，旁边再摆上一盘水果，补偿对顾客造成的不便。

像这样的授权，目的就在于让事情顺利解决。这种做法将员工视为解决问题的锁钥，要求员工不只是做好自己分内的工作，还自己决定要用哪一种方式把工作做好。

授权不只是单纯的表面行动，更要引发个人的责任感，让事情做得好且做得正确。凡是高明的领导者，无不精于授权。刘伯承同志历来强调各级干部要"执事者各执其事"，他最反对两种做法：一是领导者"包打包唱"，不注意发挥下级和群众的积极性；二是工作"踢皮球"，自己不动手，专叫别人干。他在主持军事学院工作时，就提出了"集体领导，分工负责"，"共同学习政治，各自钻研业务"，"机关横宽纵短，单刀直入基层"三个口号。美国前总统里根也非常精于授权之道。他曾对美国《幸福》杂志记者说："让那些你能够物色到的最出色的人在你身边工作，授予他们权力，只要你制定的政策在得到执行就不要去干涉。”

方圆智慧

授权，是事业成功的一条途径。它能使每个员工都感到自己受重视、被信任，进而迸发出他们的责任心和参与感。这样整个团体就能同心合作，人人都能发挥专长，组织才有新鲜的活力。

松开比握紧拥有更多

授权，简单地说是指在分配工作的时候，赋予下属相应的权利，准许下属在一定范围内调度人力、物力和财力；同时在工作中，允许下属自行做出决定，以达成任务。有些管理者在心灵上过于重视自己的重要性：一方面认为别人不如自己有责任感，另一方面也往往认为大家不如自己。结果患得患失、事无巨细，以致轻重不分，其结果只能是“枉费心机白费力气却于事无益”。

权利就像握在手中的沙子，如果你用力地握紧它，它必定会从你的指缝中间流失，造成企业内部的权力下滑，但如果你完全放松它，它必定会被风吹走，企业必将陷入一片混乱；权利是一把双刃剑，你把它握得越紧，你的内心就越恐慌，所谓“鞠躬尽瘁，死而后已”固然令人敬佩，但劳心劳力，效果还不大。

戴尔电脑公司创始人迈克尔·戴尔创业之初，由于经常加班赶活，加上他刚离开大学，习惯了晚睡晚起的作息，第二天经常睡过头，等他赶到公司时，就看见有二三十名员工在门口闲晃，等着戴尔开门进去。

刚开始戴尔不明白发生了什么，好奇地问：“这是怎么回事？他们怎么不进去?”

有人回答："老板，你看，钥匙在你那儿，我们进不了门！"

戴尔这才想起公司唯一的钥匙正挂在自己腰间，平时都是他到达后为大家开门。

从此，戴尔努力早起，但还是经常迟到。

不久，又有一个职员走进他的办公室报告："老板，卫生间没有卫生纸了。"

戴尔一脸不高兴："什么？没有卫生纸也找我！"

"存放在办公用品的柜子钥匙在你那儿呢！"

又过了不久，戴尔正在办公室忙着解决复杂的系统问题，有个员工走进来，抱怨说："真倒霉，我的硬币被可乐的自动售货机'吃'掉了。"

戴尔一时没反应过来："这事为什么告诉我？"

"因为售货机的钥匙你保管着。"

戴尔想了想，决定放权，不能事无巨细一把抓着。他把不该拿的钥匙交给专人保管，又专门请人负责其他部门。公司在新的管理方法下变得井井有条。

《授权金典》中说："一个管理者，如果不知如何授权，下场是活活累死，如果不知何时授权，会被活活气死；如果不知授权给什么人，肯定会被活活急死。"

如果你坚信"我个人就代表企业"；如果你事无巨细，凡事都要亲力亲为；如果你独揽大权，不予人任何权力……那就代表你犯了管理的大忌。管理者若想事事亲力亲为，不仅做不到，而且还会把事情搞乱搞坏。

松开的手比握紧的手拥有更多。放弃控制全部，就能够使你抓住要点，就能够使你更好地控制。同时只要你适当授权，下级就会拼死为你效力。

本田宗一郎是日本著名的本田汽车公司的创始人。他对日本汽车和摩托车业的发展作出了巨大的贡献，曾获日本天皇颁发的"一等瑞宝勋章"。但宗一郎也曾经因为没有掌握好权利的辩证法而犯过错误。

一次，在本田技术研究所内部，大家为汽车内燃机是采用"水冷"还是"气冷"发生了激烈的争论。最后，宗一郎以自己社长的权力要求采用"气冷”。结果，再一次赛车中，一名车手驾驶本田公司的“气冷”式赛车参赛，由于速度过快，赛车撞在围墙上导致油箱爆炸，车手被炸死。此事导致本田“气冷”式汽车销量大减。

后来，本田技术人员再次要求研究“水冷”式，但仍然被宗一郎拒绝。一气之下，几名主要技术人员准备辞职。本田公司的副社长藤泽感到事态严重，就打电话给宗一郎：“您觉得您在公司当社长重要还是当一名技术人员重要?”

“当然是当社长重要。”

藤泽毫不留情地说：“那就同意他们去搞水冷引擎。”

宗一郎终于醒悟过来，毫不犹豫地说：“好吧!”

后来，那几个主要的技术人员开发了适应市场的产品，从而使公司产品的销量大增。

虽然总一郎起初用权力来压人，坚持己见，但最终还是改变了自己，松开了紧握权力的双手，结果获得了更多。

方圆智慧

领导者如果适当地授予他人权力，对方就会心存感激之心，给予管理者更大的回报。管理者在掌握权力时，应牢牢记住：当你试图抓住所有的权力时，你也许正在逐渐地丧失它；当你视图松开双手，合理分权和授权时，反而能得到更多的权力。

♨ 成功授权的六个技巧

授权作为一种领导艺术，有许多授权技巧。

1. 带责授权

授权要明确下属的责任，这就是带责授权。明确地将权与责同时授予下属，既可以促使下属完成工作，又可以堵塞有权不负责或滥用权力的漏洞。

带责授权，首先应交代权限的范围。这样做的目的是为了让下级正确行使自己的职权，更好地实现授权目的。领导带责授权时，要注意不授出最终权力和责任。作为领导明确自己的职责范围，凡是属于自己职权范围的事、涉及有关组织的全局性问题，比如管理全局的集中指挥权，总的经济预算审批，决定组织的目标、任务和发展方向等，决不可轻易授权。也就是松下说的："大事和小事由我处理。不大不小的事可以安排让别人做。"

另外，如要把同一方面或系统的工作，向两个或两个以上人员授权，记住，后果责任要落在其中一个人身上，让其中领受较高权力的那个人承担后果责任。这样可使下属各司其职、各守其位、各负其责，避免发生争功诿过和扯皮。

2. 适当授权

授权要适当，对下属的授权既不能太轻，也不能太重。太轻，就无法充分激发下属积极性，下属很难尽职尽责；太重，又会形成大权旁落的现象，局面难以收拾。下级的权力一旦超出了合理范围，制度法规就无法顺利贯彻执行。

以下是可授权与不可授权的内容：

可授的权力包括——

(1) 日常工作和活动；

（2）收集事实资料；

（3）监管某一项目；

（4）以代表身份出席会议；

（5）某些特定领域中的决定；

（6）准备报告；

（7）需要技术能力去解决的问题。

不可授的权力包括——

（1）计划；

（2）人事问题；

（3）发展培养下属；

（4）任务的最终职责；

（5）没有合适的下级能承担的工作；

（6）在部门中维护纪律和规章制度；

（7）解决部门内部冲突。

适当授权，不能超负荷授权，要根据下属的承受能力授权。授权者应该向被授权者明确所授事项的目标、任务、职责和范围。所授的工作量不要超过被授权者的能力、体力所能承受的范围。授权如果没有明确的目标职责，被授权者在工作中就会找不着北，无所适从，整个组织就会失去战斗力，甚至出现混乱。有的权力尽管很轻，但也不能把许许多多权力一股脑儿全部下放，弄得下属顾此失彼，手足无措。

适当授权，还要视组织大小、任务轻重、业务性质授权。单位大、任务重、工作距离远、专业性强的多授权；反之，则少授权。

3. 保留控制权

授权既要适当，又要可控。权力管理的核心之一正是控制。通过这种控制权，把领导与下属有机地联系起来。缺乏可控性的授权是弃权。可控性表现在两个方面：一方面，领导握有主动性、灵活性，授权的范围、时间由领导灵活掌握；另一方面，虽然授权应相对稳定，但也要根据实际需要随时调整，做到能放能收，能扩大也能缩小。

美国通用电气公司在不同的时期，采用过不同的权力管理方式。1971年，他们在原有的事业部内设立了“战略事业单位”。这种战略事业单位是一个独立的组织部门，拥有较大的权力。在事业部内它可以挑选某些产品进行单独管理，可以制定有关产品、销售、设备和组织的战略计划。它既可以与集团组织平起平坐，又可以拥有相当于分部的权力。7年后，公司又实行“执行部制”，在原先事业部的基础上又加了一级管理，等于是向下收回了一些权力。在这里，公司最高领导层牢牢把握着控制权。

4. 坚持信任原则

授权前，领导先全面了解和考察将被授权的下属，看他是否适合担负这一职权。考察的方式多种多样，比如可以让他当助理或其他“代理职务”，试用一段时间，以便观察了解，然后再决定是否可以授权，避免出现授权后不合适的情况，造成不必要的损失。经考察认为可以信任者，则确认可以。一旦放心使用相信下属，就不要零零碎碎地授权，可以一次授予的权力，一次就授下去。

干部特别是知识分子，大多有较强的自信心和自尊心，有成就感和荣誉感，有通过自己的努力去完成某项工作或某种事业的心情和愿望。领导者应充分信任他们。授权之后放手让他们在职权范围内独立地处理问题，使他们有职有权，创造性地做好工作。对他们的工作除了进行必要的领导和检查，不要去指手画脚，随意干涉。

信任人、尊重人，可以给人以巨大的精神鼓舞，激发其事业心和责任感，而且只有上级信任下级，下级才会信任上级，并产生一种向心力，使领导和被领导者和谐一致地工作。相反，当一个人的自尊心受到伤害时，他就会本能地产生一种离心力和强烈的情绪冲动，影响工作和同事关系。

授权与信任密切相关。一个领导者如果不相信下级，那么就很难授权于下级，即使授权了，也形同虚设。有的领导一方面授权于下级，一方面又不放心，一怕他不能胜任，二怕他以后犯错误，对有才干的人还怕他不服管，具体表现为越俎代庖，包办下级的工作；越权指挥，给中层领导造成被动；不懂某方面的专业知识，却干涉下级的具体业务，甚至听信谗言，公开怀疑下级等。凡此种种，都会挫伤下级的积极性，不利于下级进行创造性的工作。

5. 集中指挥权

授权的目的是为了让下属分担更多的责任。授权后，领导尽力发挥自身的统帅综合才能，协调各方面力量，保证各部分的发展更好地服从于全局目标。领导要把最大限度地向下级授权与保证指挥全局的权力统一起来，严禁把有关全局的最后决策权、管理全局的集中指挥权、主要部门的人事任免权和财务权随意下放。否则，领导就会对整个组织系统失去控制，导致另一种失责。高明的管理能做到“大权独揽，小权分散，不离原则”。处理大权与小权、集权与分权的关系，显示出主管人员授权水平的高低。

6. 定期考核

主管人员在权力授出后，还要留心定期对下属进行考核，对下属的用权情况做出实事求是、恰如其分的评价，并与下属的各种利益紧密联系起来。考核不能急于求成，也不能求全责备。要看工作的质量，是否扎扎实实，认真细致，是否有实效。考核既要看到近期的业绩，又要看远期的业绩；既要看整体，还要看局部。不能肯定近期得实惠、长远招灾祸的工作，这是短期的行为。工作有失误，只要不是下属故意为之，就要耐心帮助下属纠正改过。

总之，授权紧紧围绕“领导气候”的形成，这六个技巧的合力，可以形成良好的领导氛围。

方圆智慧

正确的授权有利于减少领导工作负担，使领导集中精力处理更重要更大的事。正确的授权是对下属的一种信任，有利于充分发掘下属的创造性，有利于“发现人才、锻炼人才、培养人才”。正确的授权有利于团队建设，有利于各级管理者之间、管理者与员工之间的协调、团结。正确的授权有利于避免专断，降低决策错误的发生。